计算机技术开发与应用丛书

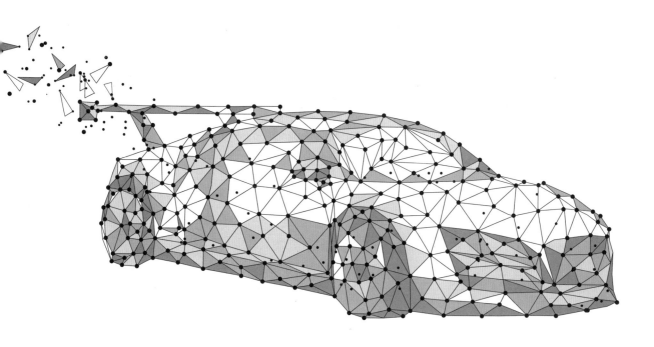

CATIA V5-6R2019
快速入门与深入实战

微课视频版

邵为龙 ◎ 编著

清华大学出版社

北京

内 容 简 介

本书针对零基础的读者，循序渐进地介绍了使用 CATIA 进行机械设计、钣金设计的相关内容，包括 CATIA 概述、CATIA V5-6R2019 软件的安装、软件的工作界面与基本操作设置、二维草图设计、零件设计、钣金设计、装配设计、模型的测量与分析、工程图设计等。

为了能够使读者更快地掌握该软件的基本功能，在内容编排上，书中结合大量的案例对 CATIA 软件中的一些抽象的概念、命令和功能进行讲解；在写作方式上，本书采用软件真实的操作界面，采用软件真实的对话框、操控板和按钮进行具体讲解，这样就可以让读者直观、准确地操作软件进行学习，从而尽快入手，提高读者的学习效率；另外，本书中的案例都是根据国内外著名公司的培训教案整理而成，具有很强的实用性。

本书内容全面、条理清晰、实例丰富、讲解详细、图文并茂，可作为广大工程技术人员学习 CATIA 的自学教材或参考书，也可作为高等院校和各类培训学校 CATIA 课程的教材或上机练习素材。

图书在版编目（CIP）数据

CATIA V5-6R2019 快速入门与深入实战：微课视频版 / 邵为龙编著 . —北京：清华大学出版社，2024.2

（计算机技术开发与应用丛书）

ISBN 978-7-302-64218-3

Ⅰ.①C… Ⅱ.①邵… Ⅲ.①机械设计－计算机辅助设计－应用软件 Ⅳ.① TH122

中国国家版本馆 CIP 数据核字（2023）第 134133 号

责任编辑：赵佳霓
封面设计：吴 刚
责任校对：时翠兰
责任印制：宋 林

出版发行：清华大学出版社
    网　　　址：https://www.tup.com.cn，https://www.wqxuetang.com
    地　　　址：北京清华大学学研大厦 A 座　　　　　　邮　　编：100084
    社 总 机：010-83470000　　　　　　　　　　　　邮　　购：010-62786544
    投稿与读者服务：010-62776969，c-service@tup.tsinghua.edu.cn
    质 量 反 馈：010-62772015，zhiliang@tup.tsinghua.edu.cn
    课 件 下 载：https://www.tup.com.cn，010-83470236
印 装 者：三河市铭诚印务有限公司
经　　　销：全国新华书店
开　　　本：186mm×240mm　　　　印　　张：21.5　　　字　　数：446 千字
版　　　次：2024 年 2 月第 1 版　　　　　　　　　　印　　次：2024 年 2 月第 1 次印刷
印　　　数：1 ～ 2000
定　　　价：99.00 元

产品编号：101962-01

前　　言

　　CATIA是法国达索公司的产品开发旗舰解决方案。作为PLM协同解决方案的一个重要组成部分，它可以通过建模帮助制造厂商设计未来的产品，并支持从项目的目前阶段开始，完成具体的设计、分析、模拟、组装到维护在内的全部工业设计流程。

　　模块化的CATIA系列产品提供产品的风格和外形设计、机械设计、设备与系统工程、管理数字样机、机械加工、分析和模拟。CATIA产品基于开放式可扩展的V5架构。

　　通过使企业能够重用产品设计知识，缩短开发周期，CATIA解决方案加快企业对市场需求的反应。自1999年以来，市场上广泛采用它的数字样机流程，从而使之成为世界上常用的产品开发系统之一。

　　CATIA系列产品在八大领域里提供了三维设计和模拟解决方案：汽车、航空航天、船舶制造、厂房设计、建筑、电力与电子、消费品和通用机械制造等。

　　本书系统、全面地讲解CATIA V5-6R2019，其特色如下：

　　（1）内容全面。涵盖了草图设计、零件设计、钣金设计、装配设计、工程图制作等。

　　（2）讲解详细，条理清晰。保证自学的读者能独立学习和实际使用CATIA V5-6R2019软件。

　　（3）范例丰富。本书对软件的主要功能命令，先结合简单的范例进行讲解，然后安排一些较复杂的综合案例帮助读者深入理解、灵活运用。

　　（4）写法独特。采用CATIA V5-6R2019真实对话框、操控板和按钮进行讲解，使初学者可以直观、准确地操作软件，大大提高学习效率。

　　（5）附加值高。本书根据几百个知识点、设计技巧和工程师多年的设计经验制作了有针对性的实例教学视频，时间长达1312分钟。

资源下载提示

　　素材等资源：扫描目录上方的二维码下载。

　　视频等资源：扫描封底的文泉云盘防盗码，再扫描书中相应章节的二维码，可以在线学习。

　　本书由济宁格宸教育咨询有限公司的邵为龙编著，参加编写的人员还有吕广凤、邵玉霞、陆辉、石磊、邵翠丽、陈瑞河、吕凤霞、孙德荣、吕杰、冯元超。本书经过多次审核，如有疏漏之处，恳请广大读者予以指正，以便及时更新和改正。

编　者

2023年10月

目　　录

教学课件（PPT）

配套资源

第1章

CATIA概述

1.1　CATIA V5-6R2019主要功能模块简介

CATIA是法国Dassault System公司旗下的CAD/CAE/CAM一体化软件，Dassault System成立于1981年，CATIA是英文Computer Aided Tri-Dimensional Interface Application的缩写。

CATIA提供了方便的解决方案，迎合所有工业领域的大、中、小型企业的需要，包括从大型的波音747飞机、火箭发动机到化妆品的包装盒，几乎涵盖了所有的制造业产品，在世界上超过13 000用户选择了CATIA，CATIA源于航空航天业，但其强大的功能已得到各行业的认可（在20世纪70年代Dassault Aviation成为第1个用户，Dassault Aviation是世界著名的航空航天企业，其产品以幻影2000和阵风战斗机最为著名），在欧洲汽车业，已成为事实上的标准，CATIA的著名用户包括波音、克莱斯勒、宝马、奔驰等一大批知名企业。其用户群体在世界制造业中具有举足轻重的地位。波音飞机公司使用CATIA完成了整个波音777的电子装配，创造了业界的一个奇迹，从而也确定了CATIA在CAD/CAE/CAM行业内的领先地位。

CATIA采用了模块方式，可以分别进行草绘设计、零件设计、曲面造型设计、装配设计、钣金设计、线缆设计及管道设计等，保证用户可以按照自己的需要进行选择使用。通过认识CATIA中的模块，读者可以快速了解它的主要功能。下面具体介绍CATIA中的一些主要功能模块。

1. 零件设计

CATIA零件设计模块主要用于二维草图及各种三维零件结构的设计。CATIA零件设计模块利用基于特征的思想进行零件设计，零件上的每个结构（如凸台结构、回转结构、孔结构、倒圆角结构、倾斜结构等）都可以看作一个个的特征（如拉伸特征、旋转特征、孔特征、拔模特征、倒斜角特征等）。CATIA零件设计模块具有各种功能强大的面向特征的设计工具，能够方便地进行各种零件结构设计。

2. 装配设计

CATIA装配设计模块主要用于产品装配设计，软件向用户提供了两种装配设计方法：一种是自下向顶的装配设计方法；另一种是自顶向下的装配设计方法。使用自下向顶的装配设计方法可以将已经设计好的零件导入CATIA装配设计环境进行参数化组装以得到最终的装配产品；使用自顶向下的装配设计方法首先设计产品总体结构造型，然后分别向产品零件级别进行细分以完成所有产品零部件结构的设计，得到最终产品。

3. 工程图设计

CATIA工程图设计模块主要用于创建产品工程图，包括产品零件工程图和装配工程图。在工程图设计模块中，用户能够方便地创建各种工程图视图（如主视图、投影视图、轴测图、剖视图等），还可以进行各种工程图标注（如尺寸标注、公差标注、粗糙度符号标注等）。另外工程图设计模块具有强大的工程图模板定制功能及工程图符号定制功能，还可以自动生成零件清单（材料报表），并且提供与其他图形文件（如DWG、DXF等）的交互式图形处理，从而扩展CATIA工程图的实际应用。

4. 钣金设计

CATIA钣金设计模块主要用于钣金件结构设计，包括第一钣金壁（平整、拉伸、滚动、多截面、实体转换等）、附加钣金壁（平整、凸缘、边缘、用户凸缘等）、钣金折弯、钣金弯边、钣金成型与冲压等，还可以在考虑钣金折弯参数的前提下对钣金件进行展平，从而方便钣金件的加工与制造。

5. 曲面造型设计

CATIA曲面造型设计功能主要用于曲线线框设计及曲面造型设计，用来完成一些外观比较复杂的产品造型设计，软件提供了多种高级曲面造型工具，如多截面曲面、扫掠曲面、填充曲面及桥接曲面等，帮助用户完成复杂曲面的设计。

6. 自顶向下设计

自顶向下设计（Top_Down Design）是一种从整体到局部的先进设计方法，目前的产品结构设计均采用这种设计方法来设计和管理。其主要思路是：首先设计一个反映产品整体结构的骨架模型，然后从骨架模型往下游细分，得到下游级别的骨架模型及中间控制结构（我们一般将其称为控件），然后根据下游级别骨架和控件来分配各个零件间的位置关系和结构，最后根据分配好零件间的关系，完成各零件的细节设计。

7. 机构运动仿真（DMU）

CATIA机构运动仿真模块主要用于运动学仿真，用户通过在机构中定义各种机构运动副（如销钉运动副、圆柱运动副、滑动杆运动副等）使机构各部件能够完成不同的动作，还可以向机构中添加各种力学对象（如弹簧、力与扭矩、阻尼、重力等）使机构运动仿真更接近于真实水平。因为机构运动仿真反映的是机构在三维空间的运动效果，所以通过机构运动仿真能够轻松地检查出机构在实际运动中的动态干涉问题，并且能够根据实际需要测量各种仿真数据，具有很强的实际应用价值。

8. 模具设计

CATIA提供了内置模具设计工具，可以非常智能地完成模具型腔、模具型芯的快速创建，在整个模具设计的过程中，用户可以使用一系列工具进行控制。另外，使用相关模具设计插件，还能够帮助用户轻松地完成整套模具的模架设计。

9. 数控编程模块

CATIA数控编程模块用来定义和管理零件的数控加工程序，CATIA数控编程模块主要包括车削加工（Lathe Machining）、2.5轴铣削加工（Prismatic Machining）、曲面加工（Surface Machining）、高级加工（Advanced Machining）、NC加工审视（NC Manufacturing Review）、STL快速成型（STL Rapid Prototyping）等子模块，用于进行各种结构、各种情况的加工与编程操作。

10. 有限元结构分析模块

CATIA有限元结构分析模块主要用于对产品结构进行有限元结构分析，是一个对产品结构进行可靠性研究的重要应用模块，在该模块中具有CATIA自带的材料库供分析使用。另外还可以自己定义新材料供分析使用，能够方便地加载约束和载荷，模拟产品的真实工况；同时网格划分工具也很强大，网格可控性强，方便用户对不同结构进行有效的网格划分。

1.2 CATIA V5-6R2019新功能

相比CATIA软件的早期版本，最新的CATIA V5-6R2019有如下改进：

（1）新的三维生成创新者角色可提供基于浏览器的和基于云的生成建模。

（2）使用CATIA Natural Sketch在三维虚拟现实中创建。

（3）新的"产品体验演示者"角色可创建引人注目的三维视觉产品体验。

（4）ICEM Design Experience提供了新一代曲面建模应用程序。

（5）新的扩展角色"功能驱动的优化设计器"可以实现进一步的优化。

（6）"功能驱动的生成器设计器"角色通过更平滑和更规则的曲面得到了进一步改进。

（7）对于AEC而言，生产率的提高包括创建可变的幕墙及在处理混凝土结构的钢筋方面提高了复杂性。

（8）高级装配体设计和管理学习指南以CATIA建模入门课程中介绍的装配体功能为基础。读者将全面了解如何在CATIA软件中设计和管理复杂的装配，同时将重点放在使装配工作台功能最大化的技术上。这个广泛的动手课程包含许多专注于基于过程的实践的实验室，以为读者提供实践经验并提高设计生产率。

1.3　CATIA V5-6R2019软件的安装

CATIA V5-6R2019需要在Windows 7 64位或者Windows 10 64位系统下运行。

安装CATIA V5-6R2019的操作步骤如下。

步骤1 将CATIA V5-6R2019软件安装文件复制到计算机中，然后双击 setup 文件，等待片刻后会出现如图1.1所示的安装界面。

步骤2 在如图1.1所示的"CATIA V5-6R2019欢迎"对话框中单击 下一步 按钮，系统会弹出如图1.2所示的"CATIA V5-6R2019选择目标位置"对话框。

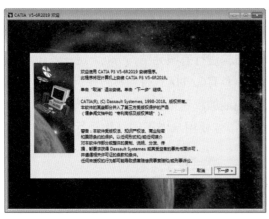

图1.1　"CATIA V5-6R2019 欢迎"对话框　　图1.2　"CATIA V5-6R2019 选择目标位置"对话框

步骤3 在"CATIA V5-6R2019选择目标位置"对话框中单击 浏览 按钮，选择合适的安装位置，选择完成后单击 下一步 按钮，系统会弹出如图1.3所示的"CATIA V5-6R2019选择环境位置"对话框。

步骤4 在"CATIA V5-6R2019选择环境位置"对话框中单击 浏览 按钮，选择合适的安装位置，选择完成后单击 下一步 按钮，系统会弹出如图1.4所示的"CATIA V5-6R2019安装类型"对话框。

图1.3 "CATIA V5-6R2019 选择环境位置"对话框 图1.4 "CATIA V5-6R2019 安装类型"对话框

步骤5 在"CATIA V5-6R2019安装类型"对话框中选中 ⊙ 完全安装 - 将安装所有软件 单选按钮，然后单击 下一步 按钮，系统会弹出如图1.5所示的"CATIA V5-6R2019选择Orbix配置"对话框。

步骤6 在"CATIA V5-6R2019选择Orbix配置"对话框中设置Orbix后台程序的端口号、后台程序运行服务器的起始端口号与后台程序运行服务器的范围，然后单击 下一步 按钮，系统会弹出如图1.6所示的"CATIA V5-6R2019服务器超时配置"对话框。

图1.5 "CATIA V5-6R2019 选择Orbix配置"对话框 图1.6 "CATIA V5-6R2019 服务器超时配置"对话框

步骤7 在"CATIA V5-6R2019服务器超时配置"对话框中设置服务器超时时间（单位为分钟），然后单击 下一步 按钮，系统会弹出如图1.7所示的"CATIA V5-6R2019电子仓客户机配置"对话框。

步骤8 在"CATIA V5-6R2019电子仓客户机配置"对话框中取消选中 是的，我想安装 ENOVIA 电子仓客户机 复选框，然后单击 下一步 按钮，系统会弹出如图1.8所示的"CATIA V5-6R2019自定义快捷方式"对话框。

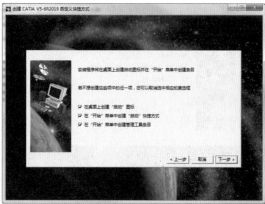

图1.7　"CATIA V5-6R2019 电子仓客户机
配置"对话框

图1.8　"CATIA V5-6R2019 自定义快捷
方式"对话框

步骤9 在"CATIA V5-6R2019自定义快捷方式"对话框中选中 在桌面上创建 "启动" 图标 、在 "开始" 菜单中创建 "启动" 快捷方式 与在 "开始" 菜单中创建管理工具条目 复选框，然后单击 下一步 按钮，系统会弹出如图1.9所示的"CATIA V5-6R2019选择文档"对话框。

步骤10 在"CATIA V5-6R2019选择文档"对话框中取消选中 我想要安装联机文档 复选框，然后单击 下一步 按钮，系统会弹出如图1.10所示的"安装当前设置"对话框。

图1.9　"CATIA V5-6R2019 选择文档"对话框

图1.10　"安装当前设置"对话框

步骤11 在"安装当前设置"对话框中单击 安装 按钮，系统会弹出如图1.11所示的"CATIA V5-6R2019安装"对话框。

步骤12 安装完成后单击对话框中的"完成"按钮即可。

图1.11　"CATIA V5-6R2019 安装"对话框

第 2 章

CATIA软件的工作界面与基本操作设置

2.1 工作目录

1. 什么是工作目录

工作目录简单来讲就是一个文件夹，这个文件夹的作用又是什么呢？我们都知道当使用CATIA完成一个零件的具体设计后，肯定需要将其保存下来，这个保存的位置就是工作目录。

2. 为什么要设置工作目录

工作目录其实是用来帮助我们管理当前所做的项目的，是一个非常重要的管理工具。下面以一个简单的装配文件为例，介绍工作目录的重要性：例如一个装配文件需要4个零件来装配，如果之前没注意工作目录的问题，将这4个零件分别保存在4个文件夹中，则在装配时，依次需要到这4个文件夹中寻找装配零件，这样操作起来就比较麻烦，也不便于工作效率的提高，最后在保存装配文件时，如果不注意，则很容易将装配文件保存于一个我们不知道的地方，如图2.1所示。

如果在进行装配之前设置了工作目录，并且对这些需要进行装配的文件进行了有效管理（将这4个零件都放在创建的工作目录中），则这些问题都不会出现；另外，我们在完成装配后，装配文件和各零件都必须保存在同一个文件夹中（同一个工作目录中），否则下次打开装配文件时会出现打开失败的问题，如图2.2所示。

3. 如何设置工作目录

在项目开始之前，首先在计算机上创建一个文件夹作为工作目录（如在D盘中创建一个名为CATIA2019的文件夹），用来存放和管理该项目的所有文件（如零件文件、装配文件和工程图文件等）。

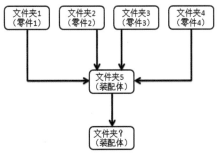

图2.1　不合理的文件管理

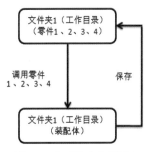

图2.2　合理的文件管理

2.2　软件的启动与退出

2.2.1　软件的启动

启动CATIA软件主要有以下几种方法。

方法一：双击Windows桌面上的CATIA V5-6R2019软件快捷图标，如图2.3所示。

方法二：右击Windows桌面上的CATIA　V5-6R2019软件快捷图标，选择"打开"命令，如图2.4所示。

说明	读者在正常安装CATIA V5-6R2019之后，在Windows桌面上都会显示CATIA V5-6R2019的快捷图标。

方法三：从Windows系统开始菜单启动CATIA V5-6R2019软件，操作方法如下。

步骤1 单击Windows左下角的 按钮。

步骤2 选择 → 所有程序 → CATIA → CATIA V5-6R2019 命令，如图2.5所示。

图2.3　CATIA V5-6R2019
快捷图标

图2.4　右击快捷菜单

图2.5　Windows开始菜单

方法四：双击现有的CATIA文件也可以启动软件。

2.2.2　软件的退出

退出CATIA软件主要有以下几种方法。

方法一：选择下拉菜单 文件 → 退出 命令退出软件。

方法二：单击软件右上角的 × 按钮。

2.3　CATIA V5-6R2019工作界面

在学习本节前，先进行界面的基本设置。选择下拉菜单 工具 → 选项… 命令，系统会弹出如图2.6所示的"选项"对话框，选中左侧的 常规 节点，在 常规 选项卡 用户界面样式 区域选中 P1 单选按钮。

先打开一个随书配套的模型文件。选择下拉菜单 文件 → 📂 打开… 命令，在"打开"对话框中选择目录D:\CATIA2019\work\ch02.03，选中zhuanban文件，单击 打开(O) 按钮。

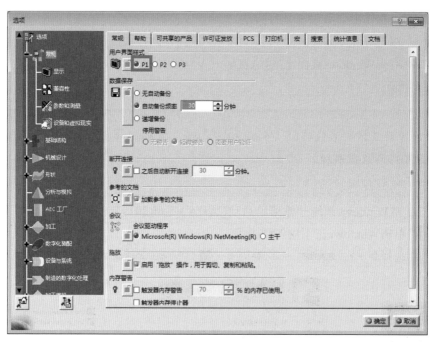

图2.6　"选项"对话框

2.3.1　基本工作界面

CATIA V5-6R2019版本零件设计环境的工作界面主要包括标题栏、下拉菜单、工具栏按钮、特征树、指南针、状态栏、图形区等，如图2.7所示。

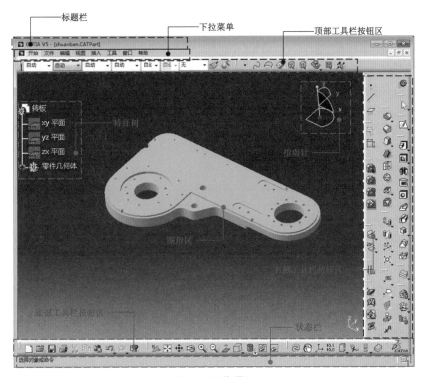

图2.7 工作界面

1. 标题栏

标题栏显示当前所使用的CATIA软件版本信息及活动零件名称，如图2.8所示。

图2.8 标题栏

2. 下拉菜单

下拉菜单包含软件在当前环境下绝大多数的功能命令，这其中主要包含开始、文件、编辑、视图、插入、工具、窗口与帮助下拉菜单，主要作用是帮助我们执行相关的功能命令。

3. 工具栏按钮区

工具栏中的按钮是将常用的下拉菜单命令以按钮图标的形式显示出来，为快速选择命令及设置工作环境提供了方便，按钮与下拉菜单中的命令是对应的，选择相对应按钮和下拉菜单可以实现同样的功能。工具栏按钮区根据位置不同又分为顶部工具栏按钮区、右侧工具栏按钮区与底部工具栏按钮区。

> **注意**　用户会看到有些菜单命令和按钮处于非激活状态（呈灰色，即暗色），这是因为它们目前还没有处在发挥功能的环境中，一旦它们进入有关的环境，便会自动激活。

4. 特征树

特征树中列出了活动文件中的所有零件、特征、基准和坐标系等，并以树的形式显示模型结构。特征树的主要功能有以下几点：

（1）查看模型的特征组成。例如，如图2.9所示的带轮模型就是由旋转体、孔和圆形阵列3个特征组成的。

（2）查看每个特征的创建顺序。例如，如图2.9所示的模型，第1个创建的特征为旋转体，第2个创建的特征为孔，第3个创建的特征为圆形阵列。

（3）查看每步特征创建的具体结构。在特征树中右击 旋转体.1 ，在系统弹出的快捷菜单中选择 定义工作对象 命令，此时绘图区将只显示旋转体1创建的特征，如图2.10所示；如果用户想看到整体模型的最终效果，则可以右击最后一个特征后选择 定义工作对象 命令。

（4）编辑修改特征参数。右击需要编辑的特征，在系统弹出的下拉菜单中选择 定义... 或者 编辑参数 命令就可以修改特征数据了。

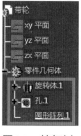

图2.9　特征树

图2.10　旋转体

5. 图形区

图形区是CATIA各种模型图像的显示区，也叫主工作区，类似于计算机的显示器。

6. 指南针

指南针用来呈现当前模型的角度方位，当物体旋转时指南针伴随着物体旋转，如图2.11所示。

（a）方位1 （b）方位2

图2.11 指南针

7. 状态栏

在用户操作软件的过程中，状态栏会实时地显示与当前操作相关的提示信息等，以引导用户的操作。状态栏有一个可见的边线，将其与图形区分开，若要增加或减少可见消息行的数量，则可将鼠标指针置于边线上，按住鼠标左键，将鼠标指针移动到所期望的位置。

2.3.2 工作界面的自定义

1. 开始菜单的自定义

选择下拉菜单 工具 → 自定义... 命令，系统会弹出如图2.12所示的"自定义"对话框，在 开始菜单 区域选中左侧工作台列表中需要添加到开始菜单的工作台（例如零件设计），然后单击 → 按钮，关闭"自定义"对话框后，在开始菜单下即可看到"零件设计"工作台，如图2.13所示。

图2.12 "自定义"对话框 图2.13 "开始"菜单

2. 工具栏的自定义

在如图2.12所示的"自定义"对话框中单击 工具栏 选项卡，左侧区域会显示所有的工具栏，用户可以对工具栏进行重命名；可以添加或者删减命令，例如我们在左侧区域选中"基于草图的特征"工具栏，然后单击 添加命令... 按钮，在系统弹出的如图2.14所示的"命令列表"对话框中选择需要添加的命令（例如凹凸），然后单击 ●确定 按钮即可，完成后如图2.15所示；还可以根据实际需要添加自定义的工具栏。

图2.14　"命令列表"对话框

图2.15　添加命令

3. 命令快捷键的自定义

下面以将Enter键定义为隐藏显示的快捷键为例，来介绍命令快捷键自定义的一般操作过程。

步骤1 选择命令。选择下拉菜单 工具 → 自定义... 命令，在系统弹出的"自定义"对话框中选择 命令 选项卡。

步骤2 在 命令 选项卡左侧区域选中 视图 ，在右侧区域选中 隐藏/显示 。

步骤3 单击"自定义"对话框中的 显示属性... 按钮，在系统弹出的 命令属性 区域单击 其他... ，在系统弹出的"键"对话框中选择 Enter ，然后依次单击"键"对话框中 添加 与 关闭 按钮。

步骤4 在"自定义"对话框中单击 关闭 按钮完成快捷键的定义。

2.4　CATIA基本鼠标操作

使用CATIA软件执行命令时，主要是用鼠标指针单击工具栏中的命令图标，也可以选择下拉菜单或者用键盘输入快捷键来执行命令，还可以使用键盘输入相应的数值。与其他

CAD软件类似，CATIA也提供了各种鼠标的功能，包括执行命令、选择对象、弹出快捷菜单、控制模型的旋转、缩放和平移等。

2.4.1　使用鼠标控制模型

1. 旋转模型

（1）按住鼠标中键加鼠标右键，移动鼠标就可以旋转模型，鼠标移动的方向就是旋转的方向。

（2）在视图工具条中选择 （旋转）命令，然后按住鼠标左键移动鼠标即可旋转模型。

（3）在指南针上选择圆弧线按住鼠标左键移动鼠标也可以旋转模型。

2. 缩放模型

（1）同时按住鼠标中键和右键，然后松开鼠标右键，向前移动可以放大模型，向后移动可以缩小模型。

（2）在视图工具条中选择 （放大）与 （缩小）命令也可以缩放模型。

3. 平移模型

（1）按住鼠标中键移动鼠标就可以移动模型，鼠标移动的方向就是模型移动的方向。

（2）在视图工具条中选择 （平移）命令，然后按住鼠标左键移动鼠标即可平移模型。

（3）在指南针上选择直线按住鼠标左键移动鼠标也可以平移模型。

> **注意**　当由于误操作导致图形无法在图形区显示时，用户可以通过单击视图工具条中的 （全部适应）功能将图形快速显示在图形区的中间。

2.4.2　对象的选取

1. 选取单个对象

（1）直接单击需要选取的对象。

（2）在特征树中单击对象名称即可选取对象，被选取的对象会加亮显示。

2. 选取多个对象

（1）按住Ctrl键，单击多个对象就可以选取多个对象。

（2）在特征树中按住Ctrl键单击多个对象名称即可选取多个对象。

（3）在特征树中按住Shift键选取第1个对象，再选取最后一个对象，这样就可以选中从第1个到最后一个对象的所有对象。

3. 利用选择过滤器工具栏选取对象

使用如图2.16所示的"用户选择过滤器"工具栏可以帮助我们选取特定类型的对象，例如只想选取几何对象，此时可以打开用户选择过滤器，按下 按钮即可。

图2.16　"用户选择过滤器"工具栏

> **注意** 当按下 时，系统将只可以选取几何对象，不能选取其他对象。

2.5　CATIA文件操作

2.5.1　打开文件

正常启动软件后，要想打开名称为zhuanban的文件，其操作步骤如下：

步骤1 选择命令。选择"标准"工具栏中的 （打开）命令，如图2.17所示（或者选择下拉菜单 文件 → 打开... 命令），系统会弹出"选择文件"对话框。

图2.17　"标准"工具栏

步骤2 打开文件。找到模型文件所在的文件夹后，在文件列表中选中要打开的文件名为zhuanban的文件，单击 打开(O) 按钮，即可打开文件（或者双击文件名也可以打开文件）。

> **注意** 单击"所有文件"文本框右侧的 按钮，选择某一种文件类型，此时文件列表中将只显示此类型的文件，方便用户打开某一种特定类型的文件，如图2.18所示。

所有 CATIA V5 文件 (*.catalog;*.CATAnalysis;*.CA
所有 CATIA V4 文件 (*.model;*.session;*.library)
所有测量文件 (*.cgm;*.gl;*.gl2;*.hpgl)
所有位图文件 (*.*)
3dxml (*.3dxml)
act (*.act)
asm (*.asm)
bdf (*.bdf)
brd (*.brd)
目录 (*.catalog)
分析 (*.CATAnalysis)
工程图 (*.CATDrawing)
CATfct (*.CATfct)
CATKnowledge (*.CATKnowledge)
材料 (*.CATMaterial)
零件 (*.CATPart)
流程 (*.CATProcess)
产品 (*.CATProduct)
CATResource (*.CATResource)
形状 (*.CATShape)
CATSwl (*.CATSwl)
功能系统 (*.CATSystem)
cdd (*.cdd)
cgm (*.cgm)
CGMReplay (*.CGMReplay)
dwg (*.dwg)
dxf (*.dxf)
emn (*.emn)
gl (*.gl)

图2.18　文件类型列表

5min

2.5.2　保存文件

保存文件非常重要，读者一定要养成间隔一段时间就对所做工作进行保存的习惯，这样就可以避免出现一些意外而造成不必要的麻烦。保存文件分两种情况：如果要保存已经打开的文件，则文件保存后系统会自动覆盖当前文件；如果要保存新建的文件，则系统会弹出"另存为"对话框，下面以新建一个名为save的文件并保存为例，说明保存文件的一般操作过程。

步骤1　新建文件。选择"标准"工具条中的□（新建）命令（或者选择下拉菜单 文件 →□ 新建... 命令），系统会弹出如图2.19所示的"新建"对话框。

步骤2　设置零件名称。在"新建"对话框中选择类型为 Part ，单击"新建"对话框中的 确定 按钮，在系统弹出的如图2.20所示的"新建零件"对话框 输入零件名称 文本框中输入save，然后单击 确定 按钮进入零件设计环境。

图2.19　"新建"对话框

图2.20　"新建零件"对话框

步骤3　保存文件。选择"标准"工具条中的日（保存）命令，或者选择下拉菜单 文件 →日 保存 命令，系统会弹出"另存为"对话框。

步骤4　在"另存为"对话框中选择文件保存的路径，例如D:\CATIA2019\work\ch02.05，在文件名文本框中采用系统默认名称，单击"另存为"对话框中的 保存(S) 按钮，即可完成保存操作。

注意　输入保存文件的名称时不可输入中文名字，否则将弹出如图2.21所示的文件名无效对话框。

图2.21　"另存为"对话框

> **注意**
>
> 在文件下拉菜单中有一个另存为命令，保存与另存为的区别主要在于：保存是保存当前文件，而另存为可以将当前文件复制后进行保存，并且保存时可以调整文件名称，原始文件不受影响。
>
> 如果打开多个文件，并且进行了一定的修改，则可以通过 文件 → 全部保存 命令进行快速全部保存。

2.5.3　关闭文件

关闭文件主要有以下两种情况：

第一，如果关闭文件前已经对文件进行了保存，则可以选择下拉菜单 文件 → 关闭 命令直接关闭文件。

第二，如果关闭文件前没有对文件进行保存，则在选择 文件 → 关闭 命令后，系统会弹出如图2.22所示的"关闭"对话框，提示用户是否需要保存文件，此时单击对话框中的 是(Y) 按钮就可以将文件保存后关闭文件；单击 否(N) 按钮将不保存文件而直接关闭。

图2.22　"关闭"对话框

第3章

CATIA二维草图设计

3.1 CATIA二维草图设计概述

CATIA零件设计是以特征为基础进行创建的，大部分零件的设计来源于二维草图。一般的设计思路为首先创建特征所需的二维草图，然后将此二维草图结合某个实体建模的功能将其转换为三维实体特征，多个实体特征依次堆叠得到零件，因此二维草图在零件建模中是最基层也是最重要的部分。掌握绘制二维草图的一般方法与技巧对于创建零件及提高零件设计效率都非常关键。

注意	二维草图的绘制必须选择一个草图基准面，也就是要确定草图在空间中的位置（打个比方：草图相当于写的文字，我们都知道写字要有一张纸，我们要把字写在一张纸上，纸就是草图基准面，纸上写的字就是二维草图，并且一般我们写字时要把纸铺平之后写，所以草图基准面需要是一个平的面）。草图基准面可以是系统默认的3个基准面（XY平面、YZ平面和ZX平面，如图3.1所示），也可以是现有模型的平面表面，另外还可以是我们自己创建的基准面。

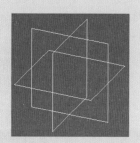

图3.1 系统默认的基准面

系统默认的3个基准面的显示一般比较小，用户可以通过选择下拉菜单 工具 → 选项... 命令，在系统弹出的"选项"对话框的左侧区域选中 基础结构 下的 零件基础结构 节点，然后在右侧 显示 区域拖动调整 轴系显示大小 即可。

3.2　进入与退出二维草图设计环境

1. 进入草图环境的操作方法

步骤1 启动CATIA软件。

步骤2 新建文件。选择"标准"工具条中的 □（新建）命令，或者选择下拉菜单 文件 → □ 新建... 命令，在"新建"对话框中选择 Part 类型后单击 ●确定 按钮，在系统弹出的"新建零件"对话框 输入零件名称 文本框中输入合适的名称，然后单击 ●确定 按钮进入零件设计环境。

步骤3 选择"草图编辑器"工具栏中的 ☑（草图）命令，或者选择下拉菜单 插入 → 草图编辑器 → ☑ 草图 命令，在系统 选择平面、平面的面或草图 的提示下，选取XY平面作为草绘平面，进入草图环境。

2. 退出草图环境的操作方法

在草图设计环境中单击"工作台"工具条中的 凸（退出工作台）命令，即可退出草图环境。

3.3　草绘前的基本设置

1. 设置网格间距

进入草图设计环境后，用户可以根据所绘模型的具体大小设置草图环境中网格的大小，这样对于控制草图的整体大小非常有帮助，下面介绍显示及控制网格大小的方法。

进入草图环境后，选择下拉菜单 工具 → 选项... 命令，在系统弹出的如图 3.2所示的"选

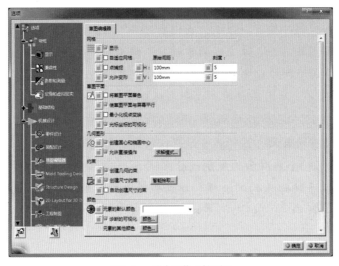

图3.2　"选项"对话框

项"对话框的左侧区域选中 机械设计 下的 草图编辑器 节点，然后在右侧 网格 区域选中 显示 与 允许变形 复选框，在 H: 与 V: 文本框均输入原始间距100和刻度5，单击"确定"按钮后如图3.3所示。

> **注意** 此设置仅在草图环境中有效。

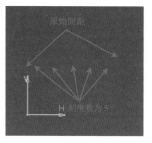

图3.3 网格参数

2. 设置其他参数

（1）草图平面设置：在"选项"对话框节点下 草图编辑器 节点 草图平面 区域选中 使草图平面与屏幕平行 复选框（用于在绘制二维草图时系统自动对草图平面进行正式处理）与 光标坐标的可视化 复选框（用于在绘制对象时实时显示点的坐标），如图3.4（a）所示。

（2）约束设置：在"选项"对话框节点下 草图编辑器 节点 约束 区域选中 创建几何约束 复选框（用于控制是否自动捕捉并添加几何约束）与 创建尺寸约束 复选框，如图3.4（b）所示。

（3）颜色设置：在"选项"对话框节点下 草图编辑器 节点 颜色 区域的 元素的默认颜色 下拉列表可以设置绘制对象的默认颜色，选中 诊断的可视化 复选框，单击 诊断的可视化 后的 颜色 按钮，在系统弹出的如图3.5所示的"诊断颜色"对话框可以设置不同约束状态的默认颜色。

（a）草图平面设置 （b）约束设置

图3.4 设置

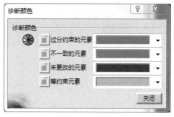

图3.5 "诊断颜色"对话框

3.4 CATIA二维草图的绘制

3.4.1 直线的绘制

步骤1 进入草图环境。选择"标准"工具条中的 □（新建）命令，在"新建"对话框类型列表区域选择 Part ，然后单击 确定 按钮，在系统弹出的"新建零件"对话框 输入零件名称 文本框中输入"草图绘制"，单击 确定 按钮进入零件设计环境；选择"草图编辑器"工具栏中的 □（草图）命令，在系统 选择平面、平面的面或草图 的提示下，选取 XY 平面作为草绘平面，进入草图环境。

4min

> **说明**　（1）在绘制草图时，必须选择一个草图平面才可以进入草图环境进行草图的具体绘制。
>
> （2）以后在绘制草图时，如果没有特殊的说明，则在XY平面上进行草图绘制。

步骤2　选择命令。选择"轮廓"工具条中的 ✓（直线）命令，或者选择下拉菜单 插入 → 轮廓 → 直线 → ✓ 直线 命令，系统会弹出如图3.6所示的"草图工具"工具条。

图3.6　"草图工具"工具条

步骤3　选取直线的起始点。在图形区任意位置单击，即可确定直线的起始点（单击位置就是起始点位置），此时可以在绘图区看到"橡皮筋"线附着在鼠标指针上，如图3.7所示。

步骤4　选取直线的终点。在图形区任意位置单击，即可确定直线的终点（单击位置就是终点位置），系统会自动在起始点和终点之间绘制1条直线。

图3.7　直线绘制"橡皮筋"

3.4.2　无限长线的绘制

步骤1　进入草图环境。选择"草图编辑器"工具栏中的 ☑（草图）命令，在系统 选择平面、平面的面或草图 的提示下，选取XY平面作为草绘平面，进入草图环境。

步骤2　选择命令。选择"轮廓"工具条"直线"节点下的 ✓ 命令，或者选择下拉菜单 插入 → 轮廓 → 直线 → ✓ 无限长线 命令，系统会弹出如图3.8所示的"草图工具"工具条。

图3.8　"草图工具"工具条

步骤3　选取无限长线的类型。在"草图工具"工具条中选择 ✓（通过两点的直线）类型。

步骤4　定义无限长线的第1个点。在图形区任意位置单击，即可确定无限长线的第1个点（单击位置就是第1个点的位置），此时可以在绘图区看到"橡皮筋"线附着在鼠标指针上。

步骤5　定义无限长线的第2个点。在图形区任意位置单击，即可确定无限长线的第2个点（单击位置就是第2个点的位置），系统会自动在第1个点和第2个点之间绘制1条无限长线。

图3.8"草图工具"工具条各类型的说明如下。

（1）▦（水平线）：用于绘制水平的无限长线。

（2）▮（竖直线）：用于绘制竖直的无限长线。

（3）▨（通过两点的直线）：用于绘制通过两点确定角度的无限长线。

3.4.3　双切线的绘制

▶4min

双切线主要用来绘制与现有两个对象都相切的直线。下面以如图3.9所示的直线为例，介绍双切线绘制的一般操作过程。

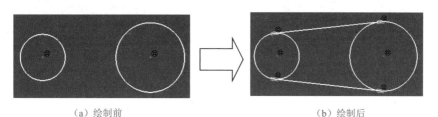

（a）绘制前　　　　　　　　　　　　　　　（b）绘制后

图3.9　绘制双切线

步骤1 打开文件D:\CATIA2019\work\ch03.04\shuangqiexian-ex。

步骤2 进入草图环境。在特征树中双击 草图1 即可进入草图环境。

步骤3 选择命令。选择"轮廓"工具条"直线"节点下的 ╱ 命令，或者选择下拉菜单 插入 → 轮廓 → 直线 → ╱ 双切线 命令。

步骤4 绘制第1条双切线。在系统 第一切线：选择几何图形以创建切线 的提示下靠近上方选取左侧圆，在系统 第二切线：选择几何图形以创建切线 的提示下靠近上方选取右侧圆，此时完成第1条双切线的绘制，如图3.10所示。

步骤5 绘制第2条双切线。选择"轮廓"工具条"直线"节点下的 ╱ 命令，在系统 第一切线：选择几何图形以创建切线 的提示下靠近下方选取左侧圆，在系统 第二切线：选择几何图形以创建切线 的提示下靠近下方选取右侧圆，此时完成第2条双切线的绘制，如图3.9（b）所示。

> **注意**
>
> （1）在选取相切对象时选取的位置不同得到的相切效果也不同，当都靠近上方选取时效果如图3.10所示；当都靠近下方选取时效果如图3.11所示；当左侧圆靠近上方选取，右侧圆靠近下方选取时效果如图3.12所示；当左侧圆靠近下方选取，右侧圆靠近上方选取时效果如图3.13所示。

（2）在执行命令时系统默认为单次执行，如果用户需要连续执行命令，则可以通过双击选择命令按钮。

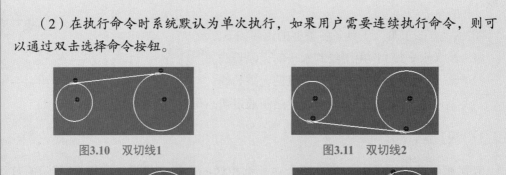

图3.10　双切线1　　　　　　　　　图3.11　双切线2

图3.12　双切线3　　　　　　　　　图3.13　双切线4

3.4.4　角平分线的绘制

▶4min

角平分线主要用来绘制两条相交直线的角平分线。下面以如图3.14所示的直线为例，介绍角平分线绘制的一般操作过程。

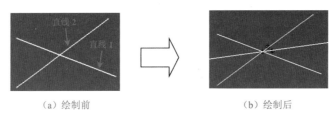

（a）绘制前　　　　　　　　　　　（b）绘制后

图3.14　绘制角平分线

步骤1　打开文件D:\CATIA2019\work\ch03.04\jiaopingfenxian-ex。

步骤2　进入草图环境。在特征树中双击 草图1 即可进入草图环境。

步骤3　选择命令。选择"轮廓"工具条"直线"节点下的 命令，或者选择下拉菜单 插入 → 轮廓 → 直线 → 角平分线 命令。

步骤4　在系统 选择第一直线，用于定义要二等分的扇形 的提示下靠近右侧选取如图3.14（a）所示的直线1作为参考，在系统 选择第二直线，用于定义要二等分的扇形 的提示下靠近右侧选取如图3.14（a）所示的直线2作为参考，完成后如图3.14（b）所示。

注意　（1）在选取参考对象时选取的位置不同结果也会不同，当靠近右侧选取直线

1与直线2时结果如图3.14（b）所示，当靠近左侧选取直线1靠近右侧直线2时结果如图3.15所示。

（2）选取的参考直线可以是相交的两条线，也可以是平行的两条线，系统会创建两平行线中间的直线，如图3.16所示。

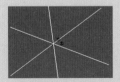

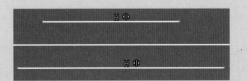

图3.15　选取位置不同的不同结果　　　　图3.16　平行线中间的直线

3.4.5　法线的绘制

法线是与现有线垂直的直线。下面以如图3.17所示的直线为例，介绍法线绘制的一般操作过程。

（a）绘制前　　　　　　　　　　　　（b）绘制后

图3.17　绘制法线

步骤1　打开文件D:\CATIA2019\work\ch03.04\faxianzhixian-ex。

步骤2　进入草图环境。在特征树中双击 草图1 即可进入草图环境。

步骤3　选择命令。选择"轮廓"工具条"直线"节点下的 命令，或者选择下拉菜单 插入 → 轮廓 → 直线 → 曲线的法线 命令。

步骤4　在系统 单击选择曲线或点 的提示下靠近右上角选取如图3.17（a）所示的圆，然后移动鼠标并在合适位置单击确定直线的第2个端点，完成后如图3.17（b）所示。

3.4.6　矩形的绘制

方法一：普通矩形。

步骤1　进入草图环境。选择"草图编辑器"工具栏中的 （草图）命令，在系统 选择平面、平面的面或草图 的提示下，选取XY平面作为草绘平面，进入草图环境。

步骤2 选择命令。选择"轮廓"工具条"预定义轮廓"节点下的▢命令，或者选择下拉菜单 插入 → 轮廓 → 预定义的轮廓 → ▢ 矩形 命令。

步骤3 定义普通矩形的第1个角点。在图形区任意位置单击，即可确定普通矩形的第1个角点。

步骤4 定义普通矩形的第2个角点。在图形区任意位置再次单击，即可确定普通矩形的第2个角点，此时系统会自动在两个角点间绘制并得到一个普通矩形。

> **说明** 第1个角点与第2个角点之间的水平距离将直接决定矩形的长度，第1个角点与第2个角点之间的竖直距离将直接决定矩形的宽度。

方法二：居中矩形。

步骤1 进入草图环境。选择"草图编辑器"工具栏中的▧（草图）命令，在系统 选择平面、平面的面或草图 的提示下，选取XY平面作为草绘平面，进入草图环境。

步骤2 选择命令。选择"轮廓"工具条"预定义轮廓"节点下的▣命令，或者选择下拉菜单 插入 → 轮廓 → 预定义的轮廓 → ▣ 居中矩形 命令。

步骤3 定义居中矩形的中心。在图形区任意位置单击，即可确定居中矩形的中心点。

步骤4 定义居中矩形的一个角点。在图形区任意位置再次单击，即可确定居中矩形的角点，此时系统会自动绘制并得到一个居中矩形。

方法三：斜置矩形。

步骤1 进入草图环境。选择"草图编辑器"工具栏中的▧（草图）命令，在系统 选择平面、平面的面或草图 的提示下，选取XY平面作为草绘平面，进入草图环境。

步骤2 选择命令。选择"轮廓"工具条"预定义轮廓"节点下的◇命令，或者选择下拉菜单 插入 → 轮廓 → 预定义的轮廓 → ◇ 斜置矩形 命令。

步骤3 定义斜置矩形的第1个角点。在图形区任意位置单击，即可确定斜置矩形的第1个角点。

步骤4 定义斜置矩形的第2个角点。在图形区任意位置再次单击，即可确定斜置矩形的第2个角点，此时系统会绘制出矩形的一条边线。

步骤5 定义斜置矩形的第3个角点。在图形区任意位置再次单击，即可确定斜置矩形的第3个角点，此时系统会自动在3个角点间绘制并得到一个矩形。

> **说明**　　　第1个角点与第2个角点之间的连线角度将直接决定矩形的角度，第1个角点与第2个角点之间的连线长度将直接决定矩形长度，第3个角点与第1个角点、第2个角点连线的距离将直接决定矩形的宽度。

方法四：平行四边形。

步骤1 进入草图环境。选择"草图编辑器"工具栏中的⬚（草图）命令，在系统 选择平面、平面的面或草图 的提示下，选取*XY*平面作为草绘平面，进入草图环境。

步骤2 选择命令。选择"轮廓"工具条"预定义轮廓"节点下的⬚命令，或者选择下拉菜单 插入 → 轮廓 → 预定义的轮廓 → ⬚平行四边形 命令。

步骤3 定义平行四边形的第1个角点。在图形区任意位置单击，即可确定平行四边形的第1个角点。

步骤4 定义平行四边形的第2个角点。在图形区任意位置再次单击，即可确定平行四边形的第2个角点。

步骤5 定义平行四边形的第3个角点。在图形区任意位置再次单击，即可确定平行四边形的第3个角点，此时系统会自动在3个角点间绘制并得到一个平行四边形。

方法五：居中的平行四边形。

居中的平行四边形主要以已知平行四边形的中心点来绘制平行四边形，只是中心点的定义方法比较特殊，用户需要先选取两个参考的线性对象，系统将以两个对象的交点为中心点，绘制的平行四边形的相邻边与所选的参考边线也是平行关系。下面以如图3.18所示的直线为例，介绍居中的平行四边形绘制的一般操作过程。

（a）绘制前　　　　　　　　　　（b）绘制后

图3.18　绘制居中的平行四边形

步骤1 打开文件D:\CATIA2019\work\ch03.04\ juzhongpingxingsibianxing-ex。

步骤2 进入草图环境。在特征树中双击 ⬚草图1 即可进入草图环境。

步骤3 选择命令。选择"轮廓"工具条"预定义轮廓"节点下的⬚命令，或者选择下拉菜单 插入 → 轮廓 → 预定义的轮廓 → ⬚居中平行四边形 命令。

步骤4 在系统 选择第一直线 的提示下选取如图3.18（a）所示的左侧直线，在系统 选择第二直线 的提示下选取如图3.18（a）所示的右侧直线。

步骤5 定义平行四边形的角点。在图形区任意位置单击，即可确定居中平行四边形的角点，完成后如图3.18（b）所示。

3.4.7　圆的绘制

方法一：中心半径方式。

步骤1 进入草图环境。选择"草图编辑器"工具栏中的 （草图）命令，在系统 选择平面、平面的面或草图 的提示下，选取XY平面作为草绘平面，进入草图环境。

步骤2 选择命令。选择"轮廓"工具条"圆"节点下的 命令，或者选择下拉菜单 插入 → 轮廓 → 圆 → 圆 命令。

步骤3 定义圆的圆心。在图形区任意位置单击，即可确定圆的圆心。

步骤4 定义圆的圆上点。在图形区任意位置再次单击，即可确定圆的圆上点，此时系统会自动在两个点间绘制并得到一个圆。

方法二：三点方式。

步骤1 进入草图环境。选择"草图编辑器"工具栏中的 （草图）命令，在系统 选择平面、平面的面或草图 的提示下，选取XY平面作为草绘平面，进入草图环境。

步骤2 选择命令。选择"轮廓"工具条"圆"节点下的 命令，或者选择下拉菜单 插入 → 轮廓 → 圆 → 三点圆 命令。

步骤3 定义圆上的第1个点。在图形区任意位置单击，即可确定圆上的第1个点。

步骤4 定义圆上的第2个点。在图形区任意位置再次单击，即可确定圆上的第2个点。

步骤5 定义圆上的第3个点。在图形区任意位置再次单击，即可确定圆上的第3个点，此时系统会自动在3个点间绘制并得到一个圆。

方法三：使用坐标创建圆。

步骤1 进入草图环境。选择"草图编辑器"工具栏中的 （草图）命令，在系统 选择平面、平面的面或草图 的提示下，选取XY平面作为草绘平面，进入草图环境。

步骤2 选择命令。选择"轮廓"工具条"圆"节点下的 命令，或者选择下拉菜单 插入 → 轮廓 → 圆 → 使用坐标创建圆 命令。

步骤3 定义圆心坐标。在系统弹出的"圆定义"对话框，在 H: 文本框中输入100，在 V: 文本框中输入60，如图3.19所示。

图3.19　"圆定义"对话框

步骤4 定义圆半径。在"圆定义"对话框 半径:文本框中输入20，如图3.19所示，单击 确定 按钮完成圆的绘制。

方法四：三相切方式。

三相切方式绘制圆需要用户提供3个相切的对象。下面以如图3.20所示的圆为例，介绍三相切绘制圆的一般操作过程。

步骤1 打开文件D:\CATIA2019\work\ch03.04\sanxiangqie-ex。

步骤2 进入草图环境。在特征树中双击 草图1 即可进入草图环境。

（a）绘制前　　　　　　　　　　　　　（b）绘制后

图3.20　绘制三相切圆

步骤3 选择命令。选择"轮廓"工具条"圆"节点下的 ○ 命令，或者选择下拉菜单 插入 → 轮廓 → 圆 → ○ 三切线圆 命令。

步骤4 选取相切对象。在系统提示下依次选取如图3.20（a）所示的两条直线与一个圆（靠近上方选取），完成后如图3.20（b）所示。

> **注意**
>
> 在选取圆对象时选取的位置不同得到的结果也不同，当靠近上方选取时结果如图3.20（b）所示，当靠近下方选取时结果如图3.21所示。
>
>
>
> 图3.21　选取位置不同的不同结果

3.4.8　圆弧的绘制

方法一：圆心起点端点方式。

步骤1 进入草图环境。选择"草图编辑器"工具栏中的 （草图）命令，在系统 选择平面、平面的面或草图 的提示下，选取XY平面作为草绘平面，进入草图环境。

步骤2 选择命令。选择"轮廓"工具条"圆"节点下的 命令，或者选择下拉菜单 插入 → 轮廓 → 圆 → 弧 命令。

5min

步骤3 定义圆弧的圆心。在图形区任意位置单击，即可确定圆弧的圆心。

步骤4 定义圆弧的起点。在图形区任意位置再次单击，即可确定圆弧的起点。

步骤5 定义圆弧的终点。在图形区任意位置再次单击，即可确定圆弧的终点，此时系统会自动绘制并得到一个圆弧（鼠标移动的方向就是圆弧生成的方向）。

方法二：起始受限的三点弧方式。

步骤1 进入草图环境。选择"草图编辑器"工具栏中的 ▨ （草图）命令，在系统 选择平面、平面的面或草图 的提示下，选取 *XY* 平面作为草绘平面，进入草图环境。

步骤2 选择命令。选择"轮廓"工具条"圆"节点下的 ⬚ 命令，或者选择下拉菜单 插入 → 轮廓 → 圆 → ⬚ 起始受限的三点弧 命令。

步骤3 定义圆弧的起点。在图形区任意位置单击，即可确定圆弧的起点。

步骤4 定义圆弧的端点。在图形区任意位置再次单击，即可确定圆弧的端点。

步骤5 定义圆弧的通过点。在图形区任意位置再次单击，即可确定圆弧的通过点，此时系统会自动在3个点间绘制并得到一个圆弧。

方法三：三点弧方式。

步骤1 进入草图环境。选择"草图编辑器"工具栏中的 ▨ （草图）命令，在系统 选择平面、平面的面或草图 的提示下，选取 *XY* 平面作为草绘平面，进入草图环境。

步骤2 选择命令。选择"轮廓"工具条"圆"节点下的 ⬚ 命令，或者选择下拉菜单 插入 → 轮廓 → 圆 → ⬚ 三点弧 命令。

步骤3 定义圆弧的起点。在图形区任意位置单击，即可确定圆弧的起点。

步骤4 定义圆弧的通过点。在图形区任意位置再次单击，即可确定圆弧的通过点。

步骤5 定义圆弧的端点。在图形区任意位置再次单击，即可确定圆弧的端点，此时系统会自动在3个点间绘制并得到一个圆弧。

3.4.9　轮廓的绘制

轮廓命令主要用来绘制连续的直线与圆弧对象，当绘制完成一个封闭的轮廓时，该命令自动结束；直线与圆弧对象在进行具体绘制草图时是两个使用非常普遍的功能命令，如果我们还是采用传统的直线命令绘制直线，用圆弧命令绘制圆弧，则绘图的效率将会非常低，因此软件向用户提供了轮廓功能，以便快速绘制连续的直线与圆弧，接下来就以绘制如图3.22所示的槽口图形为例，介绍轮廓的一般使用方法。

图3.22　直线圆弧的快速切换

步骤1 进入草图环境。选择"草图编辑器"工具栏中的⚂（草图）命令，在系统 选择平面、平面的面或草图 的提示下，选取*XY*平面作为草绘平面，进入草图环境。

步骤2 选择命令。选择"轮廓"工具条中的⚄命令，或者选择下拉菜单 插入 → 轮廓 → ⚄ 轮廓 命令。

步骤3 绘制直线1。在图形区任意位置单击（点1），即可确定直线的起点；水平移动鼠标并在合适位置单击确定直线的端点（点2），此时完成第1段直线的绘制。

步骤4 绘制圆弧1。当直线端点出现一个"橡皮筋"时，将鼠标移动至直线的端点位置，按住鼠标左键即可拖动出一个圆弧，在合适的位置单击，即可确定圆弧的端点（点3）。

步骤5 绘制直线2。当圆弧端点出现一个"橡皮筋"时，水平移动鼠标，在合适位置单击即可确定直线的端点（点4）。

步骤6 绘制圆弧2。当直线端点出现一个"橡皮筋"时，将鼠标移动至直线的端点位置，按住鼠标左键即可拖动出一个圆弧，在直线1的起点处单击，即可确定圆弧的端点。

3.4.10　多边形的绘制

方法一：内切圆正多边形。

步骤1 进入草图环境。选择"草图编辑器"工具栏中的⚂（草图）命令，在系统 选择平面、平面的面或草图 的提示下，选取*XY*平面作为草绘平面，进入草图环境。

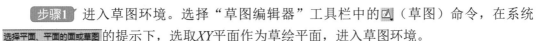

▶6min

步骤2 选择命令。选择"轮廓"工具条"预定义轮廓"节点下的◯命令，或者选择下拉菜单 插入 → 轮廓 → 预定义的轮廓 → ◯ 多边形 命令。

步骤3 定义多边形的类型。在"草图工具"工具条中选中⬡单选按钮。

步骤4 定义多边形的中心。在图形区任意位置单击（例如点A），即可确定多边形的中心点。

步骤5 定义多边形的大小控制点。在"草图工具"工具条中取消选中⬠，然后在图形区任意位置再次单击（例如点B），即可确定多边形的大小控制点。

步骤6 定义多边形的边数。在"草图工具"工具条 边数：文本框中输入6并按Enter键确认，完成后如图3.23所示。

方法二：外接圆正多边形。

步骤1 进入草图环境。选择"草图编辑器"工具栏中的⚂（草图）命令，在系统 选择平面、平面的面或草图 的提示下，选取*XY*平面作为草绘平面，进入草图环境。

步骤2 选择命令。选择"轮廓"工具条"预定义轮廓"节点下的◯命令，或者选择下拉菜单 插入 → 轮廓 → 预定义的轮廓 → ◯ 多边形 命令。

步骤3 定义多边形的类型。在"草图工具"工具条中选中⬡单选按钮。

步骤4 定义多边形的中心。在图形区任意位置单击（例如点A），即可确定多边形的中心点。

步骤5 定义多边形的大小控制点。在"草图工具"工具条中取消选中⟲，然后在图形区任意位置再次单击（例如点B），即可确定多边形的大小控制点。

步骤6 定义多边形的边数。在"草图工具"工具条边数:文本框中输入6并按Enter键确认，完成后如图3.24所示。

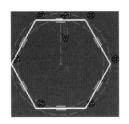

图3.23　内切圆正多边形

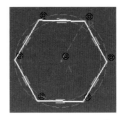

图3.24　外接圆正多边形

3.4.11　椭圆的绘制

步骤1 进入草图环境。选择"草图编辑器"工具栏中的◿（草图）命令，在系统选择平面、平面的面或草图的提示下，选取XY平面作为草绘平面，进入草图环境。

步骤2 选择命令。选择"轮廓"工具条"二次曲线"节点下的◯命令，或者选择下拉菜单 插入 → 轮廓 → 二次曲线 → ◯椭圆 命令。

步骤3 定义椭圆的中心。在图形区任意位置单击，即可确定椭圆的中心点。

步骤4 定义椭圆长半轴点。在图形区任意位置再次单击，即可确定椭圆长半轴点。

> **说明**　中心点与长半轴点之间的连线角度将直接决定椭圆的角度，中心点与长半轴点之间的连线距离将直接决定椭圆的长半轴的长度。

步骤5 定义椭圆上的点。在图形区与长半轴垂直方向上的合适位置单击，即可确定椭圆上的点，此时系统会自动绘制并得到一个椭圆。

3.4.12　样条曲线的绘制

样条曲线是通过任意多个位置点（至少两个点）的平滑曲线，样条曲线主要用来帮助用户得到各种复杂的曲面造型，因此在进行曲面设计时会经常使用。

方法一：样条曲线。下面以绘制如图3.25所示的样条曲线为例，说明绘制样条曲线的一般操作过程。

图3.25 样条曲线

步骤1 进入草图环境。选择"草图编辑器"工具栏中的 🖉（草图）命令，在系统 选择平面、平面的面或草图 的提示下，选取*XY*平面作为草绘平面，进入草图环境。

步骤2 选择命令。选择"轮廓"工具条"二次曲线"节点下的 🖉命令，或者选择下拉菜单 插入 → 轮廓 → 样条线 → 🖉样条线 命令。

步骤3 定义样条曲线的第1个定位点。在图形区点1（如图3.25所示）位置单击，即可确定样条曲线的第1个定位点。

步骤4 定义样条曲线的第2个定位点。在图形区点2（如图3.25所示）位置再次单击，即可确定样条曲线的第2个定位点。

步骤5 定义样条曲线的第3个定位点。在图形区点3（如图3.25所示）位置再次单击，即可确定样条曲线的第3个定位点。

步骤6 定义样条曲线的第4个定位点。在图形区点4（如图3.25所示）位置再次单击，即可确定样条曲线的第4个定位点。

步骤7 结束绘制。在键盘上按Esc键，结束样条曲线的绘制。

方法二：连接线。下面以绘制如图3.26所示的连接线为例，说明绘制连接线的一般操作过程。

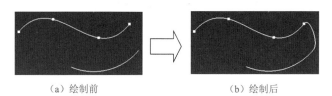

（a）绘制前 （b）绘制后

图3.26 绘制连接线

步骤1 打开文件D:\CATIA2019\work\ch03.04\ lianjiexian-ex。

步骤2 进入草图环境。在特征树中双击 🖉草图1 即可进入草图环境。

步骤3 选择命令。选择"轮廓"工具条"二次曲线"节点下的 🖉命令，或者选择下拉菜单 插入 → 轮廓 → 样条线 → 🖉连接 命令，系统会弹出如图3.27所示的"草图工具"工具条。

图3.27 "草图工具"工具条

步骤4 定义连接类型。在"草图工具"工具条中选中 🔾（用样条连接）与 ✍（相切连续）。

步骤5 选取第1个连接对象。在系统 选择要连接的第一元素 的提示下，选取如图3.26（a）所示的样条曲线（靠近右侧选取）。

步骤6 选取最后一个连接对象。在系统 选择最后一个元素以终止连接 的提示下，选取如图3.26（a）所示的圆弧（靠近右侧选取），此时连接线的效果如图3.28所示。

步骤7 调整相切方向。双击创建的连接线，系统会弹出如图3.29所示的"连接曲线定义"对话框，单击 第一线 与 第二曲线 区域的 反转方向 按钮，完成后的效果如图3.26（b）所示。

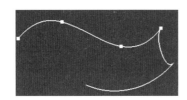

图3.28　连接曲线初步创建

图3.29　"连接曲线定义"对话框

3.4.13　延长孔的绘制

方法一：延长孔。

步骤1 进入草图环境。选择"草图编辑器"工具栏中的 ⬜（草图）命令，在系统 选择平面、平面的面或草图 的提示下，选取XY平面作为草绘平面，进入草图环境。

步骤2 选择命令。选择"轮廓"工具条"预定义轮廓"节点下的 ⊙ 命令，或者选择下拉菜单 插入 → 轮廓 → 预定义的轮廓 → ⊙ 延长孔 命令。

步骤3 定义延长孔左侧中心点。在系统 定义中心到中心距离 的提示下，在图形区任意位置单击，即可确定延长孔左侧中心点。

步骤4 定义延长孔右侧中心点。在系统 选择一点或单击以定位终点 的提示下，在图形区任意位置单击，即可确定延长孔右侧中心点。

步骤5 定义延长孔上的点。在系统 单击定义延长孔上的点 的提示下，在图形区位置再次单击，即可确定延长孔上的点，此时系统会自动在3个点间绘制并得到一个延长孔。

说明

（1）左侧中心点与右侧中心点之间的连线角度将直接决定延长孔的角度，左侧中心点与右侧中心点之间的连线距离将直接决定延长孔的中心距。

（2）左侧中心点与右侧中心点之间的连线与延长孔上的点的距离将直接决定延长孔的半宽。

方法二：圆柱形延长孔。

步骤1 进入草图环境。选择“草图编辑器”工具栏中的（草图）命令，在系统选择平面、平面的面或草图的提示下，选取*XY*平面作为草绘平面，进入草图环境。

步骤2 选择命令。选择“轮廓”工具条“预定义轮廓”节点下的命令，或者选择下拉菜单插入 → 轮廓 → 预定义的轮廓 → 圆柱形延长孔命令。

步骤3 定义圆弧中心。在系统定义中心到中心弧的提示下，在图形区任意位置单击，即可确定圆柱形延长孔的圆弧中心。

步骤4 定义圆弧起点。在系统选择一点或单击以定义弧的半径及起点的提示下，在图形区任意位置单击，即可确定圆柱形延长孔的圆弧起点。

步骤5 定义圆弧终点。在系统选择一点或单击以定义弧的半径及起点的提示下，在图形区任意位置再次单击，即可确定圆柱形延长孔的圆弧终点。

步骤6 定义圆柱形延长孔上的点。在系统单击定义圆柱形延长孔上的点的提示下，在图形区位置再次单击，即可确定圆柱形延长孔上的点，此时系统会自动在4个点间绘制并得到一个圆柱形延长孔。

3.4.14 钥匙孔轮廓的绘制

3min

步骤1 进入草图环境。选择“草图编辑器”工具栏中的（草图）命令，在系统选择平面、平面的面或草图的提示下，选取*XY*平面作为草绘平面，进入草图环境。

步骤2 选择命令。选择“轮廓”工具条“预定义轮廓”节点下的命令，或者选择下拉菜单插入 → 轮廓 → 预定义的轮廓 → 钥匙孔轮廓命令。

步骤3 定义定位起点。在系统选择一点或单击以定位起点的提示下，在图形区任意位置单击，即可确定钥匙孔轮廓定位起点。

步骤4 定义小半径中心点。在系统定义小半径的中心的提示下，在图形区任意位置单击，即可确定钥匙孔轮廓小半径的中心点。

步骤5 定义小圆半径点。在系统单击钥匙孔轮廓上的点以定义小半径的提示下，在图形区任意位置单击，即可确定钥匙孔轮廓小圆半径点。

步骤6 定义大圆半径点。在系统 单击钥匙孔轮廓上的点以定义大半径 的提示下，在图形区任意位置单击，即可确定钥匙孔轮廓大圆半径点。

> **说明**　定位起点与小半径中心点之间的连线角度将直接决定延长孔的角度，定位起点与小半径中心点之间的连线与小圆半径点之间的间距直接决定小圆的半径。

3.4.15　点的绘制

⏵11min

方法一：通过单击创建点。

步骤1 进入草图环境。选择"草图编辑器"工具栏中的 ⚠（草图）命令，在系统 选择平面、平面的面或草图 的提示下，选取XY平面作为草绘平面，进入草图环境。

步骤2 选择命令。选择"轮廓"工具条"点"节点下的 · 命令，或者选择下拉菜单 插入 → 轮廓 → 点 → · 点 命令。

步骤3 定义点的位置。在绘图区域中的合适位置单击即可以放置点。

方法二：使用坐标创建点。

步骤1 进入草图环境。选择"草图编辑器"工具栏中的 ⚠（草图）命令，在系统 选择平面、平面的面或草图 的提示下，选取XY平面作为草绘平面，进入草图环境。

步骤2 选择命令。选择"轮廓"工具条"点"节点下的 命令，或者选择下拉菜单 插入 → 轮廓 → 点 → 使用坐标创建点 命令，系统会弹出如图3.30所示的"点定义"对话框。

步骤3 定义位置。在"点定义"对话框 H: 文本框中输入200，在 V: 文本框中输入300，如图3.30所示。

图3.30　"点定义"对话框

步骤4 完成操作。单击"点定义"对话框中的 确定 按钮完成操作。

方法三：通过等距点创建点。

下面以绘制如图3.31所示的等距点为例，说明绘制等距点的一般操作过程。

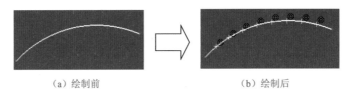

（a）绘制前　　　　　　（b）绘制后

图3.31　绘制等距点

步骤1 打开文件D:\CATIA2019\work\ch03.04\dengjudian-ex。

步骤2 进入草图环境。在特征树中双击 草图1 即可进入草图环境。

步骤3 选择命令。选择"轮廓"工具条"点"节点下的 命令，或者选择下拉菜单
插入 → 轮廓 → 点 → 等距点 命令。

步骤4 选取等距对象。在系统 选择要在上面创建点的原始点或曲线 的
提示下，选取如图3.31（a）所示的圆弧作为参考对象，系统
会弹出如图3.32所示的"等距点定义"对话框。

步骤5 定义等距点数。在"等距点定义"对话框 新点： 文
本框中输入点数8。

步骤6 完成操作。单击"等距点定义"对话框中的 确定 图3.32 "等距点定义"对话框
按钮完成操作。

方法四：通过相交点创建点。下面以绘制如图3.33所示的相交点为例，说明绘制相交
点的一般操作过程。

（a）绘制前 （b）绘制后

图3.33 绘制相交点

步骤1 打开文件D:\CATIA2019\work\ch03.04\ xiangjiaodian-ex。

步骤2 进入草图环境。在特征树中双击 草图1 即可进入草图环境。

步骤3 选择命令。选择"轮廓"工具条"点"节点下的 命令，或者选择下拉菜单
插入 → 轮廓 → 点 → 相交点 命令。

步骤4 选择相交对象。在系统提示下选取如图3.33（a）所示的直线与圆弧作为相交对象。

方法五：通过投影点创建点。下面以绘制如图 3.34所示的投影点为例，说明绘制投影
点的一般操作过程。

（a）绘制前 （b）绘制后

图3.34 绘制投影点

步骤1 打开文件D:\CATIA2019\work\ch03.04\ touyingdian-ex。

步骤2 进入草图环境。在特征树中双击 即可进入草图环境。

步骤3 选择命令。选择命令。选择"轮廓"工具条"点"节点下的 命令，或者选择下拉菜单 插入 → 轮廓 → 点 → 投影点命令。

步骤4 选择投影点。在系统提示下选取如图3.34（a）所示直线的上端点作为参考。

步骤5 选择投影到的对象。在系统提示下选取如图3.34（a）所示的圆弧作为参考。

3.5 CATIA二维草图的编辑

对于比较简单的草图，在具体绘制时，各个图元可以确定好，但并不是每个图元都可以一步到位地绘制好，在绘制完成后还要对其进行必要的修剪或复制才能完成，这就是草图的编辑；我们在绘制草图时，绘制的速度较快，经常会出现绘制的图元形状和位置不符合要求的情况，这时就需要对草图进行编辑；草图的编辑包括操纵移动图元、镜像、修剪图元等，可以通过这些操作将一个很粗略的草图调整到很规整的状态。

3.5.1 操纵曲线

曲线的操纵主要用来调整现有对象的大小和位置。在CATIA中不同图元的操纵方法是不一样的，接下来就对常用的几类曲线的操纵方法进行具体介绍。

1. 直线的操纵

（1）整体移动直线的位置：在图形区，把鼠标移动到直线上，按住左键不放，同时移动鼠标，此时直线将随着鼠标指针一起移动，达到绘图意图后松开鼠标左键即可。

（2）调整直线的长短：在图形区，把鼠标移动到直线端点上，按住左键不放，同时移动鼠标，此时会看到直线会以另外一个点为固定点伸缩或转动直线，达到绘图意图后松开鼠标左键即可。

2. 圆的操纵

（1）整体移动圆的位置：在图形区，把鼠标移动到圆心上，按住左键不放，同时移动鼠标，此时圆将随着鼠标指针一起移动，达到绘图意图后松开鼠标左键即可。

（2）调整圆的大小：在图形区，把鼠标移动到圆上，按住左键不放，同时移动鼠标，此时会看到圆随着鼠标的移动而变大或变小，达到绘图意图后松开鼠标左键即可。

3. 圆弧的操纵

（1）整体移动圆弧的位置：在图形区，把鼠标移动到圆弧上，按住左键不放，同时移动鼠标，此时圆弧将随着鼠标指针一起移动，达到绘图意图后松开鼠标左键即可。

（2）调整圆弧的大小（方法一）：在图形区，把鼠标移动到圆弧的某个端点上，按住左键不放，同时移动鼠标，此时会看到圆弧会以圆心为固定点调整大小，并且圆弧的夹角也会变化，达到绘图意图后松开鼠标左键即可。

（3）调整圆弧的大小（方法二）：在图形区，把鼠标移动到圆心上，按住左键不放，同时移动鼠标，此时会看到圆弧的位置与大小都会随着鼠标的移动而变化，达到绘图意图后松开鼠标左键即可。

4. 矩形的操纵

（1）整体移动矩形的位置：在图形区，通过框选的方式选中整个矩形，然后将鼠标移动到矩形的任意一条边线上，按住左键不放，同时移动鼠标，此时矩形将随着鼠标指针一起移动，达到绘图意图后松开鼠标左键即可。

（2）调整矩形的大小：在图形区，把鼠标移动到矩形的水平边线上，按住左键不放，同时移动鼠标，此时会看到矩形的宽度会随着鼠标的移动而变大或变小；在图形区，把鼠标移动到矩形的竖直边线上，按住左键不放，同时移动鼠标，此时会看到矩形的长度会随着鼠标的移动而变大或变小；在图形区，把鼠标移动到矩形的角点上，按住左键不放，同时移动鼠标，此时会看到矩形的长度与宽度会随着鼠标的移动而变大或变小，达到绘图意图后松开鼠标左键即可。

5. 样条曲线的操纵

（1）整体移动样条曲线的位置：在图形区，把鼠标移动到样条曲线上，按住左键不放，同时移动鼠标，此时样条曲线将随着鼠标指针一起移动，达到绘图意图后松开鼠标左键即可。

（2）调整样条曲线的形状大小：在图形区，把鼠标移动到样条曲线的中间控制点上，按住左键不放，同时移动鼠标，此时会看到样条曲线的形状随着鼠标的移动而不断变化；在图形区，把鼠标移动到样条曲线的某个端点上，按住左键不放，同时移动鼠标，此时样条曲线的另一个端点和中间点固定不变，其形状随着鼠标的移动而变化，达到绘图意图后松开鼠标左键即可。

3.5.2　平移曲线

平移曲线主要用来调整现有对象的整体位置。下面以如图3.35所示的圆弧为例，介绍平移曲线的一般操作过程。

▶3min

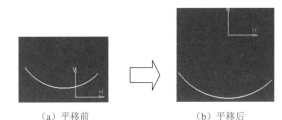

（a）平移前　　　　　　　　　　　（b）平移后

图3.35　平移曲线

步骤1　打开文件D:\CATIA2019\work\ch03.05\pingyi-ex。

步骤2　进入草图环境。在特征树中双击 草图.1 即可进入草图环境。

步骤3　选择命令。选择"操作"工具条"变换"节点下的 → 命令，或者选择下拉菜单 插入 → 操作 → 变换 → →平移 命令，系统会弹出如图3.36所示的"平移定义"对话框。

步骤4　在"平移定义"对话框中取消选中口 复制模式 复选框。

步骤5　选取平移对象。在系统 选择要平移的几何图形 的提示下选取如图3.35（a）所示的圆弧作为要平移的对象。

图3.36　"平移定义"对话框

步骤6　选取平移起始点。在系统 选择或单击平移起点 的提示下选取如图3.35（a）所示的圆弧的圆心作为参考。

步骤7　选取平移终止点。在系统 选择或单击平移终点 的提示下选取原点作为终止参考，完成后如图3.35（b）所示。

3.5.3　修剪曲线

6min

修剪曲线主要用来修剪图形中多余的部分，也可以删除曲线对象。

方法一：修剪。下面以图3.37为例，介绍修剪曲线的一般操作过程。

（a）修剪前　　　　　　　　　　　（b）修剪后

图3.37　修剪曲线

步骤1　打开文件D:\CATIA2019\work\ch03.05\xiujian01-ex。

步骤2　进入草图环境。在特征树中双击 草图.1 即可进入草图环境。

步骤3　选择命令。选择"操作"工具条"重新限定"节点下的 命令，或者选择下拉菜单 插入 → 操作 → 重新限定 → 修剪 命令。

步骤4　选择修剪对象。在图3.38位置1处选取左侧直线，在位置2处选取下方的圆弧，完成后如图3.39所示。

步骤5　参考步骤3与步骤4的操作，在位置3处选取右侧直线，在位置4处选取下方的圆弧，完成后的效果如图3.40所示。

步骤6　参考步骤3与步骤4的操作，在位置5处选取左侧直线，在位置6处选取右侧直线，完成后的效果如图3.41所示。

 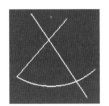  

图3.38　选取修剪对象　　　图3.39　修剪（1）　　　图3.40　修剪（2）　　　图3.41　修剪（3）

方法二：快速修剪。下面以图3.42为例，介绍快速修剪的一般操作过程。

（a）修剪前　　　　　　　　　　　　　（b）修剪后

图3.42　快速修剪

步骤1　打开文件D:\CATIA2019\work\ch03.05\ xiujian02-ex。

步骤2　进入草图环境。在特征树中双击 草图.1 即可进入草图环境。

步骤3　选择命令。双击选择"操作"工具条"重新限定"节点下的 命令，或者选择下拉菜单 插入 → 操作 → 重新限定 → 快速修剪 命令。

步骤4　选择修剪对象，在系统 选择曲线类型元素 的提示下，选取外围多出的6段对象。

步骤5　结束修剪。在键盘上按Esc键，结束快速修剪的操作。

3.5.4　镜像曲线

镜像曲线主要用来将所选择的源对象，相对于某个镜像中心线进行对称复制，从而可以得到源对象的一个副本，这就是镜像曲线。镜像曲线需要保留源对象，如果用户不需

4min

要保留源对象，则需要通过对称功能实现。下面以图3.43为例，介绍镜像曲线的一般操作过程。

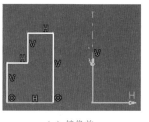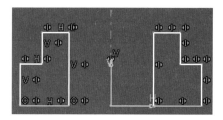

（a）镜像前　　　　　　　　　　　　　　　　　（b）镜像后

图3.43　镜像曲线

步骤1　打开文件D:\CATIA2019\work\ch03.05\ jingxiang-ex。

步骤2　进入草图环境。在特征树中双击 草图.1 即可进入草图环境。

步骤3　选择命令。选择"操作"工具条"变换"节点下的 ⽫ 命令，或者选择下拉菜单 插入 → 操作 → 变换 → ⽫ 镜像 命令。

步骤4　定义要镜像的对象。在系统 选择要按对称复制的元素集 的提示下，在图形区框选要镜像的曲线，如图3.43（a）所示。

步骤5　定义镜像中心线。在系统 选择要与这些元素等距的直线或轴 的提示下选取如图3.43（a）所示的竖直轴线作为镜像中心线，完成后如图3.43（b）所示。

> **说明**　由于图元镜像后的副本与源对象之间是一种对称的关系，因此在具体绘制对称的一些图形时，就可以采用先绘制一半，然后通过镜像复制的方式快速得到另外一半，进而提高绘图效率。

对称曲线的操作过程与镜像曲线基本一致，主要区别为镜像需要保留源对象，而对称不保留源对象，如图3.44所示。

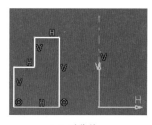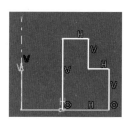

（a）对称前　　　　　　　　　　　　　　　　　（b）对称后

图3.44　对称曲线

3.5.5 偏移曲线

偏移曲线主要用来将所选择的源对象，沿着某个方向移动一定的距离，从而得到源对象的一个副本，这就是偏移曲线。下面以图3.45为例，介绍偏移曲线的一般操作过程。

（a）偏移前

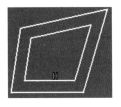
（b）偏移后

图3.45 偏移曲线

步骤1 打开文件D:\CATIA2019\work\ch03.05\ pianyi-ex。

步骤2 进入草图环境。在特征树中双击 草图1 即可进入草图环境。

步骤3 选择命令。选择"操作"工具条"变换"节点下的 命令，或者选择下拉菜单 插入 → 操作 → 变换 → 偏移 命令，系统会弹出如图3.46所示的"草图工具"工具条。

图3.46 "草图工具"工具条

步骤4 定义拓展类型。在"草图工具"工具条中选择 （点拓展）类型。

步骤5 选择偏移对象。在系统 使用偏移值选择要复制的几何图形 的提示下，选取如图3.45（a）所示的任意直线（由于设置了点连续类型，因此系统会自动选取所有连接的直线）作为偏移对象。

步骤6 选择偏移距离。在图形区的合适位置单击即可放置偏移对象，放置完成后双击间距尺寸并修改为10，完成后如图3.45（b）所示。

3.5.6 缩放曲线

下面以图3.47为例，介绍缩放曲线的一般操作过程。

（a）缩放前

（b）缩放后

图3.47 缩放曲线

步骤1 打开文件D:\CATIA2019\work\ch03.05\suofang-ex。

步骤2 进入草图环境。在特征树中双击 草图1 即可进入草图环境。

步骤3 选择命令。选择"操作"工具条"变换"节点下的 命令，或者选择下拉菜

单 插入 → 操作 → 变换 → 缩放 命令，系统会弹出如图3.48所示的"缩放定义"对话框。

步骤4　在"缩放定义"对话框中取消选中□复制模式 复选框。

步骤5　选取缩放对象。在系统 选择要缩放的几何图形 的提示下选取直径为40的圆作为缩放对象。

步骤6　选取缩放基点。在系统 选择或单击缩放中心点 的提示下选取圆心作为缩放基点。

步骤7　定义缩放比例。在系统 选择或单击一点，定义缩放值 的提示下在"缩放定义"对话框值：文本框中输入0.5。

步骤8　完成操作。单击"缩放定义"对话框中的 确定 按钮完成操作。

图3.48　"缩放定义"对话框

3.5.7　断开曲线

断开曲线主要用来将一个草图图元分割为多个独立的草图图元。下面以图3.49为例，介绍断开曲线的一般操作过程。

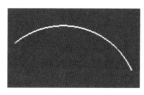

（a）断开前　　　　　　　　　　　　　　　　　（b）断开后

图3.49　断开曲线

步骤1　打开文件D:\CATIA2019\work\ch03.05\duankai-ex。

步骤2　进入草图环境。在特征树中双击 草图.1 即可进入草图环境。

步骤3　选择命令。选择"操作"工具条"重新限定"节点下的 命令，或者选择下拉菜单 插入 → 操作 → 重新限定 → 断开 命令。

步骤4　选择要断开的元素。在系统 选择要断开的元素或公共点 的提示下选取圆弧作为要断开的元素。

步骤5　选择断开点。在系统 选择断开的元素 的提示下在圆弧上的合适位置单击，即可确定断开点。

3.5.8　封闭弧与补充曲线

封闭弧主要用来将一个开放的圆弧补充为一个完整的圆。下面以图3.50为例，介绍封闭弧的一般操作过程。

（a）封闭前　　　　　　　　　　　　　　　　（b）封闭后

图3.50　封闭弧

步骤1　打开文件D:\CATIA2019\work\ch03.05\fengbihu-ex。

步骤2　进入草图环境。在特征树中双击 草图1 即可进入草图环境。

步骤3　选择命令。选择"操作"工具条"重新限定"节点下的 命令，或者选择下拉菜单 插入 → 操作 → 重新限定 → 封闭弧 命令。

步骤4　选择封闭对象。在系统 选择曲线类型元素 的提示下选取如图3.50（a）所示的圆弧。

步骤5　完成操作。完成后如图3.50（b）所示。

补充曲线主要用来快速得到一段圆弧的补弧。下面以图3.51为例，介绍补充曲线的一般操作过程。

（a）补充前　　　　　　　　　　　　　　　　（b）补充后

图3.51　补充曲线

步骤1　打开文件D:\CATIA2019\work\ch03.05\fengbihu-ex。

步骤2　进入草图环境。在特征树中双击 草图1 即可进入草图环境。

步骤3　选择命令。选择"操作"工具条"重新限定"节点下的 命令，或者选择下拉菜单 插入 → 操作 → 重新限定 → 补充 命令。

步骤4　选择补充对象。在系统 选择曲线类型元素 的提示下选取如图3.51（a）所示的圆弧。

步骤5　完成操作。完成后如图3.51（b）所示。

3.5.9　旋转曲线

旋转曲线主要用来旋转现有对象的角度。下面以图3.52为例，介绍旋转曲线的一般操作过程。

▶4min

（a）旋转前　　　　　　　　（b）旋转后

图3.52　旋转曲线

步骤1 打开文件D:\CATIA2019\work\ch03.05\xuanzhuan-ex。

步骤2 进入草图环境。在特征树中双击 草图1 即可进入草图环境。

步骤3 选择命令。选择"操作"工具条"变换"节点下的 命令，或者选择下拉菜单 插入 → 操作 → 变换 → 旋转 命令，系统会弹出如图3.53所示的"旋转定义"对话框。

步骤4 在"旋转定义"对话框中取消选中 复制模式 复选框。

步骤5 选取旋转对象。在系统 选择要旋转的几何图形 的提示下选取如图3.52（a）所示的圆弧作为旋转对象。

步骤6 选取旋转基点。在系统 选择或单击旋转中心点 的提示下选取圆弧圆心作为旋转基点。

图3.53　"旋转定义"对话框

步骤7 定义旋转角度。在"旋转定义"对话框 值: 文本框中输入90。

步骤8 完成操作。单击"旋转定义"对话框中的 确定 按钮完成操作。

3.5.10　倒角

9min

下面以图3.54为例，介绍倒角的一般操作过程。

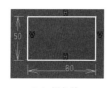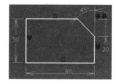

（a）倒角前　　　　　　　　（b）倒角后

图3.54　倒角

步骤1 打开文件D:\CATIA2019\work\ch03.05\daojiao-ex。

步骤2 进入草图环境。在特征树中双击 草图1 即可进入草图环境。

步骤3 选择命令。选择"操作"工具条中的 命令，或者选择下拉菜单 插入 → 操作 → 倒角 命令，系统会弹出"草图工具"工具条。

步骤4 定义倒角类型。在"草图工具"工具条选中 （修剪所有元素）类型。

步骤5 选择倒角对象。选取矩形的右上角点作为倒角对象。

说明	在选取对象时可以选取交点也可以选取上方水平直线与右侧竖直直线。

步骤6　定义倒角参数。在如图3.55所示的"草图工具"工具条中选择 ▱（第一长度与角度）类型，在 第一长度： 文本框中输入20，在 角度： 文本框中输入45。

图3.55　"草图工具"工具条

如图3.55所示的"草图工具"工具条中部分选项的说明如下。

（1）▱（修剪所有元素）选项：用于修剪所有倒角对象，如图3.56所示。

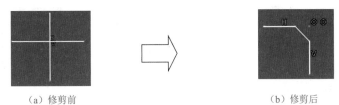

（a）修剪前　　　　　　　　　（b）修剪后

图3.56　修剪所有元素

（2）▱（修剪第一元素）选项：用于修剪第一倒角对象，如图3.57所示。

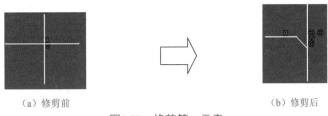

（a）修剪前　　　　　　　　　（b）修剪后

图3.57　修剪第一元素

（3）▱（不修剪）选项：用于不修剪倒角对象，如图3.58所示。

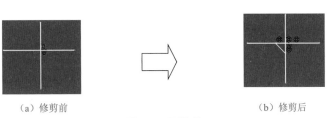

（a）修剪前　　　　　　　　　（b）修剪后

图3.58　不修剪

（4）▨（标准线修剪）选项：用于只修剪两对象交点外的对象，多余边线用标准线表示，如图3.59所示。

（a）修剪前　　　　　　　　　　　　　　　　（b）修剪后

图3.59　标准线修剪

（5）▨（构造线修剪）选项：用于只修剪两对象交点外的对象，多余边线用构造线表示，如图3.60所示。

（a）修剪前　　　　　　　　　　　　　　　　（b）修剪后

图3.60　构造线修剪

（6）▨（构造线未修剪）选项：用于不修剪两对象，并把需要修剪的对象调整为构造线线型，如图3.61所示。

（a）修剪前　　　　　　　　　　　　　　　　（b）修剪后

图3.61　构造线未修剪

（7）▨（斜边和角度）选项：用于通过斜边长度和角度控制倒角大小，如图3.62所示。

（8）▨（第一距离和第二距离）选项：用于通过第一距离和第二距离控制倒角大小，如图3.63所示。

（9）▨（第一距离和角度）选项：用于通过第一距离和角度控制倒角大小，如图3.64所示。

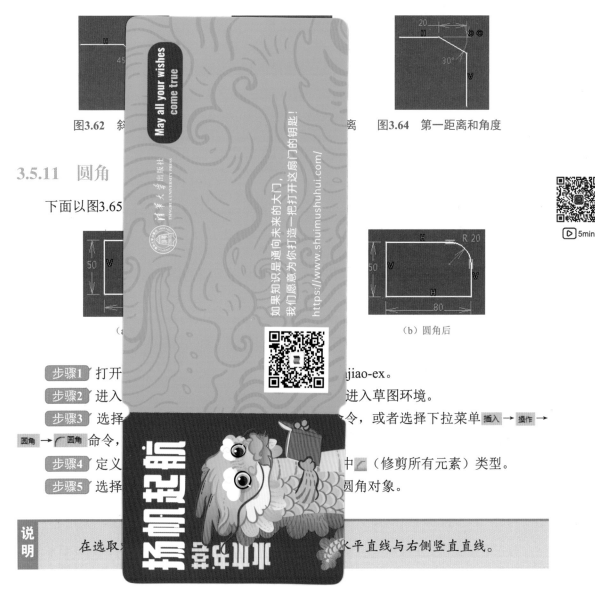

图3.62 斜……离 图3.64 第一距离和角度

3.5.11 圆角

下面以图3.65……

（b）圆角后

步骤1 打开……jiao-ex。

步骤2 进入……进入草图环境。

步骤3 选择……令，或者选择下拉菜单 插入 → 操作 →

圆角 → 圆角 命令，……

步骤4 定义……中 （修剪所有元素）类型。

步骤5 选择……圆角对象。

> **说明** 在选取……水平直线与右侧竖直直线。

步骤6 定义圆角参数。在图形区域的合适位置单击创建圆角，然后双击图形区的半径值将其修改为20。

3.5.12 投影曲线

投影曲线主要用来将现有模型的边线或者其他草图中的对象通过投影的方式复制到当前草图中，下面以图3.66为例，介绍投影曲线的一般操作过程。

3min

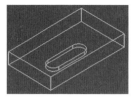
（a）投影曲线前

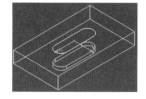
（b）投影曲线后

图3.66　投影曲线

步骤1 打开文件D:\CATIA2019\work\ch03.05\touyingquxian-ex。

步骤2 选择草图命令。选择"草图编辑器"工具栏中的▢（草图）命令，在系统 选择平面、平面的面或草图 的提示下，选取如图3.67所示的模型表面作为草绘平面，进入草图环境。

步骤3 选择命令。选择"操作"工具条"3D几何图形"节点下的▤命令，或者选择下拉菜单 插入 → 操作 → 3D 几何图形 → 投影 3D 元素 命令，系统会弹出如图3.68所示的"投影"对话框。

步骤4 选择投影对象。在系统 选择要投影到草图平面上的 3D 元素 的提示下选取如图3.69所示的模型表面。

步骤5 完成操作。单击"投影"对话框中的 确定 按钮完成投影操作，完成后如图3.66（b）所示。

图3.67　草绘平面

图3.68　"投影"对话框

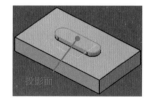

图3.69　草绘平面

3.5.13　与三维元素相交

与三维元素相交主要用来通过相交的方式得到对象，相交的第1个对象为草图平面，相交的第2个对象可以是曲线、曲面或者圆柱面。下面以图3.70为例，介绍与三维元素相交的一般操作过程。

（a）创建前

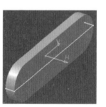
（b）创建后

图3.70　与三维元素相交

步骤1　打开文件D:\CATIA2019\work\ch03.05\yu3Dyuansuxiangjiao-ex。

步骤2　选择草图命令。选择"草图编辑器"工具栏中的 ▨ （草图）命令，在系统 `选择平面、平面的面或草图` 的提示下，选取YZ平面作为草绘平面，进入草图环境。

步骤3　选择命令。选择"操作"工具条"3D几何图形"节点下的 ▣ 命令，或者选择下拉菜单 `插入` → `操作` → `3D 几何图形` → `与 3D 元素相交` 命令，系统会弹出如图3.71所示的"相交"对话框。

步骤4　选取如图3.70（a）所示的平面作为相交对象，单击 ⊙ 确定 按钮，完成后如图3.72所示。

步骤5　选择命令。选择"操作"工具条"3D几何图形"节点下的 ▣ 命令，系统会弹出"相交"对话框。

步骤6　选取如图3.72所示的圆柱面1作为相交对象，单击 ⊙ 确定 按钮，完成后如图3.73所示。

选取圆柱面的特殊操作说明： 首先将鼠标移动至圆柱面上，然后右击，在系统弹出的快捷菜单中选择"其他选择"命令，在系统弹出的如图3.74所示的"其他选择"对话框中选择"面"。

图3.71　"相交"对话框　　图3.72　相交（1）　　图3.73　相交（2）　　图3.74　"其他选择"对话框

步骤7　参考步骤5与步骤6的操作创建另外一侧的相交曲线，完成后如图3.70（b）所示。

3.5.14　投影三维轮廓边

投影三维轮廓边主要用来将三维对象外轮廓边线投影复制到当前草图。下面以图3.75为例，介绍投影三维轮廓边的一般操作过程。

 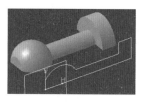

（a）创建前　　　　　　　　　　　　　　　（b）创建后

图3.75　投影三维轮廓边

步骤1 打开文件D:\CATIA2019\work\ch03.05\touying3Dlunkuobian-ex。

步骤2 选择定位草图命令。选择"草图编辑器"工具栏"草图编辑器"节点下的 ▦ （定位草图）命令，在系统 选择平面、平面的面或草图 的提示下，选取如图3.75（a）所示的面作为草图平面，在系统弹出的如图3.76所示的"草图定位"对话框中选中 ☑ 交换 复选框，此时草图方位如图3.77所示，单击 ● 确定 按钮进入草图环境。

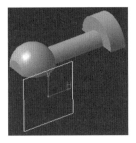

图3.76 "草图定位"对话框　　　　　　图3.77 草图方位

步骤3 选择命令。选择"操作"工具条"3D几何图形"节点下的 ▨ 命令，或者选择下拉菜单 插入 → 操作 → 3D 几何图形 → ▨ 投影 3D 轮廓边线 命令。

步骤4 选择投影对象。在系统 选择想要将其轮廓边线投影到草图平面上的 3D 曲面 的提示下选取旋转体特征。

3.5.15　图元的删除

删除草图图元的一般操作过程如下。

步骤1 在图形区选中要删除的草图图元。

步骤2 按键盘上的Delete键，所选图元即可被删除。

3.6　CATIA二维草图的几何约束

3.6.1　几何约束概述

根据实际设计的要求，一般情况下，当用户将草图的形状绘制出来之后，一般会根据实际要求增加一些如平行、相切、相等和相合等约束来帮助进行草图定位。我们把这些定义图元和图元之间相对位置关系的约束叫作草图几何约束。在CATIA中可以很容易地添加这些约束。

3.6.2　几何约束的种类

在CATIA中可以支持的几何约束类型包含相合（重合）、水平、竖直、中点、同心、相切、平行、垂直、相等、对称、距离、长度、角度、半径、直径及固定等。

3.6.3　几何约束的显示与隐藏

在"可视化"工具栏中 （几何约束）如果按钮加亮显示，则说明几何约束是显示的；如果 （几何约束）按钮没有加亮显示，则说明几何约束是隐藏的。

3.6.4　几何约束的自动添加

1. 基本设置

选择下拉菜单 工具 → 选项... 命令，在系统弹出的如图3.78所示的"选项"对话框的左侧区域选中 机械设计 下的 草图编辑器 节点，然后在右侧 约束 区域选中 创建几何约束 复选框，单击 智能拾取 按钮，在系统弹出的"智能拾取"对话框中设置如图3.79所示的参数。

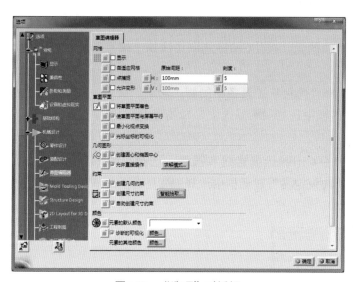

图3.78　"选项"对话框

图3.79　"智能拾取"对话框

2. 一般操作过程

下面以绘制一条水平的直线为例，介绍自动添加几何约束的一般操作过程。

步骤1　进入草图环境。选择"草图编辑器"工具栏中的 （草图）命令，在系统 选择平面，平面的面或草图 的提示下，选取XY平面作为草绘平面，进入草图环境。

步骤2　选择命令。选择"轮廓"工具条中的 命令。

步骤3 在图形区任意位置单击（点1），即可确定直线的起点；水平移动鼠标在合适位置再次单击，即可确定直线的端点。

步骤4 结束绘制。在键盘上按Esc键，结束图形的绘制，如图3.80所示。

图3.80 几何约束的自动添加框

3.6.5 几何约束的手动添加

在CATIA中手动添加几何约束的方法一般先选中要添加几何约束的对象（选取的对象如果是单个，则可直接采用单击的方式选取；如果需要选取多个对象，则需要按住Ctrl键进行选取），然后选择"约束"工具条中的🔲"约束"命令，在系统弹出的"约束定义"对话框中选择需要添加的几何约束类型即可。下面以添加一个相合和相切约束为例，介绍手动添加几何约束的一般操作过程。

步骤1 打开文件D:\CATIA2019\work\ch03.06\ jiheyueshu-ex。

步骤2 进入草图环境。在特征树中双击 直图.1 即可进入草图环境。

步骤3 选择添加相合约束的图元。按住Ctrl键选取直线的上端点和圆弧的右端点，如图3.81所示。

步骤4 定义相合约束。选择"约束"工具条中的🔲"约束"命令，在系统弹出的如图3.82所示的"约束定义"对话框中选择 相合 复选框，单击 确定 按钮完成相合约束的添加，如图3.83所示。

步骤5 添加相切约束。按住Ctrl键选取直线和圆弧，选择"约束"工具条中的🔲"约束"命令，在系统弹出的"约束定义"对话框中选择 相切 复选框，单击 确定 按钮完成相切约束的添加，如图3.84所示。

图3.81 选取约束对象　图3.82 "约束定义"对话框　图3.83 相合约束　图3.84 相切约束

3.6.6　几何约束的删除

在CATIA中添加几何约束时，如果草图中有原本不需要的约束，则此时必须先把这些
不需要的约束删除，然后来添加必要的约束，原因是对于一个草图来讲，需要的几何约束
应该是明确的，如果草图中存在不需要的约束，则必然会导致一些必要约束无法正常添
加，因此我们就需要掌握约束删除的方法。下面以删除如图3.85所示的相切约束为例，介
绍删除几何约束的一般操作过程。

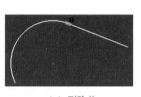 

（a）删除前　　　　　　　　　　　　　　　　　（b）删除后

图3.85　删除约束

步骤1 打开文件D:\CATIA2019\work\ch03.06\shanchuyueshu-ex。

步骤2 进入草图环境。在特征树中双击 草图1 即可进入草图环境。

步骤3 选择要删除的几何约束。在绘图区选中如图3.85（a）所示的 符号。

步骤4 删除几何约束。按键盘上的Delete键即可删除约束，或者在 符号上右击，
选择 删除 命令。

步骤5 操纵图形。将鼠标移动到直线与圆弧的连接处，按住鼠标左键拖动即可得到
如图3.85（b）所示的图形。

3.7　CATIA二维草图的尺寸约束

3.7.1　尺寸约束概述

尺寸约束也称标注尺寸，主要用来确定草图中几何图元的尺寸，例如长度、角度、半
径和直径，它是一种以数值来确定草图图元精确大小的约束形式。一般情况下，当我们绘
制完草图的大概形状后，需要对图形进行尺寸定位，使尺寸满足实际要求。

3.7.2　尺寸的类型

在CATIA中标注的尺寸主要分为两种：一种是从动尺寸；另一种是驱动尺寸。从动尺
寸的特点有以下两个：一是不支持直接修改；二是如果强制修改了尺寸值，则尺寸所标注
的对象不会发生变化。驱动尺寸的特点也有两个：一是支持直接修改；二是当尺寸发生变
化时，尺寸所标注的对象也会发生变化。

3.7.3　标注线段长度

▶5min

步骤1　打开文件D:\CATIA2019\work\ch03.07\chicunbiaozhu-ex。

步骤2　选择命令。选择"约束"工具条"约束创建"节点下的 ⊡ 命令，或者选择下拉菜单 插入 → 约束 → 约束创建 → ⊡ 约束 命令。

步骤3　选择标注对象。在系统 选择要约束的元素 的提示下选取如图3.86所示的直线。

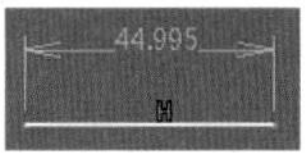

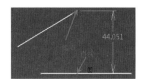

图3.86　标注线段长度

步骤4　定义尺寸放置位置。在直线上方的合适位置单击，完成尺寸的放置。

3.7.4　标注点线距离

▶1min

步骤1　选择命令。选择"约束"工具条"约束创建"节点下的 ⊡ 命令。

步骤2　选择标注对象。在系统 选择要约束的元素 的提示下选取如图3.87所示的直线端点与直线。

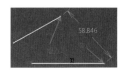

图3.87　点线距离

步骤3　定义尺寸放置位置。水平向右移动鼠标并在合适位置单击，完成尺寸的放置。

3.7.5　标注两点距离

▶2min

步骤1　选择命令。选择"约束"工具条"约束创建"节点下的 ⊡ 命令。

步骤2　选择标注对象。在系统 选择要约束的元素 的提示下选取如图 3.88 所示的端点1与端点2。

步骤3　定义尺寸放置位置。在系统 定位尺寸 的提示下在右上方的合适位置单击，完成尺寸的放置。

图3.88　两点距离

说明　　在放置尺寸时系统在默认情况下会标注两点之间的倾斜尺寸，用户还可以根据需要选择水平或者竖直方向进行放置，在系统 定位尺寸 的提示下在图形区右击，在系统弹出的快捷菜单中选择 水平测量方向 即可水平标注尺寸，如图 3.89所示，选择 竖直测量方向 即可竖直标注尺寸，如图 3.90所示，选择 无测量方向 即可倾斜标注尺寸，如图 3.88所示。

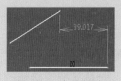
图3.89　水平标注

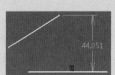
图3.90　竖直标注

3.7.6　标注两平行线间距离

步骤1　选择命令。选择"约束"工具条"约束创建"节点下的 □ 命令。

步骤2　选择标注对象。在系统 选择要约束的元素 的提示下选取如图3.91所示的直线1与直线2。

步骤3　定义尺寸放置位置。在系统 定位尺寸 的提示下在两直线中间的合适位置单击，完成尺寸的放置。

图3.91　两平行线间距离

3.7.7　标注直径

步骤1　选择命令。选择"约束"工具条"约束创建"节点下的 □ 命令。

步骤2　选择标注对象。在系统 选择要约束的元素 的提示下选取如图3.92所示的圆。

步骤3　定义尺寸放置位置。在系统 定位尺寸或选择另一个元素 的提示下在圆内的合适位置单击，完成尺寸的放置。

图3.92　直径

> **说明**
>
> 如果选取圆对象，则系统默认将其标注为直径尺寸；如果选择的对象是圆弧，则系统默认将其标注为半径尺寸；用户如果想针对圆弧标注直径，则只需在系统提示 定位尺寸或选择另一个元素 时右击，在系统弹出的快捷菜单中选择 直径 ，如图3.93所示。
>
>
>
> 图3.93　圆弧直径

3.7.8　标注半径

步骤1　选择命令。选择"约束"工具条"约束创建"节点下的 □ 命令。

步骤2　选择标注对象。在系统 选择要约束的元素 的提示下选取如图3.94所示的圆弧。

步骤3　定义尺寸放置位置。在系统 定位尺寸或选择另一个元素 的提示下在圆弧上方的合适位置单击，完成尺寸的放置。

图3.94　半径

3.7.9　标注角度

步骤1　选择命令。选择"约束"工具条"约束创建"节点下的 □ 命令。

步骤2　选择标注对象。在系统 选择要约束的元素 的提示下选取如图3.95所示的两条直线。

步骤3 定义尺寸放置位置。在系统 定位尺寸 的提示下在两直线中间的合适位置单击，完成尺寸的放置。

图3.95 角度

说明

在定义尺寸放置位置时，放置的位置不同得到的尺寸结果也不同，当在两直线之间放置时效果如图3.95所示；当在两直线左上角放置时效果如图3.96所示；当在两直线左下角放置时效果如图3.97所示；当在两直线右下角放置时效果如图3.98所示。

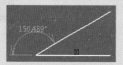

图3.96 角度位置（1）

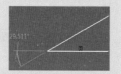

图3.97 角度位置（2）

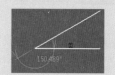

图3.98 角度位置（3）

3.7.10 标注两圆弧的最小和最大距离

步骤1 选择命令。选择"约束"工具条"约束创建"节点下的 □ 命令。

步骤2 选择标注对象。在系统 选择要约束的元素 的提示下靠近左侧选取如图3.99所示的左侧圆，靠近右侧选取右侧圆。

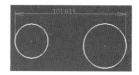

图3.99 最大尺寸

步骤3 定义尺寸放置位置。在系统 定位尺寸 的提示下在图形区右击并在系统弹出的快捷菜单中选择 水平测量方向 ，然后在上方的合适位置单击，完成尺寸的放置。

说明

在选取对象时，选取的位置不同得到的测量结果也不同，当靠近右侧选取左侧圆，靠近左侧选取右侧圆时结果如图3.100所示（最小尺寸）；当靠近左侧选取左侧圆，靠近左侧选取右侧圆时结果如图3.101所示；当靠近左侧选取左侧圆，靠近右侧选取右侧圆时结果如图3.102所示。

图3.100 最小尺寸

图3.101 左左测量

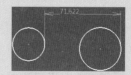

图3.102 右右测量

3.7.11　标注对称尺寸

步骤1　选择命令。选择"约束"工具条"约束创建"节点下的□命令。

步骤2　选择标注对象。在系统 选择要约束的元素 的提示下选取如图3.103所示的直线的上方端点与竖直轴线。

步骤3　定义尺寸放置位置。在系统 定位尺寸 的提示下在图形区右击，在系统弹出的快捷菜单中选择 半径/直径 命令，然后在上方的合适位置单击完成尺寸的放置。

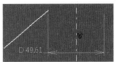

图3.103　对称尺寸

3.7.12　修改尺寸

步骤1　打开文件D:\CATIA2019\work\ch03.07\chicuxiugai-ex。

步骤2　在要修改的尺寸（例如75.516的尺寸）上双击，系统会弹出"约束定义"对话框。

步骤3　在"约束定义"对话框中输入数值60，然后单击"约束定义"对话框中的 确定 按钮，完成尺寸的修改。

步骤4　重复步骤2、步骤3，修改角度尺寸，最终结果如图3.104（b）所示

（a）修改前　　　　　　　　　　（b）修改后

图3.104　修改尺寸

3.7.13　删除尺寸

删除尺寸的一般操作步骤如下。

步骤1　选中要删除的尺寸（单个尺寸可以单击选取，多个尺寸可以按住Ctrl键选取）。

步骤2　按键盘上的Delete键，或者在选中的尺寸上右击，在弹出的快捷菜单中选择 删除 命令，选中的尺寸就可被删除。

3.7.14　修改尺寸精度

读者可以使用"选项"对话框来控制尺寸的默认精度。

步骤1　选择下拉菜单 工具 → 选项... 命令，在系统弹出的"选项"对话框的左侧区域选中 常规 下的 参数和测量 节点。

步骤2　在右侧 单位 区域选中"长度"单位，在如图3.105所示的"选项"对话框 读/写数字的小数位 文本框中输入2（代表保留小数点后2位数）。

步骤3 参考步骤2设置其他参数的精度即可。

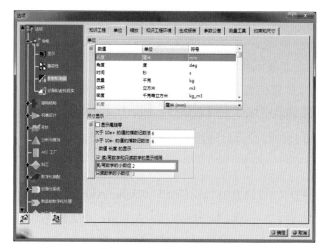

图3.105　　"选项"对话框

3.8　CATIA二维草图的全约束

6min

3.8.1　基本概述

我们都知道在设计完成某个产品之后，这个产品中每个模型的每个结构的大小与位置都应该已经完全确定，因此为了能够使所创建的特征满足产品的要求，有必要把所绘制的草图的大小、形状与位置都约束好，这种都约束好的状态就称为全约束。

3.8.2　如何检查是否全约束

检查草图是否全约束的方法主要有以下几种：

（1）观察草图的颜色，在默认情况下绿色的草图代表全约束，粉红色的草图代表过约束，红色的草图代表不一致约束，白色的草图代表欠约束。

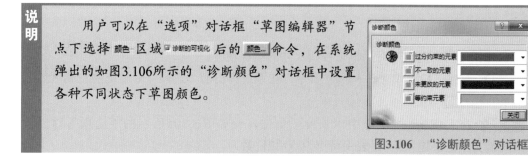

> **说明**　用户可以在"选项"对话框"草图编辑器"节点下选择 颜色 区域 ☑诊断的可视化 后的 颜色... 命令，在系统弹出的如图3.106所示的"诊断颜色"对话框中设置各种不同状态下草图颜色。
>
> 图3.106　　"诊断颜色"对话框

（2）鼠标拖动图元，如果所有图元不能拖动，则代表全约束，如果有图元可以拖动就代表欠约束。

（3）在"工具"工具栏选择"草图求解状态"命令，系统会弹出如图3.107所示的"草图求解状态"对话框，以此查看草图约束状态，等约束代表全约束，不充分约束代表欠约束。

图3.107　　"草图求解状态"对话框

3.9　CATIA二维草图绘制的一般方法

3.9.1　常规法

常规法绘制二维草图主要针对一些外形不是很复杂或者比较容易进行控制的图形。在使用常规法绘制二维图形时，一般会经历以下几个步骤：

▶13min

（1）分析将要创建的截面几何图形。

（2）绘制截面几何图形的大概轮廓。

（3）初步编辑图形。

（4）处理相关的几何约束。

（5）标注并修改尺寸。

接下来就以绘制如图3.108所示的图形为例，向大家具体介绍在每步中具体的工作有哪些。

　步骤1　分析将要创建的截面几何图形。

（1）分析所绘制图形的类型（开放、封闭或者多重封闭），此图形是一个封闭的图形。

（2）分析此封闭图形的图元组成，此图形是由6段直线和2段圆弧组成的。

（3）分析所包含的图元中有没有编辑可以做的一些对象（总结草图编辑中可以创建新对象的工具：镜像、偏移、倒角、圆角等），在此图形中由于是整体对称的图形，因此可以考虑使用镜像方式实现；此时只需绘制4段直线和1段圆弧。

（4）分析图形包含哪些几何约束，在此图形中包含了直线的水平约束、直线与圆弧的相切、对称及原点与水平直线的中点约束。

（5）分析图形包含哪些尺寸约束，此图形包含5个尺寸。

步骤2　绘制截面几何图形的大概轮廓。

（1）新建模型文件（命名"常规法"）进入建模环境。

（2）选择"草图编辑器"工具栏中的 ▨ （草图）命令，在系统 选择平面、平面的面或草图 的提示下，选取XY平面作为草绘平面，进入草图环境。

（3）选择"轮廓"工具条中的 ┗┛ （轮廓）命令，绘制如图3.109所示的大概轮廓。

> **注意**
> 在绘制图形中的第1个图元时，尽可能使绘制的图元大小与实际一致，否则会导致后期修改尺寸非常麻烦。

步骤3　初步编辑图形。通过图元操纵的方式调整图形的形状及整体位置，如图3.110所示。

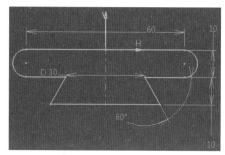
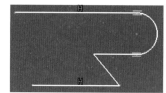
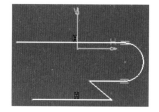

图3.108　草图绘制的一般过程　　　　图3.109　绘制大概轮廓　　　图3.110　初步编辑图形

> **注意**
> 在初步编辑时，暂时先不去进行镜像、偏移、倒角等创建类的编辑操作。

步骤4　处理相关的几何约束。

（1）需要检查所绘制的图形中有没有无用的几何约束，如果有无用的约束，则需要及时删除，判断是否需要的依据就是第1步分析时所分析到的约束就是需要的。

（2）添加必要约束：添加中点约束，按住Ctrl键选取原点和最上方水平直线，选择"约束"工具条中的 ▦ "约束"命令，在系统弹出的"约束定义"对话框中选择 ☑ 中点 复选框，单击 ✔确定 按钮完成中点约束的添加，如图3.111所示。

（3）添加水平约束：选择如图3.111所示的中间位置的直线，选择"约束"工具条中的

"约束"命令，在系统弹出的"约束定义"对话框中选择 水平 复选框，单击 确定 按钮完成水平约束的添加。

（4）添加对称约束：按住Ctrl键选取最下方水平直线的两个端点和轴线，选择"约束"工具条中的 "约束"命令，在系统弹出的"约束定义"对话框中选择 对称 复选框，单击 确定 按钮完成对称约束的添加，完成后如图3.112所示。

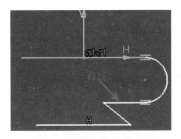
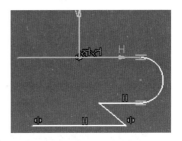

图3.111　添加中点约束　　　　　图3.112　添加对称约束

步骤5 标注并修改尺寸。

（1）选择"约束"工具条"约束创建"节点下的 命令，标注如图3.113所示的尺寸。

（2）检查草图的全约束状态。

注意　　如果草图是全约束就代表添加的约束是没问题的，如果此时草图并没有全约束，则首先需要检查尺寸有没有标注完整，如果尺寸没问题，就说明草图中缺少必要的几何约束，需要通过操纵的方式检查缺少哪一些几何约束，直到全约束。

（3）修改尺寸值的最终值：双击26.171的尺寸值，在系统弹出的"约束定义"文本框中输入30，单击 确定 按钮完成修改；采用相同的方法修改其他尺寸，修改后的效果如图3.114所示。

注意　　一般情况下，如果绘制的图形比我们实际想要的图形大，则建议大家先修改小一些的尺寸，如果绘制的图形比我们实际想要的图形小，则建议大家先修改大一些的尺寸。

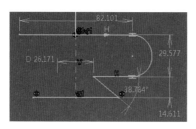

图3.113　标注尺寸

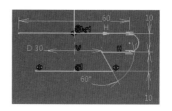

图3.114　修改尺寸

步骤6 镜像复制。选择"操作"工具条"变换"节点下的 ⊶ （镜像）命令，在系统 选择要按对称复制的元素集 的提示下，在图形区框选如图3.115所示的两条直线与一段圆弧作为要镜像的对象，在系统 选择要与这些元素等距的直线或轴 的提示下选取竖直轴线作为镜像中心线，完成后如图3.116所示。

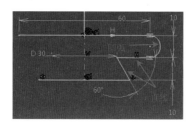

图3.115　镜像源对象

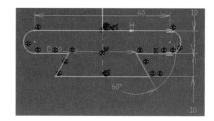

图3.116　镜像复制

步骤7 退出草图环境。在草图设计环境中单击"工作台"工具条中的 ⛰ （退出工作台）命令退出草图环境。

步骤8 保存文件。选择"标准"工具栏中的 🖫 "保存"命令，系统会弹出"另存为"对话框，在文件名文本框中输入changguifa，单击 保存(S) 按钮，完成保存操作。

3.9.2　逐步法

逐步法绘制二维草图主要针对一些外形比较复杂或者不容易进行控制的图形。接下来就以绘制如图3.117所示的图形为例，向大家具体介绍使用逐步法绘制二维图形的一般操作过程。

步骤1 新建文件。选择"标准"工具条中的 🗋 （新建）命令，在"新建"对话框类型列表区域选择 Part ，然后单击 ⚫确定 按钮，在系统弹出的"新建零件"对话框 输入零件名称 文本框中输入"逐步法"，单击 ⚫确定 按钮进入零件设计环境。

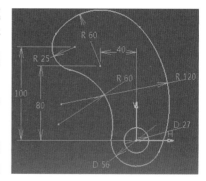

图3.117　逐步法

步骤2 新建草图。选择"草图编辑器"工具栏中的 ◿ （草图）命令，在系统选择平面、平面的面或草图 的提示下，选取*XY*平面作为草绘平面，进入草图环境。

步骤3 绘制圆1。选择"轮廓"工具条"圆"节点下的⊙命令，在坐标原点位置单击，即可确定圆的圆心，在图形区任意位置再次单击，即可确定圆的圆上点，此时系统会自动在两个点间绘制并得到一个圆；选择"约束"工具条"约束创建"节点下的命令，选取圆对象，然后在合适位置放置尺寸；双击标注的尺寸，在系统弹出的"约束定义"文本框中输入27，单击 ●确定 按钮完成修改，如图3.118所示。

步骤4 绘制圆2。参照步骤3的步骤绘制圆2，完成后如图3.119所示。

步骤5 绘制圆3。选择"轮廓"工具条"圆"节点下的⊙命令，在相对原点左上方的合适位置单击，即可确定圆的圆心，在图形区任意位置再次单击，即可确定圆的圆上点，此时系统会自动在两个点间绘制并得到一个圆；选择"约束"工具条"约束创建"节点下的命令，标注圆3的半径尺寸及圆3与原点之间的水平和竖直尺寸；依次双击标注的尺寸，分别将半径尺寸修改为60，将水平间距修改为40，将竖直间距修改为80，单击 ●确定 按钮完成修改，如图3.120所示。

图3.118　绘制圆1

图3.119　绘制圆2

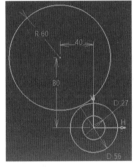

图3.120　绘制圆3

步骤6 绘制圆弧1。选择"轮廓"工具条"圆"节点下的命令，在半径为60的圆上的合适位置单击，即可确定圆弧的起点，在直径为56的圆上的合适位置再次单击，即可确定圆弧的终点，在直径为56的圆上的右上角的合适位置再次单击，即可确定圆弧的通过点，此时系统会自动在3个点间绘制并得到一个圆弧；按住Ctrl键选取圆弧1与半径为60的圆，选择"约束"工具条中的 "约束"命令，在系统弹出的"约束定义"对话框中选择 相切 复选框，单击 ●确定 按钮完成相切约束的添加；按住Ctrl键选取圆弧1与直径为56的圆，选择"约束"工具条中的 "约束"命令，在系统弹出的"约束定义"对话框中选择 相切 复选框，单击 ●确定 按钮完成相切约束的添加；选择"约束"工具条"约束创建"节点下的命令，标注圆弧的半径尺寸，双击标注的尺寸，在系统弹出的"约束定义"文本框中输入120，单击 ●确定 按钮完成修改，如图3.121所示。

步骤7 绘制圆4。选择"轮廓"工具条"圆"节点下的⊙命令，在相对原点左上方的合适位置单击，即可确定圆的圆心，在图形区任意位置再次单击，即可确定圆的圆上点，此时系统会自动在两个点间绘制并得到一个圆；选择"约束"工具条"约束创建"节点下的□命令，标注圆4的半径尺寸及圆4与原点之间的竖直尺寸，依次双击标注的尺寸，分别将半径尺寸修改为25，将竖直间距修改为100，按住Ctrl键选取圆4与半径为60的圆，选择"约束"工具条中的🖬"约束"命令，在系统弹出的"约束定义"对话框中选择□ 相切复选框，单击 确定 按钮完成相切约束的添加，如图3.122所示。

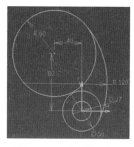

图3.121　绘制圆弧1

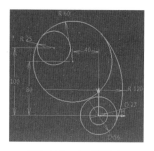

图3.122　绘制圆4

步骤8 绘制圆弧2。选择"轮廓"工具条"圆"节点下的🕀命令，在半径为25的圆上的合适位置单击，即可确定圆弧的起点，在直径为56的圆上的合适位置再次单击，即可确定圆弧的终点，在直径为56的圆上的左上角的合适位置再次单击，即可确定圆弧的通过点，此时系统会自动在3个点间绘制并得到一个圆弧；按住Ctrl键选取圆弧2与半径为25的圆，选择"约束"工具条中的🖬"约束"命令，在系统弹出的"约束定义"对话框中选择□ 相切复选框，单击 确定 按钮完成相切约束的添加；按住Ctrl键选取圆弧2与直径为56的圆，选择"约束"工具条中的🖬"约束"命令，在系统弹出的"约束定义"对话框中选择□ 相切复选框，单击 确定 按钮完成相切约束的添加；选择"约束"工具条"约束创建"节点下的□命令，标注圆弧的半径尺寸，双击标注的尺寸，在系统弹出的"约束定义"文本框中输入60，单击 确定 按钮完成修改，如图3.123所示。

步骤9 修剪图元。双击选择"操作"工具条"重新限定"节点下的✐命令，在系统选择曲线类型元素的提示下，在需要修剪的图元上连续单击即可，结果如图3.124所示。

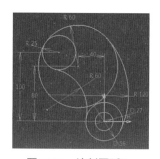

图3.123　绘制圆弧2

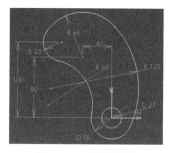

图3.124　修剪图元

步骤10 退出草图环境。在草图设计环境中单击"工作台"工具条中的 🔟（退出工作台）命令退出草图环境。

步骤11 保存文件。选择"标准"工具栏中的 🔳 "保存"命令，系统会弹出"另存为"对话框，在文件名文本框中输入zhubufa，单击 保存(S) 按钮，完成保存操作。

3.10　CATIA二维草图综合案例1

案例概述

本案例所绘制的图形相对简单，因此我们采用常规方法进行绘制，通过草图绘制功能绘制大概形状，通过草图约束限制大小与位置，通过草图编辑添加圆角圆弧，读者需要重点掌握创建常规草图的正确流程，案例如图3.125所示，其绘制过程如下。

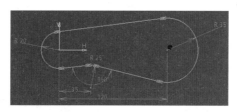

图3.125　案例1

步骤1 新建文件。选择"标准"工具条中的 🔲（新建）命令，在"新建"对话框类型列表区域选择 Part ，然后单击 ●确定 按钮，在系统弹出的"新建零件"对话框 输入零件名称 文本框中输入"案例1"，单击 ●确定 按钮进入零件设计环境。

步骤2 新建草图。选择"草图编辑器"工具栏中的 🔽（草图）命令，在系统 选择平面、平面的面或草图 的提示下，选取XY平面作为草绘平面，进入草图环境。

步骤3 绘制圆。选择"轮廓"工具条"圆"节点下的 ⊙ 命令，在绘图区绘制如图3.126所示的圆。

步骤4 绘制相切直线。选择"轮廓"工具条"直线"节点下的 ✓ 命令，绘制如图3.127所示的相切直线。

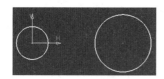

图3.126　绘制圆

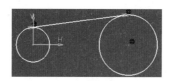

图3.127　绘制相切直线

步骤5 绘制普通直线。选择"轮廓"工具条中的 🔾（轮廓）命令，绘制如图3.128所示的直线。

步骤6 添加几何约束。按住Ctrl键选取左侧圆与左下角直线，选择"约束"工具条中的 🗗 "约束"命令，在系统弹出的"约束定义"对话框中选择 相切 复选框，单击 ◯确定 按钮完成相切约束的添加；按住Ctrl键选取右侧圆与右下角直线，选择"约束"工具条中的 🗗 "约束"命令，在系统弹出的"约束定义"对话框中选择 相切 复选框，单击 ◯确定 按钮完成相切约束的添加，完成后如图3.129所示。

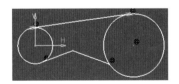

图3.128　绘制普通直线

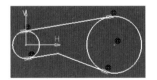

图3.129　添加几何约束

步骤7 修剪图元。双击选择"操作"工具条"重新限定"节点下的 ◢ 命令，在系统 选择曲线类型元素 的提示下，在需要修剪的图元上连续单击即可，结果如图3.130所示。

步骤8 标注并修改尺寸。选择"约束"工具条"约束创建"节点下的 🗖 命令，标注如图3.131所示的尺寸，双击18.925的尺寸值，在系统弹出的"约束定义"文本框中输入20，单击 ◯确定 按钮完成修改；采用相同的方法修改其他尺寸，修改后的效果如图3.132所示。

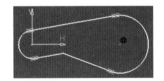

图3.130　修剪图元

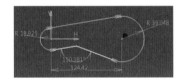

图3.131　标注尺寸

步骤9 添加圆角并标注。选择"操作"工具条中的 ⌒ 命令，在系统弹出的"草图工具"工具条选中 ⌒（修剪所有元素）命令，选取下方两条直线的交点作为圆角对象，在"草图工具"工具条 半径 文本框中输入25；选择"约束"工具条"约束创建"节点下的 🗖 命令，标注圆角圆心与坐标原点之间的竖直间距，并修改为35，完成后如图3.133所示。

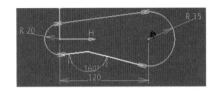

图3.132　修改尺寸

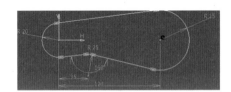

图3.133　添加圆角并标注

步骤10 退出草图环境。在草图设计环境中单击"工作台"工具条中的 凸 （退出工作台）命令退出草图环境。

步骤11 保存文件。选择"标准"工具栏中的 🖫 "保存"命令，系统会弹出"另存为"对话框，在文件名文本框中输入anli1，单击 保存(S) 按钮，完成保存操作。

3.11 CATIA二维草图综合案例2

案例概述

本案例所绘制的图形相对比较复杂，因此我们采用逐步法进行绘制，通过绘制约束同步进行的方法可以很好地控制图形的整体形状，案例如图3.134所示，其绘制过程如下。

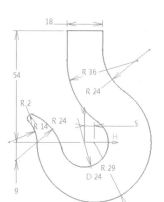

12min

图3.134 案例2

步骤1 新建文件。选择"标准"工具条中的□（新建）命令，在"新建"对话框类型列表区域选择 Part ，然后单击 ●确定 按钮，在系统弹出的"新建零件"对话框 输入零件名称 文本框中输入"吊钩"，单击 ●确定 按钮进入零件设计环境。

步骤2 新建草图。选择"草图编辑器"工具栏中的☑（草图）命令，在系统 选择平面、平面的面或草图 的提示下，选取XY平面作为草绘平面，进入草图环境。

步骤3 绘制圆1。选择"轮廓"工具条"圆"节点下的⊙命令，在坐标原点位置单击，即可确定圆的圆心，在图形区任意位置再次单击，即可确定圆的圆上点，此时系统会自动在两个点间绘制并得到一个圆；选择"约束"工具条"约束创建"节点下的□命令，选取圆对象，然后在合适位置放置尺寸；双击标注的尺寸，在系统弹出的"约束定义"文本框中输入24，单击 ●确定 按钮完成修改，如图3.135所示。

步骤4 绘制圆2。选择"轮廓"工具条"圆"节点下的⊙命令，在坐标原点右侧的合适位置单击，即可确定圆的圆心，在图形区任意位置再次单击，即可确定圆的圆上点，此时系统会自动在两个点间绘制并得到一个圆；选择"约束"工具条"约束创建"节点下的□命令，标注圆2的半径尺寸，以及圆心与原点的水平距离，分别双击标注的尺寸，将半径修改为29，将水平间距修改为5，单击 ●确定 按钮完成修改，如图3.136所示。

图3.135 绘制圆1

图3.136 绘制圆2

步骤5 绘制圆3。选择"轮廓"工具条"圆"节点下的⊙命令，在坐标原点水平左侧的合适位置单击，即可确定圆的圆心，在图形区捕捉到半径为29的左侧象限点位置再次单击，即可确定圆的圆上点，此时系统会自动在两个点间绘制并得到一个圆；选择"约束"工具条"约束创建"节点下的□命令，标注圆3的半径尺寸，双击标注的尺寸，在系统弹出的"约束定义"文本框中输入14，单击 ●确定 按钮完成修改，如图3.137所示。

步骤6 绘制圆4。选择"轮廓"工具条"圆"节点下的⊙命令，在坐标原点左下方的合适位置单击，即可确定圆的圆心，在图形区捕捉到直径为24的圆上切点位置再次单击，即可确定圆的圆上点，此时系统会自动在两个点间绘制并得到一个圆；选择"约束"工具条"约束创建"节点下的▣命令，标注圆4的半径尺寸及圆4的圆心与原点的竖直间距，双击标注的尺寸，将半径修改为24，将竖直间距修改为9，单击 ⊙确定 按钮完成修改，如图3.138所示。

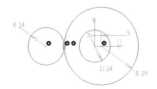

图3.137　绘制圆3

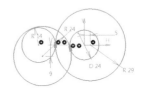

图3.138　绘制圆4

步骤7 绘制直线。选择"轮廓"工具条中的⚴（轮廓）命令，绘制如图3.139所示的直线；按住Ctrl键选取左侧竖直直线、右侧竖直直线与竖直V轴，选择"约束"工具条中的▣"约束"命令，在系统弹出的"约束定义"对话框中选择 ☑对称 复选框，单击 ⊙确定 按钮完成对称约束的添加；选择"约束"工具条"约束创建"节点下的▣命令，标注水平直线的长度及水平直线与原点的竖直间距，双击标注的尺寸，将长度值修改为18，将竖直间距修改为54，单击 ⊙确定 按钮完成修改，如图3.140所示。

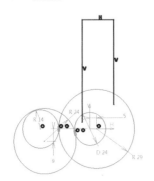

图3.139　初步直线

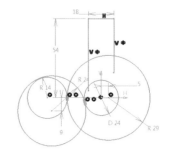

图3.140　绘制直线

说明 将两条竖直直线的下端点放置在直径为24与半径为29的两圆之内。

步骤8 绘制圆5。选择"轮廓"工具条"圆"节点下的⊙命令，在半径为14与半径为24的两圆的中间的合适位置单击，即可确定圆的圆心，在图形区捕捉到半径为24的圆上切点位置再次单击，即可确定圆的圆上点，此时系统会自动在两个点间绘制并得到一个圆；

按住Ctrl键选取圆5与半径为14的圆，选择"约束"工具条中的 <img_1/>"约束"命令，在系统弹出的"约束定义"对话框中选择 相切 复选框，单击 确定 按钮完成相切约束的添加；选择"约束"工具条"约束创建"节点下的 命令，标注圆5的半径尺寸，双击标注的尺寸，将半径修改为2，单击 确定 按钮完成修改，如图3.141所示。

步骤9 修剪图元。双击选择"操作"工具条"重新限定"节点下的 命令，在系统 选择曲线类型元素 的提示下，在需要修剪的图元上连续单击即可，结果如图3.142所示。

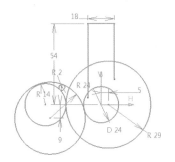

图3.141　绘制圆5

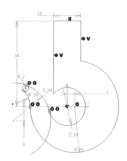

图3.142　修剪图元

步骤10 添加圆角1。选择"操作"工具条中的 命令，在系统弹出的"草图工具"工具条选中 （修剪所有元素）命令，选取左侧竖直直线与直径为24的圆弧的交点作为圆角对象，在合适位置单击放置圆角，然后双击半径值并修改为36，完成后如图3.143所示。

步骤11 添加圆角2。选择"操作"工具条中的 命令，在系统弹出的"草图工具"工具条选中 （修剪所有元素）命令，选取右侧竖直直线与半径为29的圆弧的交点作为圆角对象，在合适位置单击放置圆角，然后双击半径值并修改为24，完成后如图3.144所示。

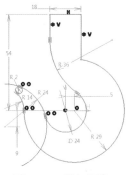

图3.143　添加圆角1

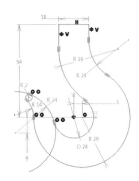

图3.144　添加圆角2

步骤12 退出草图环境。在草图设计环境中单击"工作台"工具条中的 （退出工作台）命令退出草图环境。

步骤13 保存文件。选择"标准"工具栏中的 "保存"命令，系统会弹出"另存为"对话框，在文件名文本框中输入anli2，单击 保存(S) 按钮，完成保存操作。

第4章 CATIA零件设计

4.1 凸台与凹槽特征

4.1.1 基本概述

凸台与凹槽特征是指将一个截面轮廓沿着草绘平面的垂直方向进行伸展而得到的一种实体。通过对概念的学习，我们应该可以总结得到，凸台与凹槽特征的创建需要有以下两大要素：一是截面轮廓，二是草绘平面，并且对于这两大要素来讲，一般情况下截面轮廓是绘制在草绘平面上的，因此，一般在创建凸台与凹槽特征时需要先确定草绘平面，然后考虑要在这个草绘平面上绘制一个什么样的截面轮廓草图。

4.1.2 凸台特征的一般操作过程

一般情况下在使用凸台特征创建特征结构时都会经过以下几步：①选择命令；②选择合适的草绘平面；③定义截面轮廓；④设置凸台的开始位置；⑤设置凸台的终止位置；⑥设置其他的凸台特殊选项；⑦完成操作。接下来就以创建如图4.1所示的模型为例，介绍凸台特征的一般操作过程。

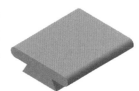

图4.1 凸台特征

步骤1 新建文件。选择"标准"工具条中的 ▢（新建）命令，在"新建"对话框类型列表区域选择 Part ，然后单击 ●确定 按钮，在系统弹出的"新建零件"对话框 输入零件名称 文本框中输入"凸台特征"，单击 ●确定 按钮进入零件设计环境。

步骤2 选择命令。选择"基于草图的特征"工具条中的 ⻆（凸台）命令，或者选择下拉菜单 插入 → 基于草图的特征 → ⻆ 凸台... 命令，系统会弹出如图4.2所示的"定义凸台"对话框。

步骤3 绘制截面轮廓。选择"定义凸台"对话框 轮廓/曲面 区域中的 ☑（草绘）按钮，

在系统 选择草图平面 的提示下选取*YZ*平面作为草图平面，进入草图环境，绘制如图4.3所示的草图（具体操作可参考3.9.1节中的相关内容），绘制完成后单击"工作台"工具条中的 凸（退出工作台）命令退出草图环境。

草图平面的几种可能性：系统默认的3个基准面（*XY*基准面、*YZ*基准面、*ZX*基准面）；现有模型的平面表面；用户自己独立创建的基准面。

步骤4 定义凸台的深度方向。采用系统默认的方向，如图4.4所示。

图4.2　"定义凸台"对话框

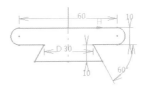

图4.3　截面轮廓

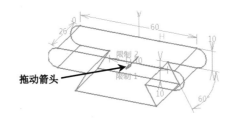

图4.4　凸台方向

说明	（1）在"定义凸台"对话框中单击 反转方向 按钮就可调整拉伸的方向。 （2）在绘图区域的模型中可以看到如图4.4所示的拖动箭头，将鼠标放到拖动手柄中，按住左键拖动就可以调整凸台的深度及方向。

步骤5 定义凸台的深度类型及参数。在"定义凸台"对话框 第一限制 区域的"类型"下拉列表中选择 尺寸 选项，在 长度: 文本框中输入深度值80。

步骤6 完成凸台的创建。单击"定义凸台"对话框中的 确定 按钮，完成特征的创建。

▶5min

4.1.3　凹槽特征的一般操作过程

凹槽与凸台的创建方法基本一致，只不过凸台是添加材料，而凹槽是减去材料，下面以创建如图4.5所示的凹槽为例，介绍凹槽的一般操作过程。

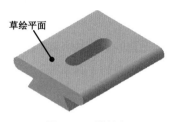

图4.5　凹槽特征

步骤1 打开文件D:\CATIA2019\work\ch04.01\aocao-ex。

步骤2 选择命令。选择"基于草图的特征"工具条中的 ⬜（凹槽）命令，或者选择下拉菜单 插入 → 基于草图的特征 → ⬜ 凹槽 命令，系统会弹出如图4.6所示的"定义凹槽"对话框。

步骤3 绘制截面轮廓。选择"定义凹槽"对话框 轮廓/曲面 区域中的 ⬜（草绘）按钮，在系统 选择草图平面 的提示下选取如图4.5所示的模型上表面作为草绘平面，进入草图环境，绘制如图4.7所示的草图（圆弧圆心与ZX平面重合），绘制完成后单击"工作台"工具条中的 ⬜（退出工作台）命令退出草图环境。

图4.6　"定义凹槽"对话框

图4.7　截面轮廓

步骤4 定义凹槽的深度方向。采用系统默认的方向（向下）。

步骤5 定义凹槽的深度类型及参数。在"定义凹槽"对话框 第一限制 区域的"类型"下拉列表中选择 直到最后 选项。

步骤6 完成凸台的创建。单击"定义凹槽"对话框中的 ⬤确定 按钮，完成特征的创建。

▶5min

4.1.4　凸台特征的截面轮廓要求

当绘制凸台特征的横截面时，需要满足以下要求：

（1）横截面需要闭合，不允许有缺口，如图4.8（a）所示（凹槽除外）。

（2）横截面不能有探出多余的图元，如图4.8（b）所示。

（3）横截面不能有重复的图元，如图4.8（c）所示。

（4）横截面可以包含一个或者多个封闭截面，在生成特征时，外环生成实体，内环生成孔，环与环之间不可以相切，如图4.8（d）所示，环与环之间也不能有直线或者圆弧相连，如图4.8（e）所示。

（a）不能有缺口　　（b）不能有探出图元　　（c）不能有重复图元　　（d）不可相切　　（e）不可连接

图4.8　截面轮廓要求

4.1.5　凸台与凹槽深度的控制选项

如图4.9所示的"定义凸台"对话框 第一限制 区域 类型 下拉列表各选项的说明如下。

（1）尺寸 选项：表示通过给定一个深度值确定凸台的终止位置，当选择此选项时，特征将从草绘平面开始，按照我们给定的深度，沿着特征创建的方向进行拉伸，如图4.10所示。

（2）直到下一个 选项：表示将截面轮廓从草绘平面开始，按照给定的拉伸方向，拉伸到该方向上的第1个面结束，如图4.11所示。

 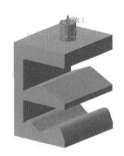 

图4.9　"类型"下拉列表　　　图4.10　尺寸　　　图4.11　直到下一个

（3）直到最后 选项：表示将特征从草绘平面开始拉伸到所沿方向上的最后一个面上，此选项通常可以帮助我们做一些通孔，如图4.12所示。

图4.12　直到最后

（4）直到平面 选项：表示特征将拉伸到用户所指定的平面（模型平面表面或者基准面）上，距离可以是0也可以不是0，如图4.13所示。

（5）直到曲面 选项：表示特征将拉伸到用户所指定的曲面（模型平面表面、基准面或者曲面）上，距离可以是0也可以不是0，如图4.14所示。

（a）距离为0　　　　　（b）距离不为0　　　　　（a）距离为0　　　　　（b）距离不为0

图4.13　直到平面　　　　　　　　　　　　图4.14　直到曲面

说明　直到曲面选项下用户也可以选择平面，当截面轮廓能够完全落在平面内时创建的效果与直到平面是一致的，当截面轮廓不能完全落在平面内时，对于不能落在平面内的部分系统会将其创建到旁边相交的面上，如图4.15所示。

（a）直到平面　　　　　　（b）直到曲面

图4.15　区别

（6）镜像范围 复选框：表示特征将沿草绘平面正垂直方向与负垂直方向同时伸展，并且伸展的距离是相同的，如图4.16所示。

图4.16　两侧对称

说明　给定的距离值为单侧的值。

4.1.6　凸台方向的自定义

下面以创建如图4.17所示的模型为例，介绍凸台方向自定义的一般操作过程。

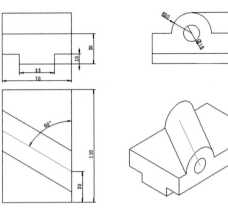

图4.17　凸台方向的自定义

步骤1 打开文件D:\CATIA2019\work\ch04.01 \tutaifangxiang-ex。

步骤2 定义凸台方向草图。选择"草图编辑器"工具栏中的 （草图）命令，选取如图4.18所示的模型表面作为草图平面，绘制如图4.19所示的草图。

步骤3 选择凸台命令。选择"基于草图的特征"工具条中的 （凸台）命令，系统会弹出"定义凸台"对话框。

步骤4 绘制截面轮廓。选择"定义凸台"对话框 轮廓/曲面 区域中的 （草绘）按钮，在系统 选择草图平面 的提示下选取如图4.20所示的模型表面作为草图平面，进入草图环境，绘制如图4.21所示的草图，绘制完成后单击"工作台"工具条中的 （退出工作台）命令退出草图环境。

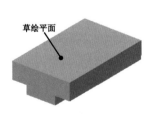

图4.18　草绘平面

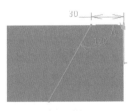

图4.19　方向草图

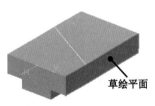

图4.20　草绘平面

图4.21　截面轮廓

步骤5 定义拉伸方向。在"定义凸台"对话框中单击 更多>> 按钮，在 方向 区域激活 参考: 文本框选取步骤2创建的直线作为参考，然后单击 反转方向 按钮。

步骤6 定义凸台深度。在"定义凸台"对话框 第一限制 区域的"类型"下拉列表中选择 直到平面 选项，选取如图4.22所示的模型表面作为终止参考。

步骤7 完成凸台。单击"定义凸台"对话框中的 ⊙确定 按钮，完成凸台特征的创建，如图4.23所示。

步骤8 创建凹槽。选择"基于草图的特征"工具条中的 ▣ （凹槽）命令，单击"定义凹槽"对话框 轮廓/曲面 区域中的 ☑ （草绘）按钮，在系统的提示下选取如图4.20所示的模型上表面作为草绘平面，绘制如图4.24所示的截面草图，在"定义凹槽"对话框中单击 更多>> 按钮，在 方向 区域激活 参考: 文本框选取步骤2创建的直线作为参考，在"定义凹槽"对话框 第一限制 区域的"类型"下拉列表中选择 直到最后 选项，单击对话框中的 ⊙确定 按钮，完成特征的创建，如图4.25所示。

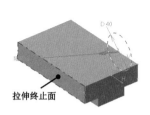
拉伸终止面
图4.22　定义凸台深度

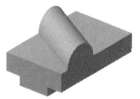
图4.23　完成凸台

图4.24　定义凹槽截面

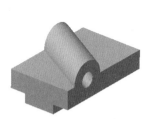
图4.25　完成凹槽

4.1.7　凸台与凹槽中的薄壁选项

7min

在"定义凸台"对话框中选中 □厚 复选框，在 薄凸台 区域中各选项的说明如下。

（1）厚度1: 选项：表示按照给定的厚度值沿厚度1方向进行加厚，从而得到壁厚均匀的实体效果；如果草图是封闭草图，则将得到如图4.26所示的中间是空的实体效果；如果草图是开放草图，则将得到如图4.27所示的有一定厚度的实体（注意：对于封闭截面薄壁可以添加也可以不添加，对于开放截面要想创建实体效果必须添加薄壁选项）。

（2）厚度2: 选项：表示按照给定的厚度值沿厚度2方向进行加厚，从而得到壁厚均匀的实体效果。

（3）□中性边界 复选框：表示将草图沿正反两个方向同时偏置加厚，并且正反方向的厚度一致，从而得到壁厚均匀的实体效果；如果草图是封闭草图，则将得到如图4.28所示的中间是空的实体效果；如果草图是开放草图，则将得到如图4.29所示的有一定厚度的实体。

图4.26　封闭截面
单向薄壁

图4.27　开放截面
单向薄壁

图4.28　封闭截面
对称薄壁

图4.29　开放截面
对称薄壁

（4）☐合并末端 复选框：用于控制是否将截面延伸至实体表面（只有当截面位于实体相交时有效），如果选中 ☐合并末端，则系统会自动延伸，如图4.30（a）所示，如果不选中 ☐合并末端，则系统将按照绘制截面长度创建特征，如图4.30（b）所示。

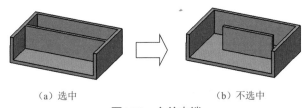

（a）选中　　　　　　　　　　　（b）不选中

图4.30　合并末端

4.2　旋转特征

4.2.1　基本概述

旋转特征是指将一个截面轮廓绕着我们给定的中心轴旋转一定的角度而得到的实体效果。通过对概念的学习，我们应该可以总结得到，旋转特征的创建需要有以下两大要素：一是截面轮廓，二是中心轴。这两个要素缺一不可。

4.2.2　旋转体特征的一般操作过程

一般情况下在使用旋转体特征创建特征结构时都会经过以下几步：①选择命令；②选择合适的草绘平面；③定义截面轮廓；④设置旋转中心轴；⑤设置旋转的截面轮廓；⑥设置旋转的方向及旋转角度；⑦完成操作。接下来就以创建如图4.31所示的模型为例，介绍旋转体特征的一般操作过程。

▶8min

步骤1 新建文件。选择"标准"工具条中的 ☐（新建）命令，在"新建"对话框类型列表区域选择 Part ，然后单击 ⊙确定 按钮，在系统弹出的"新建零件"对话框 输入零件名称 文本框中输入"旋转体"，单击 ⊙确定 按钮进入零件设计环境。

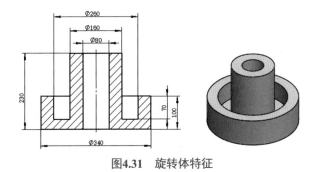

图4.31　旋转体特征

步骤2 选择命令。选择"基于草图的特征"工具条中的 ⬛（旋转体）命令，或者选择下拉菜单 插入 → 基于草图的特征 → ⬛ 旋转体... 命令，系统会弹出如图4.32所示的"定义旋转体"对话框。

步骤3 绘制截面轮廓。选择"定义旋转体"对话框 轮廓/曲面 区域中的 ⬛（草绘）按钮，在系统 选择草图平面 的提示下选取YZ平面作为草图平面，进入草图环境，绘制如图4.33所示的草图，绘制完成后单击"工作台"工具条中的 ⬛（退出工作台）命令退出草图环境。

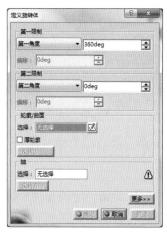

图4.32 "定义旋转体"对话框

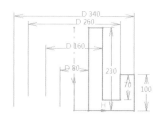

图4.33 截面轮廓

> **注意**
> 旋转特征的截面轮廓要求与拉伸特征的截面轮廓要求基本一致：截面需要尽可能封闭；不允许有多余及重复的图元；当有多个封闭截面时，环与环之间不可相切，环与环之间也不能有直线或者圆弧相连。

步骤4 定义旋转轴。在"定义旋转体"对话框的 轴 区域中系统会自动选取如图4.33所示的竖直轴线作为旋转轴。

> **注意**
> （1）当截面轮廓中只有一根轴线时，系统会自动选取此轴线作为旋转轴来使用；如果截面轮廓中含有多条轴线，则此时系统会自动选取最后一个绘制的轴线作为旋转轴；如果截面轮廓中没有轴线，则此时需要用户手动选择或者创建旋转轴。
> （2）旋转轴的一般要求：要让截面轮廓位于旋转轴的一侧。

步骤5 定义旋转方向与角度。采用系统默认的旋转方向，在"定义旋转体"对话框的**第一限制**区域的下拉列表中选择**第一角度**，在"角度"文本框中输入旋转角度360。

步骤6 完成旋转体的创建。单击"旋转体"对话框中的 **●确定** 按钮，完成特征的创建。

4.2.3　旋转槽特征的一般操作过程

旋转槽与旋转体的操作基本一致，下面以创建如图4.34所示的模型为例，介绍旋转槽特征的一般操作过程。

（a）切除前　　　　　　　（b）切除后

图4.34　旋转槽特征

步骤1 打开文件D:\CATIA2019\work\ch04.02\ xuanzhuanqiechu-ex。

步骤2 选择命令。选择"基于草图的特征"工具条中的 🗐（旋转槽）命令，或者选择下拉菜单**插入** → **基于草图的特征** → 🗐 **旋转槽...** 命令，系统会弹出"定义旋转槽"对话框。

步骤3 绘制截面轮廓。选择"定义旋转槽"对话框 **轮廓/曲面** 区域中的 🗹（草绘）按钮，在系统**选择草图平面**的提示下选取*YZ*平面作为草图平面，进入草图环境，绘制如图4.35所示的草图（需要绘制中间的轴线），绘制完成后单击"工作台"工具条中的 🖰（退出工作台）命令退出草图环境。

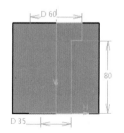

图4.35　截面轮廓

步骤4 定义旋转轴。在"定义旋转槽"对话框的 **轴** 区域中系统会自动选取如图4.35所示的竖直轴线作为旋转轴。

步骤5 定义旋转方向与角度。采用系统默认的旋转方向，在"定义旋转槽"对话框的**第一限制**区域的下拉列表中选择**第一角度**，在"角度"文本框中输入旋转角度360。

步骤6 完成旋转槽的创建。单击"定义旋转槽"对话框中的 **●确定** 按钮，完成特征的创建。

4.3　CATIA的特征树

4.3.1　基本概述

CATIA的特征树一般出现在对话框的左侧，它的功能是以树的形式显示当前活动模型中的所有特征和零件；在不同的环境下所显示的内容也稍有不同，在零件设计环境中，特征树的顶部会显示当前零件模型的名称，下方会显示当前模型所包含的所有特征的名称；在装配设计环境中，特征树的顶部会显示当前装配的名称，下方会显示当前装配所包含的所有零件（零件下会显示零件所包含的所有特征的名称）或者子装配（子装配下会显示当前子装配所包含的所有零件或者下一级别子装配的名称）的名称；如果程序打开了多个CATIA文件，则特征树只显示当前活动文件的相关信息。

4.3.2　特征树的作用、操作与一般规则

18min

1. 特征树的作用

1）选取对象

用户可以在特征树中选取要编辑的特征或者零件对象，当选取的对象在绘图区不容易选取或者所选对象在图形区已被隐藏时，使用特征树选取就非常方便；软件中的某些功能在选取对象时必须在特征树中选取。

2）更改特征的名称

更改特征的名称可以帮助用户更快地在特征树中选取所需对象；在特征树中右击要修改的特征，选择 📋 属性 　Alt+Enter 命令，系统会弹出如图4.36所示的"属性"对话框，在 特征属性 区域的 特征名称: 文本框中输入要修改的名称即可，如图4.37所示。

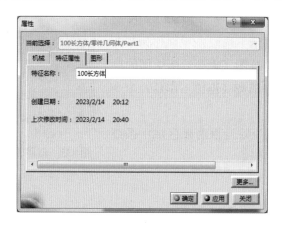

图4.36　"属性"对话框

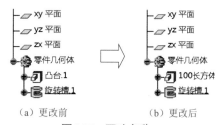

（a）更改前　　　　　（b）更改后

图4.37　更改名称

3）插入特征

用户如果需要在某个特征后插入一个新的特征，则只需在特征树中右击该特征，在系统弹出的快捷菜单中选择 定义工作对象 命令，此时如果添加新的特征，则新特征将会在工作对象之后，工作对象之后的特征将会被隐藏，如图4.38所示。读者如果想显示全部的模型效果，则只需将最后一个特征定义为工作对象，如图4.39所示。

图4.38　中间位置的工作对象

图4.39　最后位置的工作对象

4）调整特征顺序

在默认情况下，特征树将会以特征创建的先后顺序进行排序，如果在创建时顺序安排得不合理，则可以通过特征树对顺序进行重排。

方法一：右击需要调整顺序的特征（例如倒圆角.1），在系统弹出的快捷菜单中依次选择 倒圆角.1 对象 → 重新排序... 命令，在系统弹出的如图4.40所示的"重新排序特征"对话框选择 之后 ，然后选择"凸台.1"特征，单击 确定 完成顺序调整操作，如图4.41所示，调整完成后系统会自动将"凸台.1"设置为"工作对象"，右击特征树中的最后一个特征并设置为"工作对象"。

图4.40　"重新排序特征"对话框

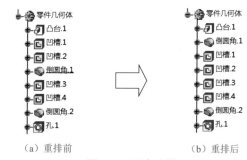

（a）重排前　　　　（b）重排后

图4.41　顺序重排

方法二：在特征树中选中要调整顺序的特征，然后按住鼠标左键直接拖动至合适位置即可。

> **注意**　特征顺序的重排与特征的父子关系有很大关系，没有父子关系的特征可以重排，存在父子关系的特征不允许重排，父子关系的具体内容将在4.3.4节中具体介绍。

2. 特征树的操作

1）特征树的激活

在默认情况下图形区属于激活状态，我们通过鼠标完成的平移、缩放与旋转都是针对图形区的模型，如果需要针对特征树进行平移、缩放与旋转操作就需要激活特征树，激活特征树的方法有以下两种。

方法一：在特征树上单击黑色线条，如图4.42所示，这样就可以激活特征树（再次单击即可取消激活），特征树激活后图形区模型的颜色将会变暗，如图4.43所示。

> **注意** 图形区的背景颜色不同，特征树中的线条颜色也不同。

方法二：在图形区的右下角单击坐标系的轴线，如图4.44所示，也可激活特征树（再次单击即可取消激活）。

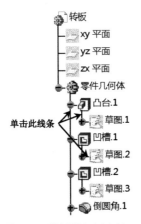

图4.42　激活特征树方法一　　图4.43　激活特征树后的图形区　　图4.44　激活特征树方法二

2）特征树的移动

方法一：滚动鼠标滚轮，即可对特征树进行任意位置的移动。

方法二：拖动特征树中的灰色线条，即可对特征树进行任意位置的移动。

方法三：激活特征树后，按住鼠标中键并拖动，即可对特征树进行任意位置的移动。

3）特征树的放大缩小

方法一：激活特征树，同时按住鼠标中键和右键，然后松开鼠标右键，向前移动可以放大特征树，向后移动可以缩小特征树。

方法二：激活特征树，按住Ctrl键，再按住鼠标中键就可以对特征树进行放大和缩小了。

4）特征树的显示与隐藏

按下F3快捷键可以实现特征树的快速隐藏与显示。

3. 特征树的一般规则

（1）特征树特征前如果有"+"号，则代表该特征包含关联项，单击"+"号可以展开该项目，并且显示关联内容。

（2）如果特征树特征名称下有水平线段，如图4.45所示，则说明此特征为工作对象特征。

（3）如果特征树特征名称的左下角为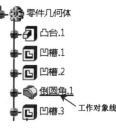，则说明此特征更新生成失败，如果特征树特征名称的左下角为，则说明此特征需要更新。

图4.45　查看工作对象

4.3.3　编辑特征

1. 编辑参数

步骤1 打开文件D:\CATIA2019\work\ch04.03\ bianjitezheng-ex。

步骤2 选择命令。在特征树中右击"凸台.1"，在系统弹出的快捷菜单中依次选择 凸台.1 对象 → 编辑参数 命令，此时该特征的所有尺寸都会显示出来，如图4.46所示。

步骤3 修改特征尺寸，在模型中双击需要修改的尺寸，系统会弹出如图4.47所示的"参数定义"对话框，在"参数定义"对话框的文本框中输入新的尺寸，单击"参数定义"对话框中的 确定 按钮。

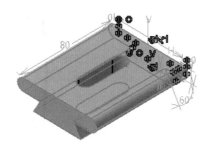

图4.46　显示特征尺寸

图4.47　"参数定义"对话框

步骤4 重建模型。选择"工具"工具条中的 （全部更新）命令，即可重建模型。

重建模型还有以下几种方法： 选择下拉菜单 编辑 → 更新 命令重建模型；使用 Ctrl+U 快捷键重建模型。

2. 编辑定义

编辑定义特征用于修改特征的一些参数信息，例如深度类型、深度信息等。

步骤1 选择命令。在特征树中右击"凸台.1"，在系统弹出的快捷菜单中依次选择 凸台.1 对象 → 定义... 命令，此时系统会弹出"定义凸台"对话框。

| 说明 | 在特征树中双击需要修改的特征也可以快速执行命令。 |

步骤2 修改参数。在系统弹出的"定义凸台"对话框中可以调整拉伸的深度类型、深度参数等。

3. 编辑草图

编辑草图用于修改草图中的一些参数信息。

步骤1 选择命令。在特征树中右击"凸台.1"，在系统弹出的快捷菜单中依次选择 凸台.1 对象 → 编辑 草图.1 命令，此时系统会进入草图环境。

选择命令的其他方法：在特征树中双击凸台 .1 节点下的 草图.1。

步骤2 修改参数。在草图设计环境中可以编辑草图的一些相关参数。

4.3.4　父子关系

父子关系是指：在创建当前特征时，有可能借用之前特征的一些对象，被用到的特征我们称为父特征，当前特征就是子特征。父子特征在进行编辑特征时非常重要，假如我们修改了父特征，子特征有可能会受到影响，并且有可能会导致子特征无法正确地生成而报错，所以为了避免错误的产生就需要大概清楚某个特征的父特征与子特征包含哪些，在修改特征时尽量不要修改父子关系相关联的内容。

查看特征的父子关系的方法如下。

步骤1 选择命令。在特征树中右击要查看父子关系的特征（例如凹槽3），在系统弹出的快捷菜单中选择 父级/子级... 命令。

步骤2 查看父子关系。在系统弹出的"父级和子级"对话框中可以查看当前特征的父特征与子特征，如图4.48所示。

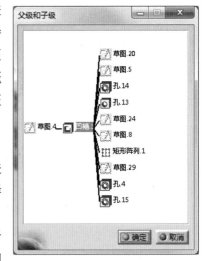

图4.48　"父级和子级"对话框

| 说明 | 凹槽3特征的父项为草图.4；凹槽3特征的子项包含草图.20、草图.5、孔.14、孔.13、草图.24、草图.8、矩形阵列.1、草图.29、孔.4与孔.15。 |

4.3.5　删除特征

对于模型中不再需要的特征可以进行删除。删除的一般操作步骤如下。

步骤1 选择命令。在特征树中右击要删除的特征（例如凹槽3），在弹出的快捷菜单中选择 删除 命令。

说明：选中要删除的特征后，直接按Delete键也可以进行删除。

步骤2 定义是否删除子级与聚集元素。在系统弹出的如图4.49所示的"删除"对话框中选中 删除所有子级 与 删除聚集元素 复选框。

如图4.49所示的"删除"对话框中各选项的说明如下。

（1） 删除聚集元素 复选框：用于设置是否删除基于草图特征中所使用的草图。例如凹槽3的内含特征就是指凹槽3的草图4；如果选中 删除聚集元素 复选框，则将在删除凹槽3时将草图4一并删除，如果取消选中 删除聚集元素 复选框，则在删除凹槽3时，只删除特征，而不删除草图4。

（2） 删除所有子级 复选框：用于设置是否删除当前特征的子特征。

图4.49　"删除"对话框

步骤3 单击"删除"对话框中的 确定 按钮，完成特征的删除。

4.3.6　隐藏特征

在CATIA中，隐藏基准特征与隐藏实体特征的方法是不同的。下面以如图4.50所示的图形为例，介绍隐藏特征的一般操作过程。

步骤1 打开文件D:\CATIA2019\work\ch04.03\yincang-ex。

步骤2 隐藏基准特征。在特征树中右击"ZX平面"，在系统弹出的快捷菜单中选择 隐藏/显示 命令，即可隐藏ZX平面。

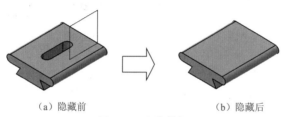

（a）隐藏前　　　　　　　　　　　（b）隐藏后

图4.50　隐藏特征

基准特征包括基准面、基准轴、基准点及基准坐标系等。

步骤3 隐藏实体特征。在特征树中右击"凹槽.1"，在弹出的快捷菜单中依次选择 凹槽.1 对象 → ① 取消激活 ，在系统弹出的如图4.51所示的"取消激活"对话框中选中 取消激活聚集元素 复选框，单击 ● 确定 按钮，即可隐藏凹槽1，如图4.50（b）所示。

图4.51　"取消激活"对话框

> **说明** 实体特征包括凸台、旋转、抽壳、筋、多截面等；如果实体特征依然用 ▧ 命令，则系统默认会将所有实体特征全部隐藏。

4.4　CATIA模型的定向与显示

4.4.1　模型的定向

在设计模型的过程中，需要经常改变模型的视图方向，利用模型的定向工具就可以将模型精确地定向到某个特定方位上。定向工具在如图4.52所示的"视图"工具栏视图定向节点上，视图定向节点下各选项的说明如下。

▱（等轴测视图）：将视图调整到等轴测方位，如图4.53所示。

▱（正视图）：沿着YZ平面正法向的平面视图，如图4.54所示。

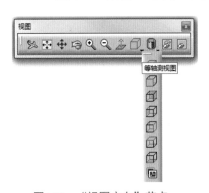

图4.52　"视图定向"节点

图4.53　等轴测视图

图4.54　正视图

▱（背视图）：沿着YZ平面负法向的平面视图，如图4.55所示。

▱（左视图）：沿着ZX平面正法向的平面视图，如图4.56所示。

▱（右视图）：沿着ZX平面负法向的平面视图，如图4.57所示。

图4.55　背视图

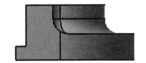

图4.56　左视图

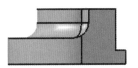

图4.57　右视图

（俯视图）：沿着*XY*平面正法向的平面视图，如图4.58所示。

（仰视图）：沿着*XY*平面负法向的平面视图，如图4.59所示。

（已命名视图）：用于查看已保存的视图，也可以保存自定义的新视图方位。保存自定义视图方位的方法如下：

步骤1　通过鼠标的操纵将模型调整到一个合适的方位。

步骤2　选择"视图"工具栏"视图定向"节点下的（已命名视图）命令，系统会弹出如图4.60所示的"已命名的视图"对话框，单击 添加 按钮，在名称文本框中输入视图方位名称（例如v1）并按Enter键确认，单击 确定 按钮完成视图保存操作。

图4.58　俯视图

图4.59　仰视图

图4.60　"已命名的视图"对话框

步骤3　选择"视图"工具栏"视图定向"节点下的（已命名视图）命令，选择"已命名视图"，单击在视图前导栏中的视图方位节点，在对话框中双击v1，就可以快速调整到定制的方位。

4.4.2　模型的显示

CATIA向用户提供了6种不同的显示方式，通过不同的显示方式可以方便用户查看模型内部的细节结构，也可以帮助用户更好地选取一个对象。用户可以在"视图"工具栏中单击"模型显示"节点，选择不同的模型显示方式，如图4.61所示。模型显示节点下各选项的说明如下。

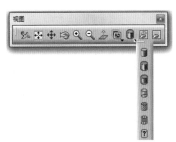

3min

图4.61　模型显示节点

🗑（着色）：模型以实体方式显示，所有边线不加粗显示，如图4.62所示。

🗑（含边线着色）：模型以实体方式显示，并且可见边（包含切边）加粗显示，如图4.63所示。

🗑（带边着色但不光顺边）：模型以实体方式显示，并且可见边（不包含切边）加粗显示，如图4.64所示。

图4.62 着色　　　　　　　　图4.63 含边线着色　　　　　　图4.64 带边着色但不光顺边

🗑（含边线和隐藏边线着色）：模型以实体方式显示，并且可见边（包含切边）与不可见边均加粗显示，如图4.65所示。

🗑（含材料着色）：模型以所加材料的真实外观显示（Summer Sky材料），如图 4.66 所示。

🗑（线框）：模型以线框方式显示，所有边线均加粗显示，如图4.67所示。

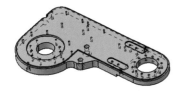  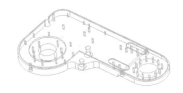

图4.65 含边线和隐藏边线着色　　　图4.66 含材料着色　　　　　图4.67 线框

🗑（自定义视图参数）：用于在视图模式对话框中自定义视图显示样式。

4.5 设置零件模型的属性

4.5.1 材料的设置

设置模型材料主要有以下几个作用：一是模型外观更加真实；二是材料给定后可以确定模型的密度，进而确定模型的质量属性。

1. 添加现有材料

下面以一个如图4.68所示的模型为例，说明设置零件模型材料属性的一般操作过程。

步骤1 打开文件D:\CATIA2019\work\ch04.05\shuxing-ex。

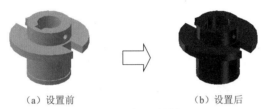

（a）设置前　　　　　　　　　　（b）设置后

图4.68　设置材料

步骤2　选择命令。选择"应用材料"工具条中的（应用材料）命令，系统会弹出如图4.69所示的"库"对话框。

步骤3　选择材料。在"库（只读）"对话框 Metal 选项卡下选择 Steel 材料，按住鼠标左键将材料拖动到模型表面上。

步骤4　在"库（只读）"对话框中单击 确定 按钮，将材料应用到模型。

步骤5　调整显示方式。选择"视图"工具栏"模型显示"节点下的（含材料着色）命令，完成后如图4.68（b）所示。

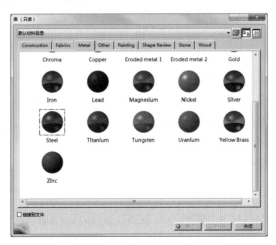

图4.69　"库（只读）"对话框

2. 添加新材料

步骤1　打开文件D:\CATIA2019\work\ch04.05\shuxing-ex。

步骤2　选择命令。选择 开始 → 基础结构 → 材料库 命令，系统会弹出如图4.70所示的"新系列"对话框。

步骤3　选择命令。双击"新材料"材料球，系统会弹出如图4.71所示的"属性"对话框。

步骤4　设置材料属性。在"属性"对话框中 渲染 选项卡下设置材料的外观属性，在 特征属性 选项卡下设置材料的名称，在 分析 选项卡下设置材料的结构属性，在 复合 选项卡下设置材料的复合属性，在 工程图 选项卡下设置材料的工程图剖切属性。

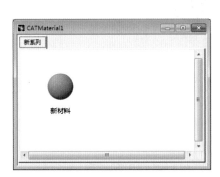

图4.70 "新系列"对话框

图4.71 "属性"对话框

步骤5 单击"属性"对话框中的 ◉确定 按钮完成材料属性的设置，关闭"新系列"对话框，在系统弹出的"关闭"对话框中选择 是(Y) ，将其保存到默然材料库文件夹中（D:\Program Files\Dassault Systemes\B29\win_b64\startup\materials），设置保存文件的名称，单击 保存(S) 按钮完成保存操作。

步骤6 使用新材料。选择"应用材料"工具条中的 🖼（应用材料）命令，在系统弹出的"库（只读）"对话框中选择 🖼 命令，选择步骤5保存的材料文件，然后单击 打开(O) 按钮，将材料拖动至模型表面上后单击 ◉ 确定 按钮完成材料的使用。

3. 添加中文材料包

步骤1 将D:\CATIA2019\work\ch04.05\Catalog文件复制到D:\Program Files\Dassault Systemes\B29\win_b64\startup\materials目录下即可。

步骤2 选择"应用材料"工具条中的 🖼（应用材料）命令，系统会弹出如图4.72所示的"库（只读）"对话框。

4.5.2 单位的设置

在CATIA中，每个模型都有一个基本的单位系统，从而保证模型大小的准确性，CATIA系统向用户提供了一些预

▶2min

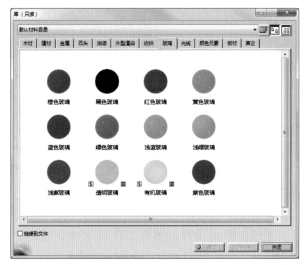

图4.72 "库（只读）"对话框

定义的单位系统，对于预定义单位系统中的单位不合适的用户可以根据需要自行调整；需要注意的是，在进行某个产品的设计之前，需要保证产品中所有的零部件的单位系统是统一的。

修改单位系统的方法如下。

步骤1　打开文件D:\CATIA2019\work\ch04.05\shuxing-ex。

步骤2　选择下拉菜单 工具 → 选项... 命令，在系统弹出的"选项"对话框的左侧区域选中 常规 下的 参数和测量 节点，然后在右侧选中 单位 选项卡，如图4.73所示。

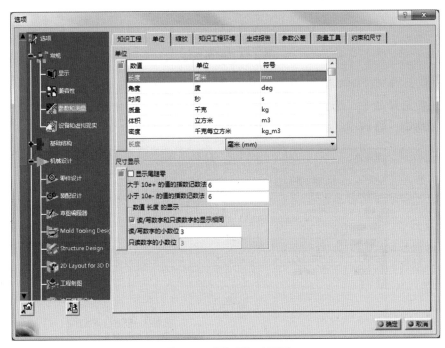

图4.73　"选项"对话框

步骤3　在 单位 区域根据自身的实际需求设置单位即可。

步骤4　完成修改后，单击"选项"对话框中的 确定 按钮。

4.6　倒角特征

4.6.1　基本概述

7min

倒角特征是指在我们选定的边线处通过裁掉或者添加一块平直剖面的材料，从而在共有该边线的两个原始曲面之间创建出一个斜角曲面。

倒角特征的作用：提高模型的安全等级；提高模型的美观程度；方便装配。

4.6.2 倒角特征的一般操作过程

下面以如图4.74所示的简单模型为例，介绍创建倒角特征的一般过程。

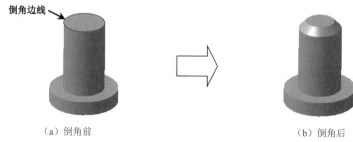

倒角边线

（a）倒角前 （b）倒角后

图4.74 倒角特征

步骤1 打开文件D:\CATIA2019\work\ch04.06\ daojiao-ex。

步骤2 选择命令。选择"修饰特征"工具条中的 ◢（倒角）命令，或者选择下拉菜单 插入 → 修饰特征 → ◢倒角... 命令，系统会弹出如图4.75所示的"定义倒角"对话框。

图4.75 "定义倒角"对话框

步骤3 定义倒角类型。在"定义倒角"对话框 模式: 下拉列表中选择 长度1/角度 类型。

步骤4 定义倒角参数。在"定义倒角"对话框的 长度1: 文本框中输入倒角距离值5，在 角度: 文本框中输入倒角角度值45。

步骤5 定义倒角对象。选取如图4.74（a）所示的边线作为倒角对象。

步骤6 完成操作。在"定义倒角"对话框中单击 确定 按钮，完成倒角的定义，如图4.74（b）所示。

如图4.75所示的"定义倒角"对话框中各选项的说明如下。

（1） 长度1/角度 类型：用于通过距离与角度控制倒角的大小，如图4.76所示。

（2） 长度1/长度2 类型：用于通过距离与距离控制倒角的大小，如图4.77所示。

（3） 弦长度/角度 类型：用于通过斜边长度与角度控制倒角的大小，如图4.78所示。

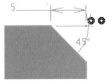

图4.76 长度1/角度类型

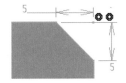

图4.77 长度1/长度2类型

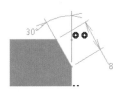

图4.78 弦长度/角度类型

（4）**高度/角度** 类型：用于通过控制倒角边线与倒角面之间的距离与倒角的角度控制倒角的大小，如图4.79所示。

（5）**倒角圆角** 类型：用于在3根线的交点处进行倒角的快速创建，如图4.80所示。

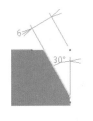

图4.79 高度/角度类型

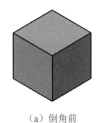

（a）倒角前

（b）倒角后

图4.80 倒角圆角

（6）**相切** 传播类型：选中该选项将自动选取与所选边线相切的所有边线并进行倒角，如图4.81所示。

（a）倒角前

（b）倒角后

图4.81 相切

（7）**最小** 传播类型：用于当选择线性边线时，只选取边线而不选取与其相切的边线，当选取圆弧对象时，系统仅自动选取与该圆弧相切的对象，如图4.82所示。

（a）倒角前

（b）线性边线

（c）圆弧边线

图4.82 最小

4.7　圆角特征

4.7.1　基本概述

圆角特征是指在我们选定的边线处通过裁掉或者添加一块圆弧剖面的材料，从而在共有该边线的两个原始曲面之间创建出一个圆弧曲面。

圆角特征的作用：提高模型的安全等级；提高模型的美观程度；方便装配；消除应力集中。

4.7.2　恒定半径圆角

恒定半径圆角是指在所选边线的任意位置半径值都是恒定相等的。下面以如图4.83所示的模型为例，介绍创建恒定半径圆角特征的一般过程。

（a）圆角前　　　　　　　　　　　　　　　　　　　（b）圆角后

图4.83　恒定半径圆角

步骤1　打开文件D:\CATIA2019\work\ch04.07\yuanjiao01-ex。

步骤2　选择命令。选择"修饰特征"工具条中的（圆角）命令，或者选择下拉菜单 插入 → 修饰特征 → 倒圆角… 命令，系统会弹出如图4.84所示的"倒圆角定义"对话框。

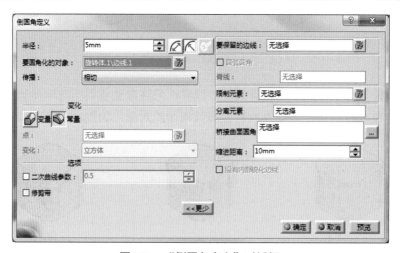

图4.84　"倒圆角定义"对话框

步骤3 定义圆角类型。在"倒圆角定义"对话框中选择 □ 与 ⊙半径 单选按钮。

步骤4 定义圆角对象。在系统提示下选取如图4.83（a）所示的边线作为圆角对象。

步骤5 定义圆角参数。在"倒圆角定义"对话框的 半径: 文本框中输入圆角半径值5。

步骤6 完成操作。在"倒圆角定义"对话框中单击 ● 确定 按钮，完成圆角的定义，如图4.83（b）所示。

4.7.3 变半径圆角

变半径圆角是指在所选边线的不同位置具有不同的圆角半径值。下面以如图4.85所示的模型为例，介绍创建变半径圆角特征的一般过程。

（a）圆角前　　　　　　　　　　　（b）圆角后

图4.85　变半径圆角

步骤1 打开文件D:\CATIA2019\work\ch04.07\ yuanjiao02-ex。

步骤2 选择命令。选择"修饰特征"工具条中的 ⊘ （圆角）命令，或者选择下拉菜单 插入 → 修饰特征 → ⊘倒圆角... 命令，系统会弹出"倒圆角定义"对话框。

步骤3 定义圆角类型。在"倒圆角定义"对话框中选择 □ 与 ⊘变量 单选按钮。

步骤4 定义圆角对象。在系统提示下选取如图4.85（a）所示的边线作为圆角对象。

步骤5 定义首尾的半径参数。在"倒圆角定义"对话框的 半径: 文本框中输入圆角半径值10。

说明	如果用户需要调整首尾处的半径值，则可以在图形区双击起点与终点的半径值，如图4.86所示。

图4.86　首尾半径参数

步骤6 定义变半径参数。在"倒圆角定义"对话框 变化 区域右击 点: 文本框，在系统弹出的快捷菜单中选择 ⁀ 创建中点 命令，在系统提示下选取如图4.85（a）所示的边线作为参考，系统自动在该直线的中点处添加半径控制点，如图4.87所示，双击中点处的半径值，在系统弹出的"参数定义"对话框中输入半径值20并按 ◉确定 按钮确认。

图4.87　添加中间半径点

步骤7 完成操作。在"倒圆角定义"对话框中单击 ◉确定 按钮，完成圆角的定义，如图4.85（b）所示。

4.7.4　面圆角

7min

面圆角是指在面与面之间进行倒圆角。下面以如图4.88所示的模型为例，介绍创建面圆角特征的一般过程。

步骤1 打开文件D:\CATIA2019\work\ch04.07\ mianyuanjiao-ex。

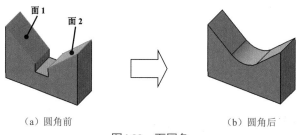

（a）圆角前　　　　　　　　　　　　　　（b）圆角后

图4.88　面圆角

步骤2 选择命令。选择"修饰特征"工具条中"圆角"节点下的 🖾 （面与面的圆角）命令，或者选择下拉菜单 插入 → 修饰特征 → 🖾 面与面的圆角... 命令，系统会弹出如图4.89所示的"定义面与面的圆角"对话框。

图4.89　"定义面与面的圆角"对话框

步骤3 定义圆角对象。在系统 选择面. 的提示下选取如图4.88（a）所示的面1与面2。

步骤4 定义半径参数。在"定义面与面的圆角"对话框的 半径: 文本框中输入圆角半径值20。

步骤5 完成操作。在"定义面与面的圆角"对话框中单击 确定 按钮，完成圆角的定义，如图4.88（b）所示。

说明　　对于两个不相交的曲面来讲，在给定圆角半径值时，一般会有一个合理范围，只有给定的值在合理范围内才可以正确创建，范围值的确定方法可参考图4.90。

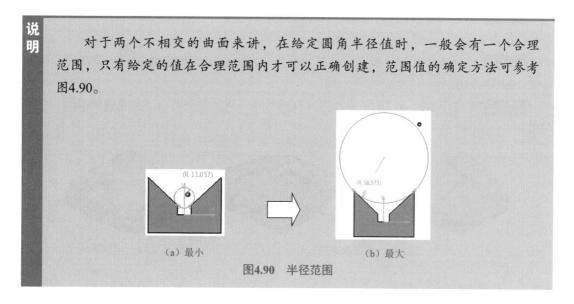

（a）最小　　　　　　　　　　　　（b）最大

图4.90　半径范围

4.7.5　完全圆角

完全圆角是指在3个相邻的面之间进行倒圆角。下面以如图4.91所示的模型为例，介绍创建完全圆角特征的一般过程。

3min

（a）圆角前　　　　　　　　　　　　（b）圆角后

图4.91　完全圆角

步骤1 打开文件D:\CATIA2019\work\ch04.07\wanquanyuanjiao-ex。

步骤2 选择命令。选择"修饰特征"工具条中"圆角"节点下的 （三切线内圆角）命令，或者选择下拉菜单 插入 → 修饰特征 → 三切线内圆角... 命令，系统会弹出如图4.92所示的"定义三切线内圆角"对话框。

图4.92　"定义三切线内圆角"对话框

步骤3 选择要圆角化的面。在系统 选择面. 的提示下选取如图4.93所示的面1与面2作为要圆角化的面。

步骤4 选择要移除的面。在系统 选择要移除的面 的提示下，选取如图4.93所示的面3作为要移除的面。

步骤5 完成操作。在"定义三切线内圆角"对话框中单击 ●确定 按钮，完成完全圆角定义，如图4.94所示。

步骤6 参考步骤2～步骤4的操作再次创建另外一侧的完全圆角，完成后如图4.91（b）所示。

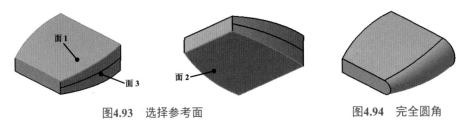

图4.93　选择参考面　　　　　　　　　　　　　　图4.94　完全圆角

4.7.6　倒圆的顺序要求

在创建圆角时，一般需要遵循以下几点规则和顺序：

（1）先创建竖直方向的圆角，再创建水平方向的圆角。

（2）要生成具有多个圆角边线及拔模面的铸模模型，在大多数情况下，应先创建拔模特征，再进行圆角的创建。

（3）一般将模型的主体结构创建完成后再尝试创建修饰作用的圆角，因为创建圆角越早，在重建模型时花费的时间就越长。

（4）当有多个圆角汇聚于一点时，先生成较大半径的圆角，再生成较小半径的圆角。

（5）为加快零件建模的速度，可以使用单一圆角操作来处理相同半径圆角的多条边线。

4.8　基准特征

4.8.1　基本概述

基准特征在建模的过程中主要起到定位参考的作用，需要注意基准特征并不能帮助我们得到某个具体的实体结构，虽然基准特征并不能帮助我们得到某个具体的实体结构，但是在创建模型中的很多实体结构时，如果没有合适的基准，则将很难或者不能完成结构的具体创建，例如创建如图4.95所示的模型，该模型有一个倾斜结

图4.95　基准特征

构，要想得到这个倾斜结构，就需要创建一个倾斜的基准面。

基准特征在CATIA中主要包括基准面、基准轴、基准点及基准坐标系。这些几何元素可以作为创建其他几何体的参照进行使用，在创建零件中的一般特征、曲面及装配时起到了非常重要的作用。

4.8.2　基准面

基准面也称为基准平面，在创建一般特征时，如果没有合适的平面了，就可以自己创建出一个基准面，此基准面可以作为特征截面的草图平面使用，也可以作为参考平面来使用，基准面是一个无限大的平面，在CATIA中为了查看方便，基准面的显示大小可以自己调整。在CATIA中，软件向我们提供了很多种创建基准面的方法，接下来就对一些常用的创建方法进行具体介绍。

1. 通过偏移平面创建基准面

通过偏移平面需要提供一个平面参考，新创建的基准面与所选参考面平行，并且有一定的间距值。下面以创建如图4.96所示的基准面为例介绍偏移平面创建基准面的一般创建方法。

（a）创建前　　　　　　　　　　（b）创建后

图4.96　偏移平面

步骤1　打开文件D:\CATIA2019\work\ch04.08\ jizhunmian01-ex。

步骤2　选择命令。选择"参考元素（扩展）"工具条中的 （平面）命令，系统会弹出如图4.97所示的"平面定义"对话框。

步骤3　定义平面类型。在"平面定义"对话框 平面类型 下拉列表中选择 偏移平面 类型。

步骤4　选取平面参考。选取如图4.96（a）所示的面作为参考平面。

步骤5　定义间距值。在"平面定义"对话框 偏移 文本框中输入间距值20。

图4.97　"平面定义"对话框

步骤6　完成操作。在"平面定义"对话框中单击 确定 按钮，完成基准面的定义，如图4.96（b）所示。

2. 通过轴与平面成一定角度创建基准面

通过轴与平面成一定角度创建基准面需要提供一个平面参考与一个轴的参考，新创建的基准面通过所选的轴，并且与所选面成一定的夹角。下面以创建如图4.98所示的基准面为例介绍如何通过轴与平面成一定角度创建基准面的一般创建方法。

步骤1 打开文件D:\CATIA2019\work\ch04.08\ jizhunmian02-ex。

步骤2 选择命令。选择"参考元素（扩展）"工具条中的 🖊（平面）命令，系统会弹出"平面定义"对话框。

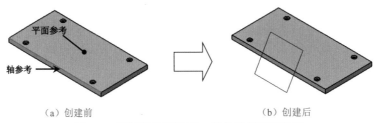

（a）创建前　　　　　　　　　　　（b）创建后

图4.98　通过轴与平面成一定角度创建基准面

步骤3 定义平面类型。在"平面定义"对话框 平面类型: 下拉列表中选择 与平面成一定角度或垂直 类型。

步骤4 选择旋转轴参考。在系统 选择旋转轴 的提示下，选取如图4.98（a）所示的轴线作为参考。

步骤5 选择平面参考。在系统 选择参考平面 的提示下，选取如图4.98（a）所示的平面作为参考。

步骤6 设置角度。在"平面定义"对话框 角度: 文本框中输入60。

步骤7 完成操作。在"平面定义"对话框中单击 ●确定 按钮，完成基准面的定义，如图4.98（b）所示。

3. 通过曲线的法线创建基准面

通过曲线的法线创建基准面需要提供曲线参考与一个点的参考，一般情况下点是曲线端点或者曲线上的点，新创建的基准面通过所选的点，并且与所选曲线垂直。下面以创建如图4.99所示的基准面为例介绍通过曲线的法线创建基准面的一般创建方法。

曲线参考　　　点参考

（a）创建前　　　　　　　　　　　（b）创建后

图4.99　通过曲线的法线创建基准面

步骤1 打开文件D:\CATIA2019\work\ch04.08\ jizhunmian03-ex。

步骤2 选择命令。选择"参考元素（扩展）"工具条中的 ◢（平面）命令，系统会弹出"平面定义"对话框。

步骤3 定义平面类型。在"平面定义"对话框 平面类型: 下拉列表中选择 曲线的法线 类型。

步骤4 选择曲线参考。在系统 选择参考曲线 的提示下，选取如图4.99（a）所示的曲线作为参考。

步骤5 选择起点参考。在系统 选择起点 的提示下，选取如图4.99（a）所示的点作为参考。

步骤6 完成操作。在"平面定义"对话框中单击 ◉确定 按钮，完成基准面的定义，如图4.99（b）所示。

4. 其他常用的创建基准面的方法

平行通过点创建基准面，所创建的基准面通过选取的点，并且与参考平面平行，如图4.100所示。

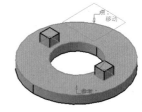

通过3点创建基准面，所创建的基准面通过选取的3个点，如图4.101所示。

通过两直线创建基准面，所创建的基准面通过选取的两条线，如图4.102所示。

图4.100　平行通过点创建基准面

通过直线和点创建基准面，所创建的基准面通过选取的直线与点，如图 4.103所示。

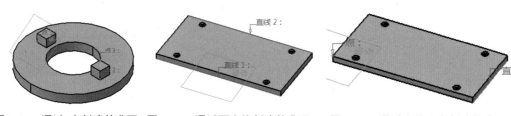

图4.101　通过3点创建基准面　　图4.102　通过两直线创建基准面　　图4.103　通过直线和点创建基准面

通过曲面的切线创建基准面，所创建的基准面通过与所选曲面相切并且通过所选的点，如图4.104所示。

在参考面之间创建基准面需要用户提供两个平面的参考，如果两个参考面平行，系统则可以在两平面中间根据设置的比率平移创建基准面，如图4.105所示；如果两个参考面有一定夹角，系统则可以在两平面之间根据设置的比率旋转创建基准面，如图4.106所示。

通过平面曲线创建基准面，所创建的基准面通过所选平面曲线。

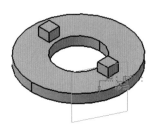

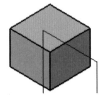

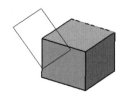

图4.104　通过曲面的切线　　　图4.105　在参考面之间　　　图4.106　在参考面之间
　　　　　创建基准面　　　　　　　　创建基准面-平行　　　　　　创建基准面-相交

4.8.3　基准轴

基准轴与基准面一样，可以作为特征创建时的参考，也可以为创建基准面、同轴放置项目及圆周阵列等提供参考。在CATIA中，软件向我们提供了很多种创建基准轴的方法，接下来就对一些常用的创建方法进行具体介绍。

1. 通过点点创建基准轴

通过点点创建基准轴需要提供两个点的参考。下面以创建如图4.107所示的基准轴为例介绍通过点点创建基准轴的一般创建方法。

步骤1　打开文件D:\CATIA2019\work\ch04.08\ jizhunzhou-ex。

步骤2　选择命令。选择"参考元素（扩展）"工具条中的╱（直线）命令，系统会弹出如图4.108所示的"直线定义"对话框。

步骤3　定义轴类型。在"直线定义"对话框 线型: 下拉列表中选择 点-点 类型。

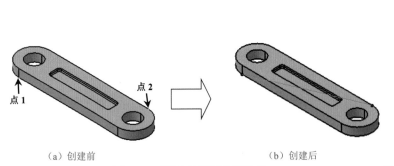

（a）创建前　　　　　　　　　　　　（b）创建后

图4.107　通过点点创建基准轴　　　　　　图4.108　"直线定义"对话框

步骤4　选择点参考。在系统 选择第一元素（点、曲线甚至曲面） 的提示下，选取如图4.107（a）所示的点1与点2作为参考。

步骤5　完成操作。在"直线定义"对话框中单击 ⊙确定 按钮，完成基准轴的定义，如图4.107（b）所示。

2. 通过点方向创建基准轴

通过点方向创建基准轴需要提供一个点的参考与一个方向的参考。下面以创建如图4.109所示的基准轴为例介绍通过点方向创建基准轴的一般创建方法。

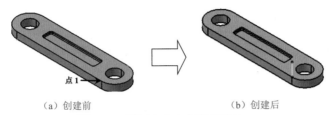

（a）创建前　　　　　　　　　（b）创建后

图4.109　通过点方向创建基准轴

步骤1　打开文件D:\CATIA2019\work\ch04.08\ jizhunzhou-ex。

步骤2　选择命令。选择"参考元素（扩展）"工具条中的 ╱ （直线）命令，系统会弹出"直线定义"对话框。

步骤3　定义轴类型。在"直线定义"对话框 线型: 下拉列表中选择 点-方向 类型。

步骤4　选择点参考。在系统 选择点 的提示下，选取如图4.109（a）所示的点1作为参考。

步骤5　选择方向参考。在系统 选择方向 的提示下，选取模型上表面作为参考。

步骤6　定义轴的长度与方向。在"直线定义"对话框 终点: 文本框中输入20，单击 反转方向 按钮使方向向上。

步骤7　完成操作。在"直线定义"对话框中单击 ⊙确定 按钮，完成基准轴的定义，如图4.109（b）所示。

3. 通过曲线的角度法线创建基准轴

通过曲线的角度法线创建基准轴需要提供一个曲线的参考与一个曲线上点的参考，然后根据给定的角度参数完成基准轴的创建。下面以创建如图4.110所示的基准轴为例介绍通过曲线的角度法线创建基准轴的一般创建方法。

点1　曲线

（a）创建前　　　　　　　　　（b）创建后

图4.110　通过曲线的角度法线创建基准轴

步骤1 打开文件D:\CATIA2019\work\ch04.08\ jizhunzhou02-ex。

步骤2 选择命令。选择"参考元素（扩展）"工具条中的 ✐ （直线）命令，系统会弹出"直线定义"对话框。

步骤3 定义轴类型。在"直线定义"对话框 线型： 下拉列表中选择 曲线的角度/法线 类型。

步骤4 选择曲线参考。在系统 选择曲线 的提示下，选取如图4.110（a）所示的曲线作为参考。

步骤5 选择点参考。在系统 选择起点 的提示下，选取如图4.110（a）所示的点1作为参考。

步骤6 定义角度。在"直线定义"对话框 角度： 文本框中输入角度0（说明轴与曲线相切）。

步骤7 定义轴长度。在"直线定义"对话框 终点： 文本框中输入50。

步骤8 完成操作。在"直线定义"对话框中单击 确定 按钮，完成基准轴的定义，如图4.110（b）所示。

4. 通过曲面的法线创建基准轴

通过曲面的法线创建基准轴需要提供一个曲面的参考与一个曲面上点的参考，系统会自动在所选点处创建与曲面垂直的轴线。下面以创建如图4.111所示的基准轴为例介绍通过曲面的法线创建基准轴的一般创建方法。

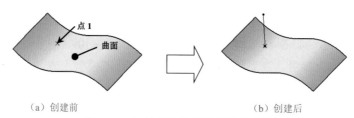

（a）创建前   （b）创建后

图4.111   通过曲面的法线创建基准轴

步骤1 打开文件D:\CATIA2019\work\ch04.08\ jizhunzhou03-ex。

步骤2 选择命令。选择"参考元素（扩展）"工具条中的 ✐ （直线）命令，系统会弹出"直线定义"对话框。

步骤3 定义轴类型。在"直线定义"对话框 线型： 下拉列表中选择 曲面的法线 类型。

步骤4 选择曲面参考。在系统 选择参考曲面 的提示下，选取如图4.111（a）所示的曲面作为参考。

步骤5 选择点参考。在系统 选择起点 的提示下，选取如图4.111（a）所示的点1作为参考。

步骤6 定义轴长度与方向。在"直线定义"对话框 终点： 文本框中输入200，单击 反转方向 按钮使方向向上。

步骤7 完成操作。在"直线定义"对话框中单击 确定 按钮，完成基准轴的定义，如图4.111（b）所示。

5. 通过角平分创建基准轴

通过角平分创建基准轴需要提供两个直线的参考，系统会自动在所选两条线之间创建一个角平分的直线。下面以创建如图4.112所示的基准轴为例介绍通过角平分创建基准轴的一般创建方法。

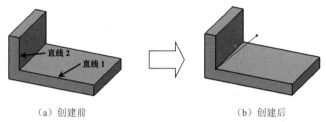

（a）创建前　　　　　　　　　　（b）创建后

图4.112　通过角平分创建基准轴

步骤1　打开文件D:\CATIA2019\work\ch04.08\ jizhunzhou04-ex。

步骤2　选择命令。选择"参考元素（扩展）"工具条中的 ✏ （直线）命令，系统会弹出"直线定义"对话框。

步骤3　定义轴类型。在"直线定义"对话框 线型： 下拉列表中选择 角平分线 类型。

步骤4　选择直线参考。在系统的提示下，依次选取如图4.112（a）所示的直线1与直线2作为参考。

步骤5　选择求解方法。在"直线定义"对话框单击 下一个解法 使解法2被加亮选中，如图4.113所示。

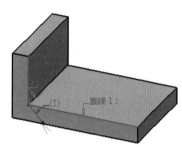

步骤6　定义轴长度与方向。在"直线定义"对话框 终点： 文本框中输入80，方向采用系统默认的方向。

步骤7　完成操作。在"直线定义"对话框中单击 ● 确定 按钮，完成基准轴的定义，如图4.112（b）所示。

图4.113　选择求解方法

4.8.4　基准点

12min

点是最小的几何单元，由点可以得到线，由点也可以得到面，所以在创建基准轴或者基准面时，如果没有合适的点了，就可以通过基准点命令进行创建，另外基准点也可以作为其他实体特征创建的参考元素。在CATIA中，软件向我们提供了很多种创建基准点的方法，接下来就对一些常用的创建方法进行具体介绍。

1. 通过坐标创建基准点

通过坐标创建基准点需要提供一个准确的坐标位置。下面以创建如图4.114所示的基准点为例介绍通过坐标创建基准点的一般创建方法。

步骤1 打开文件D:\CATIA2019\work\ch04.08\jizhundian01-ex。

步骤2 选择命令。选择"参考元素（扩展）"工具条中的 · （点）命令，系统会弹出如图4.115所示的"点定义"对话框。

步骤3 定义点类型。在"点定义"对话框 点类型: 下拉列表中选择 坐标 类型。

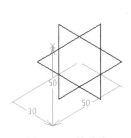

图4.114 基准点

图4.115 "点定义"对话框

步骤4 定义点坐标参数。在"点定义"对话框 X = 文本框中输入50，在 Y = 文本框中输入30，在 Z = 文本框中输入50。

步骤5 完成操作。在"点定义"对话框中单击 确定 按钮，完成基准点的定义，如图4.114所示。

2. 通过曲线创建基准点

通过曲线创建基准点需要提供一个曲线的参考，可以通过设置距离或者比率控制点在曲线中的位置。下面以创建如图4.116所示的基准点为例介绍通过曲线创建基准点的一般创建方法。

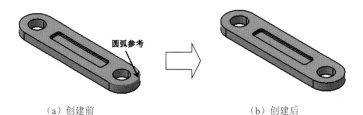

（a）创建前　　　　　　　　　　　　　　（b）创建后

图4.116 通过曲线创建基准点

步骤1 打开文件D:\CATIA2019\work\ch04.08\ jizhundian02-ex。

步骤2 选择命令。选择"参考元素（扩展）"工具条中的 · （点）命令，系统会弹出"点定义"对话框。

步骤3 定义点类型。在"点定义"对话框 点类型: 下拉列表中选择 曲线上 类型。

步骤4 选择曲线参考。在系统 选择曲线 的提示下，选取如图4.116（a）所示的曲线作为参考（选取对象时靠近左侧选取）。

步骤5 选择定位类型。在"点定义"对话框 与参考点的距离 区域选中 ● 曲线长度比率 单选项。

步骤6 定义比率值。在"点定义"对话框 比率: 文本框中输入0.4。

步骤7 完成操作。在"点定义"对话框中单击 ● 确定 按钮，完成基准点的定义，如图4.116（b）所示。

3. 通过圆球面椭圆中心创建基准点

通过圆球面椭圆中心创建基准点需要提供一个圆、球面或者椭圆的参考。下面以创建如图4.117所示的基准点为例介绍通过圆球面椭圆中心创建基准点的一般创建方法。

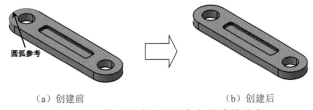

（a）创建前　　　　　　　　（b）创建后

图4.117　通过圆球面椭圆中心创建基准点

步骤1 打开文件D:\CATIA2019\work\ch04.08\ jizhundian02-ex。

步骤2 选择命令。选择"参考元素（扩展）"工具条中的 · （点）命令，系统会弹出"点定义"对话框。

步骤3 定义点类型。在"点定义"对话框 点类型: 下拉列表中选择 圆/球面/椭圆中心 类型。

步骤4 选择曲线参考。在系统 选择圆 的提示下，选取如图4.117（a）所示的曲线作为参考。

步骤5 完成操作。在"点定义"对话框中单击 ● 确定 按钮，完成基准点的定义，如图4.117（b）所示。

4. 通过曲线上的切线创建基准点

通过曲线上的切线创建基准点需要提供一个曲线的参考，再确定一个相切方向，系统会根据曲线与相切方向确定点的位置。下面以创建如图4.118所示的基准点为例介绍通过曲线上的切线创建基准点的一般创建方法。

（a）创建前　　　　　　　　（b）创建后

图4.118　通过曲线上的切线创建基准点

步骤1 打开文件D:\CATIA2019\work\ch04.08\ jizhundian03-ex。

步骤2 选择命令。选择"参考元素（扩展）"工具条中的 ·（点）命令，系统会弹出"点定义"对话框。

步骤3 定义点类型。在"点定义"对话框 点类型： 下拉列表中选择 曲线上的切线 类型。

步骤4 选择曲线参考。在系统 选择曲线 的提示下，选取如图4.118（a）所示的曲线作为参考。

步骤5 定义方向参考。在系统 选择参考方向（可为直线或平面） 的提示下在"点定义"对话框 方向： 文本框上右击，在系统弹出的快捷菜单中选择 部件（y轴方向）。

步骤6 完成操作。在"点定义"对话框中单击 确定 按钮，完成基准点的定义，如图4.118（b）所示。

5. 其他常用的创建基准点的方法

通过平面上创建基准点，以这种方式做基准点需要提供一个平面参考，然后通过给定相对于原点的水平竖直间距创建一个点，如图4.119所示。

通过曲面上创建基准点，以这种方式做基准点需要提供一个曲面参考与一个方向参考，然后通过相对于原点的给定方向的间距值创建一个点，如图4.120所示。

通过之间创建基准点，以这种方式做基准点需要提供两个点的参考，系统会先根据两个点创建一条直线，然后通过给定的比率控制点的位置，如图4.121所示。

图4.119 平面上创建基准点

图4.120 曲面上创建基准点

图4.121 通过之间创建基准点

4.9 抽壳特征

4.9.1 基本概述

抽壳特征是指移除一个或者多个面，然后将其余所有的模型外表面向内或者向外偏移一个相等或者不等的距离而实现的一种效果。通过对概念的学习可以总结得到抽壳的主要作用是帮助我们快速得到箱体或者壳体效果。

4.9.2 等壁厚抽壳

下面以如图4.122所示的效果为例，介绍创建等壁厚抽壳的一般过程。

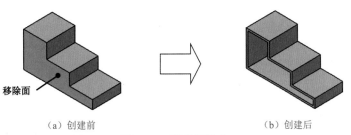

移除面

（a）创建前　　　　　　（b）创建后

图4.122　等壁厚抽壳

步骤1 打开文件D:\CATIA2019\work\ch04.09\chouke01-ex。

步骤2 选择命令。选择"修饰特征"工具条中的 ▨（盒体）命令，或者选择下拉菜单 插入 → 修饰特征 → ▨抽壳… 命令，系统会弹出如图4.123所示的"定义盒体"对话框。

步骤3 定义移除面。选取如图4.122（a）所示的移除面。

步骤4 定义抽壳厚度。在"定义盒体"对话框的 内侧厚度: 文本框中输入3。

步骤5 完成操作。在"定义盒体"对话框中单击 确定 按钮，完成抽壳的创建，如图4.122（b）所示。

图4.123　"定义盒体"对话框

4.9.3　不等壁厚抽壳

不等壁厚抽壳是指抽壳后不同面的厚度是不同的，下面以如图4.124所示的效果为例，介绍创建不等壁厚抽壳的一般过程。

3min

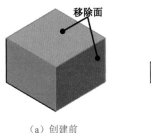
移除面

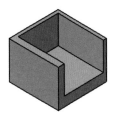

（a）创建前　　　　　　（b）创建后

图4.124　不等壁厚抽壳

步骤1 打开文件D:\CATIA2019\work\ch04.09\ chouke02-ex。

步骤2 选择命令。选择"修饰特征"工具条中的 ▨（盒体）命令，或者选择下拉菜单 插入 → 修饰特征 → ▨抽壳… 命令，系统会弹出"定义盒体"对话框。

步骤3 定义移除面。选取如图4.124（a）所示的两个移除面。

步骤4 定义抽壳厚度。在"定义盒体"对话框 默认厚度 区域的 内侧厚度: 文本框中输入5；单击激活 其他厚度 区域 面: 后的文本框，选取如图4.125所示的面作为其他厚度的面，在 其他厚度 区域中的 内侧厚度: 文本框中输入10（代表此面的厚度为10）；选取长方体的底部面，在 其他厚度 区域中的 内侧厚度: 文本框中输入15（代表此面的厚度为15）。

步骤5 完成操作。在"定义盒体"对话框中单击 确定 按钮，完成抽壳的创建，如图4.124（b）所示。

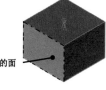

厚度10的面 ←

图4.125　不等壁厚面

4.9.4　抽壳方向的控制

前面创建的抽壳都是向内抽壳，从而保证模型整体尺寸的不变，其实抽壳的方向也可以向外，只是需要注意，当抽壳方向向外时，模型的整体尺寸会发生变化。例如，如图4.126所示的长方体的原始尺寸为80×80×60；如果是正常的向内抽壳，假如抽壳厚度为5，抽壳后的效果如图4.127所示，则此模型的整体尺寸依然是80×80×60，中间腔槽的尺寸为70×70×55；如果是向外抽壳，我们只需在"定义盒体抽壳"对话框 外侧厚度: 文本框中输入厚度值，假如抽壳厚度为5，则抽壳后的效果如图4.128所示，此模型的整体尺寸为90×90×65，中间腔槽的尺寸为80×80×60。

 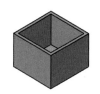 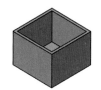

图4.126　原始模型　　　图4.127　向内抽壳　　　图4.128　向外抽壳

4.9.5　抽壳的高级应用（抽壳的顺序）

抽壳特征是一个对顺序要求比较严格的功能，同样的特征不同的顺序，对最终的结果有非常大的影响。接下来就以创建圆角和抽壳为例，来介绍不同顺序对最终效果的影响。

方法一：先圆角再抽壳。

步骤1 打开文件D:\CATIA2019\work\ch04.09\ chouke03-ex。

步骤2 创建如图4.129所示的倒圆角1。选择"修饰特征"工具条中的 （倒圆角）命令，在"倒圆角定义"对话框中选择 相切 单选按钮，在系统提示下选取4根竖直边线作为圆角对象，在"倒圆角定义"对话框的 半径: 文本框中输入圆角半径值15，单击 确定 按钮完成倒圆角1的创建。

步骤3 创建如图4.130所示的倒圆角2。选择"修饰特征"工具条中的 （倒圆角）

命令，在"倒圆角定义"对话框中选择 🔘凝晶 单选按钮，在系统提示下选取下侧任意边线作为圆角对象，在"倒圆角定义"对话框的 半径: 文本框中输入圆角半径值8，单击 ● 确定 按钮完成倒圆角2的创建。

图4.129　倒圆角1

图4.130　倒圆角2

步骤4 创建如图4.131所示的抽壳。选择"修饰特征"工具条中的 ◎（盒体）命令，选取如图4.131（a）所示的移除面，在"定义盒体"对话框的 内侧厚度: 文本框中输入5。在"定义盒体"对话框中单击 ● 确定 按钮，完成抽壳的创建，如图4.131（b）所示。

（a）创建前　　　　　　　　　　（b）创建后
图4.131　抽壳

方法二：先抽壳再圆角。

步骤1 打开文件D:\CATIA2019\work\ch04.09\ chouke03-ex。

步骤2 创建如图4.132所示的抽壳。选择"修饰特征"工具条中的 ◎（盒体）命令，选取如图4.132（a）所示的移除面，在"定义盒体"对话框的 内侧厚度: 文本框中输入5。在"定义盒体"对话框中单击 ● 确定 按钮，完成抽壳的创建，如图4.132（b）所示。

（a）创建前　　　　　　　　　　（b）创建后
图4.132　抽壳

步骤3 创建如图4.133所示的倒圆角1。选择"修饰特征"工具条中的 🔘（倒圆角）命令，在"倒圆角定义"对话框中选择 🔘凝晶 单选按钮，在系统提示下选取4根竖直边线作为圆角对象，在"倒圆角定义"对话框的 半径: 文本框中输入圆角半径值15，单击 ● 确定 按钮完成倒圆角1的创建。

步骤4 创建如图4.134所示的倒圆角2。选择"修饰特征"工具条中的 🔧（倒圆角）命令，在"倒圆角定义"对话框中选择 ⚪ 常量 单选按钮，在系统提示下选取下侧任意边线作为圆角对象，在"倒圆角定义"对话框的 半径: 文本框中输入圆角半径值8，单击 ● 确定 按钮完成倒圆角2的创建。

图4.133 倒圆角1

图4.134 倒圆角2

总结：我们发现相同的参数，不同的操作步骤所得到的效果是截然不同的。那么出现不同结果的原因是什么呢？这是由抽壳时保留面的数目不同导致的，在方法一中，先做的圆角，当我们移除一个面进行抽壳时，剩下了17个面（5个平面和12个圆角面）参与抽壳偏移，从而可以得到如图4.131所示的效果；在方法二中，虽然说也移除了一个面，但由于圆角是抽壳后做的，因此剩下的面只有5个，这5个面参与抽壳，进而得到如图4.132所示的效果，后面再单独圆角得到如图4.134所示的效果。那么在实际使用抽壳时我们该如何合理安排抽壳的顺序呢？一般情况下需要把要参与抽壳的特征放在抽壳特征的前面做，把不需要参与抽壳的特征放到抽壳后面做。

4.10 孔特征

4.10.1 基本概述

孔在设计过程中起着非常重要的作用，主要起着定位配合和固定设计产品的重要作用，既然有这么重要的作用，软件就给我提供了很多孔的创建方法。例如一般简单的通孔（用于上螺钉的）、一般产品底座上的沉头孔（也是用于上螺钉的）、两个产品配合的锥形孔（通过销来定位和固定的孔）、最常见的螺纹孔等，这些不同的孔都可以通过软件提供的孔命令进行具体实现。

4.10.2 孔命令

使用孔命令创建孔特征，一般会经过以下几个步骤：
（1）选择命令。
（2）定义打孔平面。
（3）定义打孔的类型。

（4）定义孔的对应参数。

（5）精确定义孔的位置。

下面以如图4.135所示的效果为例，具体介绍创建孔特征的一般过程。

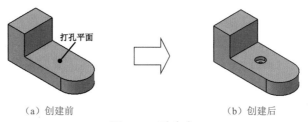

（a）创建前　　　　　　　　　（b）创建后

图4.135　孔命令

步骤1　打开文件D:\CATIA2019\work\ch04.10\ kong01-ex。

步骤2　选择命令。选择"基于草图的特征"工具条中的 ⊙（孔）命令，或者选择下拉菜单 插入 → 基于草图的特征 → ⊙ 孔... 命令。

步骤3　定义打孔平面。在系统提示下选取如图4.135（a）所示的平面作为打孔平面，系统会弹出如图4.136所示的"定义孔"对话框。

步骤4　定义孔的类型。在"定义孔"对话框 类型 选项卡的下拉列表中选择 沉头孔 类型。

步骤5　定义孔参数。在 类型 选项卡 参数 区域的 直径: 文本框中输入15（沉头直径），在 深度: 文本框中输入5（沉头深度），在 扩展 选项卡的 直径: 文本框中输入6（孔的直径），在"深度"下拉列表中选择 直到最后 （孔的深度类型），单击 ⊙确定 按钮完成孔的初步创建。

步骤6　精确定义孔位置。在特征树中双击 ⊙ 孔 下的定位草图（草图3），系统会进入草图环境，将约束添加至如图4.137所示的效果，单击 凸 按钮完成定位。

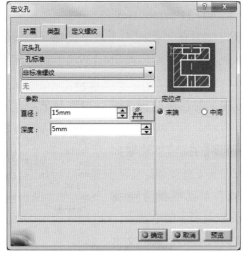

图4.136　"定义孔"对话框

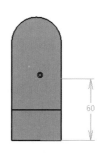

图4.137　定义孔的位置

4.11 拔模特征

4.11.1 基本概述

拔模特征是指将竖直的平面或者曲面倾斜一定的角，从而得到一个斜面或者有锥度的曲面。注塑件和铸造件往往都需要一个拔模斜度才可以顺利脱模，拔模特征就是专门用来创建拔模斜面的。在CATIA中拔模特征主要有4种类型：普通拔模、分割拔模、双侧拔模、可变角度拔模。

拔模中需要提前理解的关键术语如下。

（1）拔模面：要发生倾斜角度的面。

（2）中性面：保持固定不变的面。

（3）拔模角度：拔模方向与拔模面之间的倾斜角度。

4.11.2 普通拔模

下面以如图4.138所示的效果为例，介绍创建普通拔模的一般过程。

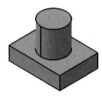 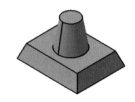

（a）创建前 （b）创建后

图4.138 普通拔模

步骤1 打开文件D:\CATIA2019\work\ch04.11\bamo01-ex。

步骤2 选择命令。选择"修饰特征"工具条"拔模"节点下的 ▣（拔模）命令，或者选择下拉菜单 插入 → 修饰特征 → ▣拔模... 命令，系统会弹出如图4.139所示的"定义拔模"对话框。

步骤3 定义拔模类型。在"定义拔模"对话框的 拔模类型: 区域中选中 ▣（常量）单选按钮。

步骤4 定义拔模面。在系统 选择要拔模的面 的提示下选取如图4.140所示的拔模面。

步骤5 定义中性面。在"定义拔模"对话框激活 中性元素 区域的 选择:文本框，在系统提示下选取如图4.141所示的中性面。

步骤6 定义拔模角度。在"定义拔模"对话框 角度:文本框中输入10。

图4.139 "定义拔模"对话框

步骤7 完成创建。单击"定义拔模"对话框中的 ⊙确定 按钮，完成拔模的创建，如图4.142所示。

图4.140　拔模面

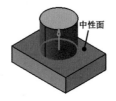

图4.141　中性面

图4.142　拔模

步骤8 选择命令。选择"修饰特征"工具条"拔模"节点下的 ◻（拔模）命令，系统会弹出"定义拔模"对话框。

步骤9 定义拔模类型。在"定义拔模"对话框的 拔模类型:区域中选中 ◻（常量）单选按钮。

步骤10 定义拔模面。在系统 选择要拔模的面 的提示下选取长方体的4个侧面作为拔模面。

步骤11 定义中性面。在"定义拔模"对话框激活 中性元素 区域的 选择:文本框，在系统提示下选取如图4.141所示的中性面。

步骤12 定义拔模角度。在"定义拔模"对话框 角度:文本框中输入20。

步骤13 完成创建。单击"定义拔模"对话框中的 ⊙确定 按钮，完成拔模的创建，如图4.138（b）所示。

4.11.3　分割拔模

下面以如图4.143所示的效果为例，介绍创建分割拔模的一般过程。

▶2min

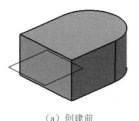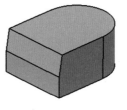

（a）创建前　　　　　　　　　　　　　　　（b）创建后

图4.143　分割拔模

步骤1 打开文件D:\CATIA2019\work\ch04.11\bamo02-ex。

步骤2 选择命令。选择"修饰特征"工具条"拔模"节点下的 ◻（拔模）命令，系统会弹出"定义拔模"对话框。

步骤3 定义拔模类型。在"定义拔模"对话框的 拔模类型:区域中选中 ◻（常量）单选按钮。

步骤4 定义拔模面。在系统 选择要拔模的面 的提示下选取如图4.144所示的拔模面。

步骤5 定义中性面。在"定义拔模"对话框激活 中性元素 区域的 选择: 文本框，在系统提示下选取 *XY* 平面作为中性面。

步骤6 定义分离元素。在"定义拔模"对话框单击 更多>> 区域，在 分离元素 区域选中 ☐分离 = 中性 （表示用中性面作为分离元素）。

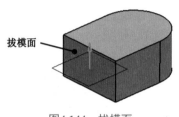

图4.144 拔模面

步骤7 定义拔模角度。在"定义拔模"对话框 角度: 文本框中输入10。

步骤8 完成创建。单击"定义拔模"对话框中的 ●确定 按钮，完成拔模的创建，如图4.143（b）所示。

4.11.4 带有限制元素的拔模

下面以如图4.145所示的效果为例，介绍创建带有限制元素的拔模的一般过程。

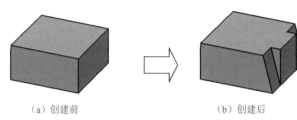

（a）创建前   （b）创建后

图4.145 带有限制元素的拔模

步骤1 打开文件D:\CATIA2019\work\ch04.11\bamo03-ex。

步骤2 选择命令。选择"修饰特征"工具条"拔模"节点下的 ⬡（拔模）命令，系统会弹出"定义拔模"对话框。

步骤3 定义拔模类型。在"定义拔模"对话框的 拔模类型 区域中选中 ⬡（常量）单选按钮。

步骤4 定义拔模面。在系统 选择要拔模的面 的提示下选取如图4.146所示的拔模面。

步骤5 定义中性面。在"定义拔模"对话框激活 中性元素 区域的 选择: 文本框，在系统提示下选取 *XY* 平面作为中性面。

步骤6 定义限制元素。在"定义拔模"对话框单击 更多>> 区域，激活 限制元素: 文本框，选取平面1与平面2作为限制元素并在图形区调整箭头方向，如图4.147所示。

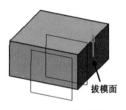   

图4.146 拔模面   图4.147 分割方向

> **注意**　限制元素的方向可以相对或者相反，不能朝向同一侧，方向相反时的效果如图4.145（b）所示，方向相对时的效果如图4.148所示。

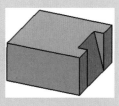

图4.148　分割方向相对

步骤7　定义拔模角度。在"定义拔模"对话框 角度: 文本框中输入15。

步骤8　完成创建。单击"定义拔模"对话框中的 确定 按钮，完成拔模的创建，如图4.145（b）所示。

4.11.5　双侧拔模

下面以如图4.149所示的效果为例，介绍创建双侧拔模的一般过程。

步骤1　打开文件D:\CATIA2019\work\ch04.11\bamo04-ex。

步骤2　选择命令。选择"修饰特征"工具条"拔模"节点下的 （拔模）命令，系统会弹出"定义拔模"对话框。

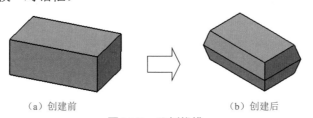

（a）创建前　　　　　　　　　　（b）创建后

图4.149　双侧拔模

步骤3　定义拔模类型。在"定义拔模"对话框的 拔模类型: 区域中选中 （常量）单选按钮。

步骤4　定义拔模面。在系统 选择要拔模的面 的提示下选取长方体的4个侧面作为拔模面。

步骤5　定义中性面。在"定义拔模"对话框激活 中性元素 区域的 选择: 文本框，在系统提示下选取XY平面作为中性面。

步骤6　定义分离元素。在"定义拔模"对话框单击 更多>> 区域，在 分离元素 区域选中 分离 = 中性 （表示用中性面作为分离元素）与 双侧拔模 。

步骤7　定义拔模角度。在"定义拔模"对话框 角度: 文本框中输入15。

步骤8　完成创建。单击"定义拔模"对话框中的 确定 按钮，完成拔模的创建，如图4.149（b）所示。

4.11.6　可变角度拔模

下面以如图4.150所示的效果为例，介绍创建可变角度拔模的一般过程。

3min

3min

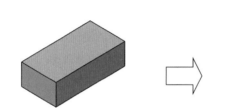

（a）创建前　　　　　　　　　　　　（b）创建后

图4.150　可变角度拔模

步骤1 打开文件D:\CATIA2019\work\ch04.11\bamo05-ex。

步骤2 选择命令。选择"修饰特征"工具条"拔模"节点下的⬚（拔模）命令，系统会弹出"定义拔模"对话框。

步骤3 定义拔模类型。在"定义拔模"对话框的 拔模类型: 区域中选中⬚（变量）单选按钮。

步骤4 定义拔模面。在系统 选择要拔模的面 的提示下选取如图4.151所示的拔模面。

步骤5 定义首尾拔模角度。在"定义拔模"对话框 角度: 文本框中输入10。

> **说明**
> 如果用户需要单独调整首尾的角度值，则可以在图形区双击起点与终点的角度值，如图4.151所示。

步骤6 定义中性面。在"定义拔模"对话框激活 中性元素 区域的 选择: 文本框，在系统提示下选取长方体的底面作为中性面。

步骤7 定义变角度参数。在"定义拔模"对话框右击 点: 文本框，在系统弹出的快捷菜单中选择 ⟋创建中点 命令，在系统提示下选取如图4.151所示的边线作为参考，系统会自动在该直线的中点处添加角度控制点，如图4.152所示，双击中点处的角度值，在系统弹出的"参数定义"对话框中输入角度值30并按 ⬚确定 键确认。

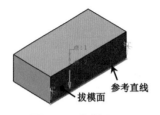

图4.151　拔模面

图4.152　参考直线

步骤8 完成创建。单击"定义拔模"对话框中的 ⬚确定 按钮，完成拔模的创建，如图4.150（b）所示。

9min

4.12 加强筋特征

4.12.1 基本概述

加强筋顾名思义是用来加固零件的，当想要提升一个模型的承重或者抗压能力时，就可以在当前模型的一些特殊的位置加上一些加强筋结构。加强筋的创建过程与拉伸特征比较类似，不同点在于拉伸需要一个封闭的截面，而加强筋开放截面就可以了。

4.12.2 加强筋特征的一般操作过程

下面以如图4.153所示的效果为例，介绍创建加强筋特征的一般过程。

步骤1 打开文件D:\CATIA2019\work\ch04.12\ jiaqiangjin01-ex。

步骤2 选择命令。选择"基于草图的特征"工具条中的 ▱（加强筋）命令，或者选择下拉菜单 插入 → 基于草图的特征 → ▱ 加强筋… 命令，系统会弹出如图4.154所示的"定义加强筋"对话框。

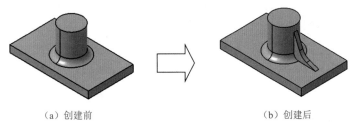

（a）创建前 （b）创建后

图4.153 加强筋

步骤3 定义加强筋截面轮廓。在"定义加强筋"对话框中单击 ▱（草绘）按钮，在系统提示下选取*YZ*平面作为草图平面，绘制如图4.155所示的草图，单击 ▱ 按钮退出草图环境。

图4.154 "定义加强筋"对话框

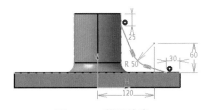

图4.155 截面轮廓

步骤4 定义加强筋参数。在"定义加强筋"对话框 模式-区域选中 从侧面 单选项，在 线宽 区域选中 中性边界，在 厚度1: 文本框中输入15。

步骤5 完成创建。单击"定义加强筋"对话框中的 确定 按钮，完成加强筋的创建，如图4.153（b）所示。

如图 4.154所示"定义加强筋"对话框部分选项说明：

（1） 从侧面 单选项：用于通过绘制侧面形状，沿平行于草图的方向添加材料生成加强筋，如图4.156所示。

（2） 从顶部 单选项：用于通过绘制顶部形状，沿垂直于草图的方向添加材料生成加强筋，如图4.157所示。

（3） 中性边界 单选项：用于将截面轮廓沿着两侧对称方向添加材料，如图4.158所示；如果不选中 中性边界，则用户需要在 厚度1:（如图4.159所示）或者 厚度2:（如图4.160所示）文本框中输入厚度值。

   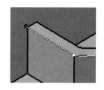

图4.156 从侧面　　图4.157 从顶部　　图4.158 中性边界　　图4.159 厚度1　　图4.160 厚度2

4.13 筋与开槽特征

4.13.1 基本概述

筋特征（扫描特征）是指将一个截面轮廓沿着我们给定的曲线路径掠过而得到的一个实体效果。通过对概念的学习可以总结得到，要想创建一个筋特征就需要有以下两大要素作为支持：一是截面轮廓；二是曲线路径。

4.13.2 筋特征的一般操作过程

下面以如图4.161所示的效果为例，介绍创建筋特征的一般过程。

步骤1 新建文件。选择"标准"工具条中的 □（新建）命令，在"新建"对话框类型列表区域选择 Part，然后单击 确定 按钮，在系统弹出的"新建零件"对话框 输入零件名称 文本框中输入"筋特征"，单击 确定 按钮进入零件设计环境。

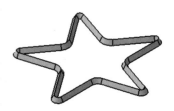

图4.161 扫描特征

步骤2　绘制筋的路径。选择"草图编辑器"工具栏中的 （草图）命令，在系统 选择平面、平面的面或草图 的提示下，选取XY平面作为草绘平面，绘制如图4.162所示的草图。

步骤3　绘制筋的截面。选择"草图编辑器"工具栏中的 （草图）命令，在系统 选择平面、平面的面或草图 的提示下，选取YZ平面作为草绘平面，绘制如图4.163所示的草图。

图4.162　曲线路径

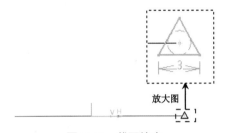

放大图

图4.163　截面轮廓

注意

（1）截面轮廓的中心与曲线路径需要重合，添加重合前需要通过相交曲线的方式得到相交点，然后添加相交点与圆心之间的相合约束。

（2）中间的点需要作为构造点。

步骤4　选择命令。选择"基于草图的特征"工具条中的 （筋）命令，或者选择下拉菜单 插入 → 基于草图的特征 → 筋... 命令，系统会弹出如图4.164所示的"定义筋"对话框。

步骤5　定义筋的截面。在系统 定义轮廓. 的提示下选取步骤3创建的三角形作为筋的截面。

步骤6　定义筋的路径。在系统 定义中心曲线. 的提示下选取步骤2创建的五角星作为筋的路径。

步骤7　定义筋的其他参数。在"定义筋"对话框 控制轮廓 下拉列表中选择 保持角度 选项，其他参数采用系统默认。

步骤8　完成创建。单击"定义筋"对话框中的 确定 按钮，完成筋的创建，如图4.161所示。

图4.164　"定义筋"对话框

注意

创建筋特征，必须遵循以下规则。

（1）对于筋特征，截面需要封闭。

（2）筋的路径可以是开环也可以是闭环。

（3）路径可以是一个草图或者模型边线。

（4）路径不能自相交。

（5）路径的起点必须位于轮廓所在的平面上。

（6）相对于轮廓截面的大小，路径的弧或样条半径不能太小，否则筋特征在经过该弧时会由于自身相交而使特征生成失败。

4.13.3　开槽特征的一般操作过程

下面以如图4.165所示的效果为例，介绍创建开槽特征的一般过程。

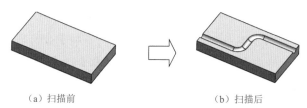

（a）扫描前　　　　　　　（b）扫描后

图4.165　圆形截面扫描

步骤1　打开文件D:\CATIA2019\work\ch04.13\ kaicao-ex。

步骤2　绘制开槽的路径。选择"草图编辑器"工具栏中的 （草图）命令，在系统 选择平面、平面的面或草图 的提示下，选取如图4.166所示的模型表面作为草绘平面，绘制如图4.167所示的草图。

步骤3　绘制开槽的截面。选择"草图编辑器"工具栏中的 （草图）命令，在系统 选择平面、平面的面或草图 的提示下，选取如图4.168所示的模型表面作为草绘平面，绘制如图4.169所示的草图。

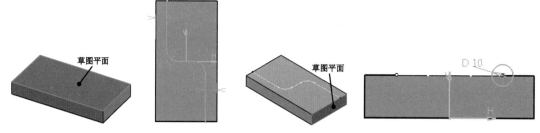

图4.166　草图平面　　图4.167　开槽路径　　图4.168　草图平面　　图4.169　开槽截面

步骤4　选择命令。选择"基于草图的特征"工具条中的 （开槽）命令，或者选择下拉菜单 插入 → 基于草图的特征 → 开槽… 命令，系统会弹出"定义开槽"对话框。

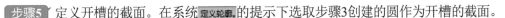

步骤5 定义开槽的截面。在系统 定义轮廓. 的提示下选取步骤3创建的圆作为开槽的截面。

步骤6 定义开槽的路径。在系统 定义中心曲线. 的提示下选取步骤2创建的图形作为开槽的路径。

步骤7 定义开槽的其他参数。在"定义筋"对话框 控制轮廓 下拉列表中选择 保持角度 选项，其他参数采用系统默认。

步骤8 完成创建。单击"定义开槽"对话框中的 确定 按钮，完成开槽的创建，如图4.165所示。

4.14 多截面特征

4.14.1 基本概述

多截面特征是指将一组不同的截面，将其沿着边线，用一个过渡曲面的形式连接形成一个连续的特征。通过对概念的学习可以总结得到，要想创建多截面特征我们只需提供一组不同的截面。

> **注意** 一组不同截面的要求是数量至少为两个，不同的截面需要绘制在不同的草绘平面。

4.14.2 多截面实体特征的一般操作过程

下面以如图4.170所示的效果为例，介绍创建多截面实体特征的一般过程。

步骤1 新建文件。选择"标准"工具条中的 □（新建）命令，在"新建"对话框类型列表区域选择 Part ，然后单击 确定 按钮，在系统弹出的"新建零件"对话框 输入零件名称 文本框中输入"多截面实体"，单击 确定 按钮进入零件设计环境。

图4.170 多截面实体特征

步骤2 绘制截面1。选择"草图编辑器"工具栏中的 ⊿（草图）命令，在系统 选择平面、平面的面或草图 的提示下，选取YZ平面作为草绘平面，绘制如图4.171所示的草图。

步骤3 创建基准面1。选择"参考元素（扩展）"工具条中的 ⊿（平面）命令，在"平面定义"对话框 平面类型: 下拉列表中选择 偏移平面 类型，选取YZ平面作为参考平面，在 偏移: 文本框中输入间距值100，单击 确定 按钮，完成基准面的定义，如图4.172所示。

步骤4 绘制截面2。选择"草图编辑器"工具栏中的 ▨（草图）命令，在系统 选择平面、平面的面或草图 的提示下，选取基准面1作为草绘平面，绘制如图4.173所示的草图。

步骤5 创建基准面2。选择"参考元素（扩展）"工具条中的 ▱（平面）命令，在 "平面定义"对话框 平面类型: 下拉列表中选择 偏移平面 类型，选取基准面1作为参考平面，在 偏移: 文本框中输入间距值100，单击 ● 确定 按钮，完成基准面的定义，如图4.174所示。

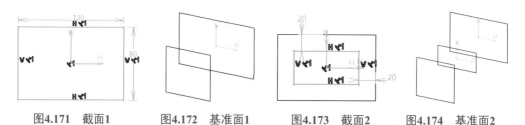

图4.171　截面1　　　　图4.172　基准面1　　　　图4.173　截面2　　　　图4.174　基准面2

步骤6 绘制截面3。选择"草图编辑器"工具栏中的 ▨（草图）命令，在系统 选择平面、平面的面或草图 的提示下，选取基准面2作为草绘平面，绘制如图4.175所示的草图。

> **注意**　通过投影三维元素复制截面1中的矩形。

步骤7 创建基准面3。选择"参考元素（扩展）"工具条中的 ▱（平面）命令，在 "平面定义"对话框 平面类型: 下拉列表中选择 偏移平面 类型，选取基准面2作为参考平面，在 偏移: 文本框中输入间距值100，单击 ● 确定 按钮，完成基准面的定义，如图4.176所示。

步骤8 绘制截面4。选择"草图编辑器"工具栏中的 ▨（草图）命令，在系统 选择平面、平面的面或草图 的提示下，选取基准面3作为草绘平面，绘制如图4.177所示的草图。

图4.175　截面3　　　　　图4.176　基准面3　　　　　图4.177　截面4

> **注意**　通过投影三维元素复制截面2中的矩形。

步骤9 选择命令。选择"基于草图的特征"工具条中的 ⚙ （多截面实体）命令，或者选择下拉菜单 插入 → 基于草图的特征 → ⚙ 多截面实体... 命令，系统会弹出如图4.178所示的"多截面实体定义"对话框。

步骤10 选择截面。在系统 选择曲线 的提示下依次选取步骤2创建的"截面1"、步骤4创建的"截面2"、步骤6创建的"截面3"与步骤8创建的"截面4"，闭合点位置如图4.179所示。

图4.178　"多截面实体定义"对话框

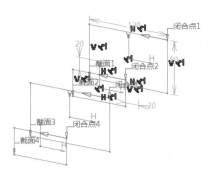

图4.179　选择截面

注意

在创建多截面实体时需要保证闭合点的统一，如图4.179所示，如果闭合点不统一就会出现如图4.180所示的扭曲的情况。

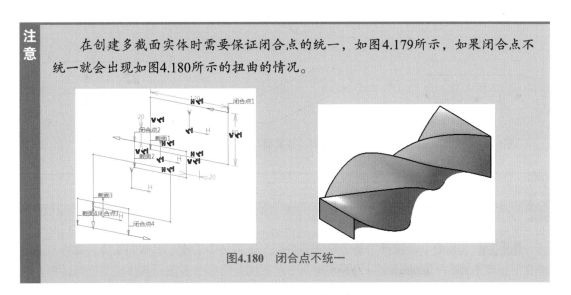

图4.180　闭合点不统一

步骤11 完成创建。单击"多截面实体定义"对话框中的 ● 确定 按钮，完成多截面实体的创建，如图4.170所示。

4.14.3 截面不类似的多截面实体

下面以如图4.181所示的效果为例，介绍创建截面不类似的多截面实体特征的一般过程。

步骤1 新建文件。选择"标准"工具条中的 □ （新建）命令，在"新建"对话框类型列表区域选择 Part ，然后单击 ●确定 按钮，在系统弹出的"新建零件"对话框 输入零件名称 文本框中输入"截面不类似"，单击 ●确定 按钮进入零件设计环境。

图4.181 截面不类似的多截面实体

步骤2 绘制截面1。选择"草图编辑器"工具栏中的 ☑ （草图）命令，在系统 选择平面、平面的面或草图 的提示下，选取XY平面作为草绘平面，绘制如图4.182所示的草图。

步骤3 创建基准面1。选择"参考元素（扩展）"工具条中的 ⊿ （平面）命令，在"平面定义"对话框 平面类型: 下拉列表中选择 偏移平面 类型，选取XY平面作为参考平面，在 偏移: 文本框中输入间距值100，单击 ●确定 按钮，完成基准面的定义，如图4.183所示。

步骤4 绘制截面2。选择"草图编辑器"工具栏中的 ☑ （草图）命令，在系统 选择平面、平面的面或草图 的提示下，选取基准面1作为草绘平面，绘制如图4.184所示的草图。

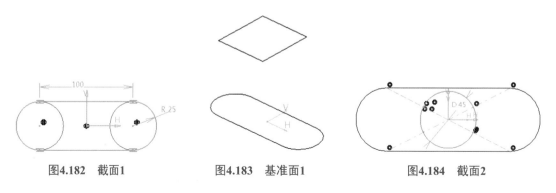

图4.182 截面1　　　　图4.183 基准面1　　　　图4.184 截面2

> **注意** 此图是由4段圆弧组成的圆。

步骤5 选择命令。选择"基于草图的特征"工具条中的 ⚙ （多截面实体）命令，或者选择下拉菜单 插入 → 基于草图的特征 → 多截面实体 命令，系统会弹出"多截面实体定义"对话框。

步骤6 选择截面。在系统 选择曲线 的提示下选取步骤2创建的"截面1"，选取如图4.185所示的点作为截面1的闭合点，选取步骤4创建的"截面2"，选取如图4.186所示的点作为截面1的闭合点。

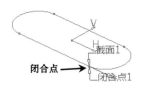
图4.185　截面1闭合点

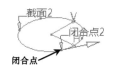
图4.186　截面2闭合点

步骤7　调整耦合方式。在"多截面实体定义"对话框 耦合 选项卡 截面耦合: 下拉列表中选择顶点 类型，此时效果如图4.187所示。

步骤8　定义支持面。在"多截面实体定义"对话框中选中"截面1"，然后选取*XY*平面作为支持面，如图4.188所示，选中"截面2"，选取基准面1作为支持面，如图4.189所示。

图4.187　调整耦合方式

图4.188　支持面1

图4.189　支持面2

步骤9　完成创建。单击"多截面实体定义"对话框中的 确定 按钮，完成多截面实体的创建，如图4.181所示。

4.14.4　带有引导线的多截面

引导线的主要作用是控制模型整体的外形轮廓。在CATIA中添加的引导线应尽量与截面轮廓相交。

下面以如图4.190所示的效果为例，介绍创建带有引导线的多截面特征的一般过程。

步骤1　新建文件。选择"标准"工具条中的 □（新建）命令，在"新建"对话框类型列表区域选择 Part ，然后单击 确定 按钮，在系统弹出的"新建零件"对话框 输入零件名称 文本框中输入"带有引导线的多截面"，单击 确定 按钮进入零件设计环境。

12min

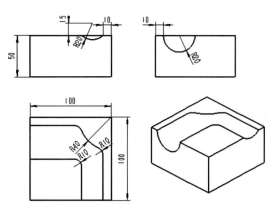
图4.190　带有引导线的多截面特征

步骤2　创建如图4.191所示的凸台。选择"基于草图的特征"工具条中的 凶（凸台）命令，选择"定义凸台"对话框 轮廓/曲面 区域中的 ⬚（草绘）按钮，在系统 选择草图平面 的提示下选取*XY*平面作为草图平面，绘制如图4.192所示的草图，在"定义凸台"对话框 第一限制 区域的"类型"下拉列表中选择 尺寸 选项，在 长度: 文本框中输入深度值50，单击 ⬚确定 按钮，完成特征的创建。

> **步骤3** 绘制截面1。选择"草图编辑器"工具栏中的 ⬚（草图）命令，在系统 选择平面、平面的面或草图 的提示下，选取如图4.193所示的模型表面作为草绘平面，绘制如图4.194 所示的草图。

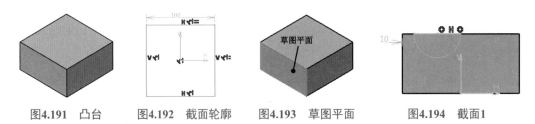

图4.191 凸台　　图4.192 截面轮廓　　图4.193 草图平面　　图4.194 截面1

> **步骤4** 绘制截面2。选择"草图编辑器"工具栏中的 ⬚（草图）命令，在系统 选择平面、平面的面或草图 的提示下，选取如图4.195所示的模型表面作为草绘平面，绘制如图4.196 所示的草图。

图4.195 草图平面　　　　　　图4.196 截面2

> **步骤5** 绘制引导线1。选择"草图编辑器"工具栏中的 ⬚（草图）命令，在系统 选择平面、平面的面或草图 的提示下，选取如图4.197所示的模型表面作为草绘平面，绘制如图4.198 所示的草图。

> **步骤6** 绘制引导线2。选择"草图编辑器"工具栏中的 ⬚（草图）命令，在系统 选择平面、平面的面或草图 的提示下，选取如图4.197所示的模型表面作为草绘平面，绘制如图4.199所示 的草图。

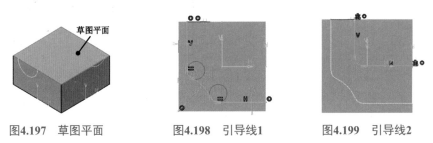

图4.197 草图平面　　　图4.198 引导线1　　　图4.199 引导线2

注意 引导线与截面在如图4.200所示的位置需要添加重合约束。

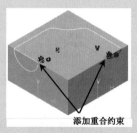

添加重合约束

图4.200　引导线与截面位置

步骤7 选择命令。选择"基于草图的特征"工具条中的 （已移除的多截面实体）命令，或者选择下拉菜单 插入 → 基于草图的特征 → 已移除的多截面实体... 命令，系统会弹出"已移除的多截面实体定义"对话框。

步骤8 选择截面。在系统 选择曲线 的提示下选取步骤3创建的"截面1"与步骤4创建的"截面2"。

注意 截面闭合点的位置与方向的准确。

步骤9 定义引导线。在"已移除的多截面实体定义"对话框 引导线 选项卡激活选择区域，选取步骤5创建的引导线1与步骤6创建的引导线2。

步骤10 完成创建。单击"已移除的多截面实体定义"对话框中的 ◎确定 按钮，完成已移除的多截面实体的创建，如图4.190所示。

4.14.5　带有脊线的多截面实体

下面以如图4.201所示的效果为例，介绍创建带有脊线的多截面实体特征的一般过程。

步骤1 新建文件。选择"标准"工具条中的 □（新建）命令，在"新建"对话框类型列表区域选择 Part，然后单击 ◎确定 按钮，在系统弹出的"新建零件"对话框 输入零件名称 文本框中输入"带有脊线的多截面"，单击 ◎确定 按钮进入零件设计环境。

▶ 8min

图4.201　带有脊线的多截面实体

步骤2 创建如图4.202所示的螺旋线。

（1）切换到"创成式外形设计"工作台。选择下拉菜单 开始 → 形状 → 创成式外形设计 命令，此时进入"创成式外形设计"工作台。

图4.202 螺旋线

（2）选择命令。选择"线框"工具条中的 （螺旋线）命令，或者选择下拉菜单 插入 → 线框 → 螺旋线... 命令，系统会弹出如图4.203所示的"螺旋曲线定义"对话框。

（3）选择类型。在 螺旋类型: 下拉列表中选择 螺距和转数 类型，选中 常量螺距 单选项。

（4）定义螺距和转数。在"螺旋曲线定义"对话框 螺距: 文本框中输入20，在 转数: 文本框中输入2.5。

（5）定义起点与轴。在 起点: 文本框上右击，在弹出的快捷菜单中选择 · 创建点 命令，在系统弹出的"点定义"对话框中设置如图4.204所示的参数；在 轴: 文本框上右击，在弹出的快捷菜单中选择 Z 轴 。

图4.203 "螺旋曲线定义"对话框

图4.204 "点定义"对话框

（6）定义起始角度与半径变化。在 方向: 下拉列表中选择"顺时针"，在 起始角度: 文本框中输入0，在 拔模角度: 文本框中输入40，在 方式: 下拉列表中选择 倒锥形 。

（7）单击"螺旋曲线定义"对话框中的 确定 按钮，完成螺旋线的创建。

步骤3 切换到零件设计工作台。选择下拉菜单 开始 → 机械设计 → 零件设计 命令，此时进入"零件设计"工作台。

步骤4 创建如图4.205所示的基准面1。选择"参考元素（扩展）"工具条中的 （平面）命令，在"平面定义"对话框 平面类型: 下拉列表中选择 曲线的法线 类型，选取如图4.206所示的曲线和点（通过右击创建端点方式选取）作为参考，单击 确定 按钮，完成基准面的定义。

步骤5　绘制截面1。选择"草图编辑器"工具栏中的◪（草图）命令，在系统 选择平面、平面的面或草图 的提示下，选取基准面1作为草绘平面，绘制如图4.207所示的草图。

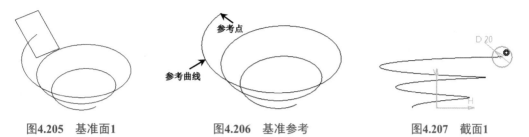

图4.205　基准面1　　　　图4.206　基准参考　　　　图4.207　截面1

步骤6　创建如图4.208所示的基准面2。选择"参考元素（扩展）"工具条中的 ▱（平面）命令，在"平面定义"对话框 平面类型: 下拉列表中选择 曲线的法线 类型，选取如图4.209所示的曲线和点（通过右击创建端点方式选取）作为参考，单击 ◉确定 按钮，完成基准面的定义。

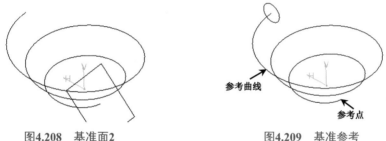

图4.208　基准面2　　　　　　图4.209　基准参考

步骤7　绘制截面2。选择"草图编辑器"工具栏中的◪（草图）命令，在系统 选择平面、平面的面或草图 的提示下，选取基准面2作为草绘平面，绘制如图4.210所示的草图。

步骤8　选择命令。选择"基于草图的特征"工具条中的 ⚙（多截面实体）命令，或者选择下拉菜单 插入 → 基于草图的特征 → ⚙多截面实体 命令，系统会弹出"多截面实体定义"对话框。

步骤9　选择截面。在系统 选择曲线 的提示下选取步骤5创建的"截面1"与步骤7创建的"截面2"，闭合点方向如图4.211所示。

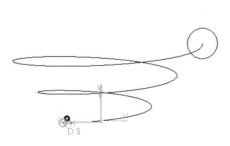
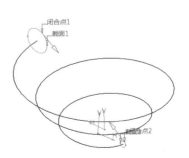

图4.210　截面2　　　　　　图4.211　闭合点方位

步骤10 选择脊线。在"多截面实体定义"对话框单击 脊线 选项卡，选取步骤2创建的螺旋线为脊线。

步骤11 定义耦合方式。在"多截面实体定义"对话框单击 耦合 选项卡，在 截面耦合： 下拉列表中选择 比率 类型。

步骤12 完成创建。单击"多截面实体定义"对话框中的 确定 按钮，完成多截面实体的创建。

4.15 镜像特征

4.15.1 基本概述

镜像特征是指将用户所选的源对象相对于某个镜像中心平面进行对称复制，从而得到源对象的一个副本。通过对概念的学习可以总结得到，要想创建镜像特征就需要有以下两大要素作为支持：一是源对象，二是镜像中心平面。

> **说明** 镜像特征的源对象可以是单个特征、多个特征或者体；镜像特征的镜像中心平面可以是系统默认的3个基准面、现有模型的平面表面或者自己创建的基准面。

4.15.2 镜像特征的一般操作过程

下面以如图4.212所示的效果为例，具体介绍创建镜像特征的一般过程。

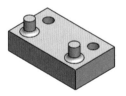

（a）创建前 （b）创建后

图4.212 镜像特征

步骤1 打开文件D:\CATIA2019\work\ch04.15\ jiaqiangjin01-ex。

步骤2 选择镜像源对象。在特征树中选中"凸台2""凹槽1"与"倒圆角1"作为镜像源对象。

步骤3 选择命令。选择"变换"工具条中的 (镜像)命令，或者选择下拉菜单
插入 → 变换特征 → 镜像... 命令，系统会弹出如图4.213所示的
"定义镜像"对话框。

步骤4 选择镜像中心平面。在系统 选择一个平面或面。 的
提示下选取ZX平面作为镜像中心平面。

步骤5 完成创建。单击"定义镜像"对话框中的 确定
按钮，完成镜像的创建，完成后如图4.212（b）所示。

图4.213　"定义镜像"对话框

如图4.213所示的"定义镜像"对话框部分选项说明
如下。

保留规格 复选框：用于控制是否保留源对象的一些参数信息，效果如图4.214所示。

（a）原始　　　　　　　　（b）选中　　　　　　　　（c）不选中

图4.214　保留规格

说明　镜像后的源对象的副本与源对象之间是有关联的，也就是说当源对象发生变化时，镜像后的副本也会发生相应变化。

4.15.3　镜像体的一般操作过程

下面以如图4.215所示的效果为例，介绍创建镜像体的一般过程。

2min

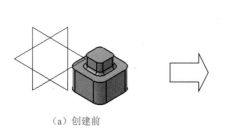 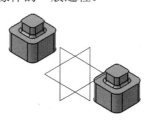

（a）创建前　　　　　　　　　　　（b）创建后

图4.215　镜像体

步骤1 打开文件D:\CATIA2019\work\ch04.15\ jiaqiangjin02-ex。

步骤2 选择命令。选择"变换"工具条中的 (镜像)命令，或者选择下拉菜单
插入 → 变换特征 → 镜像... 命令，系统会弹出"定义镜像"对话框。

> **说明**　当不选取镜像源对象而直接选择镜像命令时，系统会自动选取整个实体作为镜像的源对象。

步骤3 选择镜像中心平面。在系统 选择一个平面或面. 的提示下选取*ZX*平面作为镜像中心平面。

步骤4 完成创建。单击"定义镜像"对话框中的 ⊙确定 按钮，完成镜像的创建，完成后如图4.215（b）所示。

4.16 阵列特征

4.16.1 基本概述

阵列特征主要用来快速得到源对象的多个副本。接下来就通过对比阵列与镜像这两个特征之间的相同与不同之处来理解阵列特征的基本概念，首先总结相同之处：第一点是它们的作用，这两个特征都用来得到源对象的副本，因此在作用上是相同的，第二点是所需要的源对象，我们知道镜像特征的源对象可以是单个特征、多个特征或者体，同样地，阵列特征的源对象也是如此；接下来总结不同之处：第一点，我们知道镜像是由一个源对象镜像复制得到一个副本，这是镜像的特点，而阵列是由一个源对象快速得到多个副本，第二点是由镜像所得到的源对象的副本与源对象之间是关于镜像中心面对称的，而阵列所得到的多个副本，软件会根据不同的排列规律向用户提供多种不同的阵列方法，这其中就包括矩形阵列、圆形阵列及用户阵列等。

4.16.2 矩形阵列

下面以如图4.216所示的效果为例，介绍创建矩形阵列的一般过程。

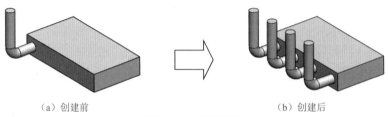

（a）创建前　　　　　　　　　　　（b）创建后

图4.216　矩形阵列

步骤1 打开文件D:\CATIA2019\work\ch04.16\juxingzhenlie-ex。

步骤2 选择阵列源对象。在特征树中选中"筋1"作为阵列源对象。

步骤3　选择命令。选择"变换"工具条中的▦（矩形阵列）命令，或者选择下拉菜单 插入 → 变换特征 → ⠿ 矩形阵列... 命令，系统会弹出如图4.217所示的"定义矩形阵列"对话框。

图4.217　"定义矩形阵列"对话框

步骤4　选取阵列方向。在"定义矩形阵列"对话框中激活 参考方向 区域的 参考元素: 文本框，选取如图4.218所示的边线作为方向参考，选取后方向如图4.219所示。

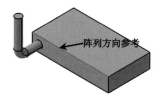

图4.218　阵列方向参考

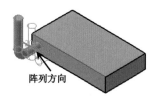

图4.219　阵列方向

步骤5　定义阵列参数。在"定义矩形阵列"对话框 第一方向 选项卡 参数: 下拉列表中选择 实例和间距 类型，在 实例: 文本框中输入4，在 间距: 文本框中输入30，其他参数采用默认。

步骤6　完成创建。单击"定义矩形阵列"对话框中的 ● 确定 按钮，完成矩形阵列的创建，完成后如图4.216（b）所示。

如图4.217所示的"定义矩形阵列"对话框部分选项的说明如下。

（1） 第一方向 选项卡：用于设置第一方向的阵列参数。

（2） 实例和间距 类型：用于通过阵列实例的数量与间距控制阵列，当选择此类型时需要输入阵列实例数目与相邻两实例的间距，如图4.220所示。

（3） 实例和长度 类型：用于通过阵列实例的数量与总长度控制阵列，当选择此类型时需要输入阵列实例数目与首尾两实例的间距，如图4.221所示。

（4）**间距和长度** 类型：用于通过阵列实例的间距与总长度控制阵列，当选择此类型时需要输入阵列实例数目与首尾两实例的间距，如图4.222所示，当长度为间距的整数倍时系统会自动创建对应倍数的副本，如果长度不是间距的整数倍，则系统将取整处理（假如间距为30，长度为100，此时将创建3个副本）。

图4.220　实例和间距

图4.221　实例和长度

图4.222　间距和长度

（5）**实例和不等间距** 类型：用于通过阵列实例的数量与间距控制阵列，当选择此类型时需要用户输入阵列实例数目及任意两对象之间的间距值，如图4.223所示。

（6）**参考元素** 文本框：用于选择阵列方向，可以选择边线、直线或者面。

（7）**第二方向** 选项卡：用于设置第二方向的阵列参数。

（8）**两个方向上的相同实例** 复选框：用于设置第一方向与第二方向的数量参数一致。

（9）**方向1的行** 与 **方向2的行** 文本框：用于控制源对象在阵列中的位置，如果均输入1，则说明源对象在第1行第1列位置，如图4.224所示；如果在 **方向1的行** 文本框中输入2，在 **方向2的行** 文本框中输入3，则说明源对象在第一方向的第2个位置，在第二方向的第3个位置，如图4.225所示。

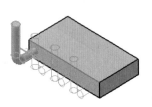

图4.223　实例和不等间距

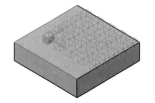

图4.224　源对象位置1

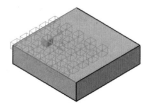

图4.225　源对象位置2

（10）**旋转角度** 文本框：用于控制阵列方向的旋转角度，如图4.226所示。

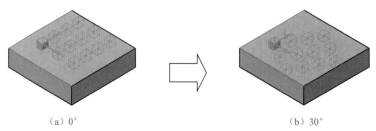

（a）0°　　　　　　　　　　　　　（b）30°

图4.226　旋转角度

（11）已简化展示 文本框：用于阵列后是否对阵列的副本进行简化表示，如图4.227所示。

（12）交错 复选框：用于控制交错阵列的相关参数，如图4.228所示。

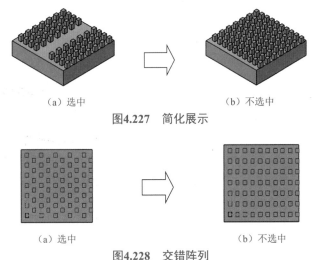

（a）选中　　　　　　　　　　（b）不选中

图4.227　简化展示

（a）选中　　　　　　　　　　（b）不选中

图4.228　交错阵列

4.16.3　圆形阵列

下面以如图4.229所示的效果为例，介绍创建圆形阵列的一般过程。

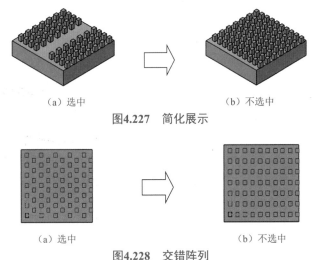

（a）创建前　　　　　　　　　　（b）创建后

图4.229　圆形阵列

步骤1　打开文件D:\CATIA2019\work\ch04.16\yuanxingzhenlie-ex。

步骤2　选择阵列源对象。在特征树中选中"加强筋1"作为阵列源对象。

步骤3　选择命令。选择"变换"工具条中的 （圆形阵列）命令，或者选择下拉菜单 插入 → 变换特征 → 圆形阵列... 命令，系统会弹出如图4.230所示的"定义圆形阵列"对话框。

步骤4　选取阵列中心轴。在"定义圆形阵列"对话框中激活 参考方向 区域的 参考元素:文本框，选取如图4.231所示的圆柱面作为方向参考。

步骤5　定义阵列参数。在"定义圆形阵列"对话框 轴向参考 选项卡 参数:下拉列表中选择 完整径向 类型，在 实例:文本框中输入5，其他参数采用默认。

步骤6　完成创建。单击"定义圆形阵列"对话框中的 确定 按钮，完成圆形阵列的创建，完成后如图4.229（b）所示。

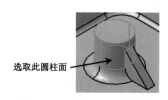

选取此圆柱面

图4.230 "定义圆形阵列"对话框　　　图4.231 定义阵列中心轴

如图4.230所示的"定义圆形阵列"对话框部分选项的说明如下。

（1）定义径向 选项卡：用于径向的阵列参数。

（2）圆和径向厚度 类型：用于通过圆数与总间距控制阵列，当选择此类型时需要输入阵列圆数与总的间距，如图4.232所示。

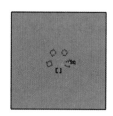

图4.232 圆和径向厚度

（3）圆和圆间距 类型：用于通过圆数与相邻圆的间距控制阵列，当选择此类型时需要输入阵列圆数与相邻圆的间距，如图4.233所示。

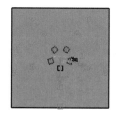

图4.233 圆和圆间距

（4）圆间距和径向厚度 类型：用于通过相邻圆间距与总间距控制阵列，当选择此类型时需要输入相邻圆间距与总的间距，如图4.234所示。

图4.234　圆间距和径向厚度

4.16.4　用户阵列

下面以如图4.235所示的效果为例，介绍创建用户阵列的一般过程。

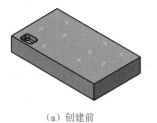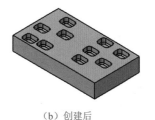

（a）创建前　　　　　　　　　　　　　　　（b）创建后

图4.235　用户阵列

步骤1 打开文件D:\CATIA2019\work\ch04.16\yonghuzhenlie-ex。

步骤2 选择阵列源对象。在特征树中选中"凹槽1""倒圆角1"与"倒圆角2"作为阵列源对象。

步骤3 选择命令。选择"变换"工具条中的 （用户阵列）命令，或者选择下拉菜单 插入 → 变换特征 → 用户阵列... 命令，系统会弹出如图4.236所示的"定义用户阵列"对话框。

步骤4 选取阵列位置草图。在"定义用户阵列"对话框中激活 实例: 区域的 位置: 文本框，在特征树中选取草图3作为位置参考。

图4.236　"定义用户阵列"对话框

步骤5 完成创建。单击"定义用户阵列"对话框中的 确定 按钮，完成用户阵列的创建，完成后如图4.235（b）所示。

4.17　零件设计综合应用案例1：电动机

案例概述

本案例介绍电动机的创建过程，主要使用了凸台、凹槽、平面、孔特征及镜像复制

3min

19min

等，本案例的创建相对比较简单，希望读者通过对该案例的学习掌握创建模型的一般方法，熟练掌握常用的建模功能。该模型及特征树如图4.237所示。

步骤1　新建文件。选择"标准"工具条中的 ▯（新建）命令，在"新建"对话框类型列表区域选择 Part，然后单击 ●确定 按钮，在系统弹出的"新建零件"对话框 输入零件名称 文本框中输入"电动机"，单击 ●确定 按钮进入零件设计环境。

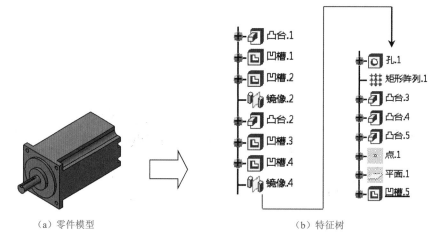

（a）零件模型　　　　　　　　　　　（b）特征树

图4.237　零件模型及特征树

步骤2　创建如图4.238所示的凸台1。选择"基于草图的特征"工具条中的 ▱（凸台）命令，选择"定义凸台"对话框 轮廓/曲面 区域中的 ▨（草绘）按钮，在系统 选择草图平面 的提示下选取 YZ 平面作为草图平面，绘制如图4.239所示的草图，在"定义凸台"对话框 第一限制 区域的"类型"下拉列表中选择 尺寸 选项，在 长度: 文本框中输入深度值96，单击 ●确定 按钮，完成特征的创建。

步骤3　创建如图4.240所示的凹槽1。选择"基于草图的特征"工具条中的 ▣（凹槽）命令，选择"定义凹槽"对话框 轮廓/曲面 区域中的 ▨（草绘）按钮，在系统 选择草图平面 的提示下选取如图4.240所示的模型表面作为草绘平面，绘制如图4.241所示的截面轮廓，在"定义凹槽"对话框 第一限制 区域的"类型"下拉列表中选择 直到最后 选项，单击 ●确定 按钮，完成特征的创建。

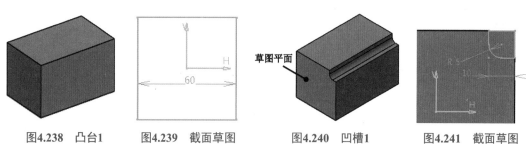

图4.238　凸台1　　　图4.239　截面草图　　　图4.240　凹槽1　　　图4.241　截面草图

步骤4 创建如图4.242所示的镜像1。在特征树中选中"凹槽1"作为镜像源对象，选择"变换"工具条中的 🔟 （镜像）命令，在系统 选择一个平面或面. 的提示下选取 *ZX* 平面作为镜像中心平面，单击 ◎确定 按钮，完成镜像的创建。

步骤5 创建分解特征。在特征树中右击"镜像1"特征，在系统弹出的快捷菜单中选择 镜像.1 对象 → 分解... 命令完成分解操作，如图4.243所示。

步骤6 创建如图4.244所示的镜像2。在特征树中选中"凹槽1"与"凹槽2"作为镜像源对象，选择"变换"工具条中的 🔟 （镜像）命令，在系统 选择一个平面或面. 的提示下选取 *XY* 平面作为镜像中心平面，单击 ◎确定 按钮，完成镜像的创建。

图4.242　镜像1

零件几何体
　凸台.1
　凹槽.1
　凹槽.2

图4.243　分解镜像

图4.244　镜像2

步骤7 创建如图4.245所示的凸台2。选择"基于草图的特征"工具条中的 🔟 （凸台）命令，选择"定义凸台"对话框 轮廓/曲面 区域中的 🖉 （草绘）按钮，在系统 选择草图平面 的提示下选取如图4.246所示的模型表面作为草图平面，绘制如图4.247所示的草图，在"定义凸台"对话框 第一限制 区域的"类型"下拉列表中选择 尺寸 选项，在 长度: 文本框中输入深度值6，单击 ◎确定 按钮，完成特征的创建。

图4.245　凸台2

草图平面

图4.246　草绘平面

图4.247　截面草图

步骤8 创建如图4.248所示的凹槽2。选择"基于草图的特征"工具条中的 🔟 （凹槽）命令，选择"定义凹槽"对话框 轮廓/曲面 区域中的 🖉 （草绘）按钮，在系统 选择草图平面 的提示下选取如图4.248所示的模型表面作为草绘平面，绘制如图4.249所示的截面轮廓，在"定义凹槽"对话框 第一限制 区域的"类型"下拉列表中选择 尺寸 选项，在 长度: 文本框中输入深度值4，单击 ◎确定 按钮，完成特征的创建。

步骤9 创建如图4.250所示的镜像3。在特征树中选中"凹槽3"作为镜像源对象，选择"变换"工具条中的 🔟 （镜像）命令，在系统 选择一个平面或面. 的提示下选取 *ZX* 平面作为镜像中心平面，单击 ◎确定 按钮，完成镜像的创建。

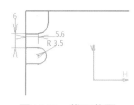

图4.248　凹槽2　　　　　图4.249　截面草图　　　　　图4.250　镜像3

步骤10 创建分解特征。在特征树中右击"镜像3"特征，在系统弹出的快捷菜单中选择 镜像.3 对象 → 分解... 命令完成分解操作，如图4.251所示。

步骤11 创建如图4.252所示的镜像4。在特征树中选中"凹槽3"与"凹槽4"作为镜像源对象，选择"变换"工具条中的 🔲 （镜像）命令，在系统 选择一个平面或面. 的提示下选取 *XY* 平面作为镜像中心平面，单击 ● 确定 按钮，完成镜像的创建。

步骤12 创建如图4.253所示的孔1。选择"基于草图的特征"工具条中的 🔲 （孔）命令，在系统提示下选取如图4.253所示的平面作为打孔平面，在"定义孔"对话框 类型 选项卡的下拉列表中选择 简单 类型，在 扩展 选项卡的 直径: 文本框中输入5.5（孔的直径），在"深度"下拉列表中选择 直到最后 （孔的深度类型），单击 ● 确定 按钮完成孔的初步创建，在特征树中双击 🔲 下的定位草图，系统会进入草图环境，将约束添加至如图4.254所示的效果，单击 凸 按钮完成定位操作。

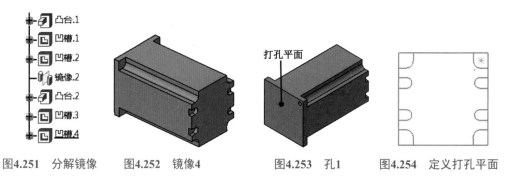

图4.251　分解镜像　　　图4.252　镜像4　　　　　图4.253　孔1　　　　图4.254　定义打孔平面

步骤13 创建如图4.255所示的矩形阵列。在特征树中选中"孔1"作为阵列源对象，选择"变换"工具条中的 ▦ （矩形阵列）命令，在"定义矩形阵列"对话框中激活 参考方向 区域的 参考元素: 文本框，选取如图4.255所示的面作为方向参考，然后单击 第一方向 与 第二方向 选项卡下的 反转 按钮，在 第一方向 的 实例: 文本框中输入2，选中 ■ 两个方向上的相同实例 复选框，在 第一方向 与 第二方向 的 间距: 文本框中输入49，单击 ● 确定 按钮，完成矩形阵列的创建。

步骤14 创建如图4.256所示的凸台3。选择"基于草图的特征"工具条中的 🔲 （凸台）命令，选择"定义凸台"对话框 轮廓/曲面 区域中的 ☑ （草绘）按钮，在系统 选择草图平面 的提示下选取如图4.256所示的模型表面作为草图平面，绘制如图4.257所示的草图，在

"定义凸台"对话框 第一限制 区域的"类型"下拉列表中选择 尺寸 选项，在 长度: 文本框中输入深度值3，单击 ●确定 按钮，完成特征的创建。

图4.255　矩形阵列

图4.256　凸台3

图4.257　截面轮廓

步骤15 创建如图4.258所示的凸台4。选择"基于草图的特征"工具条中的 （凸台）命令，选择"定义凸台"对话框 轮廓/曲面 区域中的 （草绘）按钮，在系统 选择草图平面 的提示下选取如图4.258所示的模型表面作为草图平面，绘制如图4.259所示的草图，在"定义凸台"对话框 第一限制 区域的"类型"下拉列表中选择 尺寸 选项，在 长度: 文本框中输入深度值4，单击 ●确定 按钮，完成特征的创建。

步骤16 创建如图4.260所示的凸台5。选择"基于草图的特征"工具条中的 （凸台）命令，选择"定义凸台"对话框 轮廓/曲面 区域中的 （草绘）按钮，在系统 选择草图平面 的提示下选取如图4.260所示的模型表面作为草图平面，绘制如图4.261所示的草图，在"定义凸台"对话框 第一限制 区域的"类型"下拉列表中选择 尺寸 选项，在 长度: 文本框中输入深度值27，单击 ●确定 按钮，完成特征的创建。

步骤17 创建如图4.262所示的基准面1。

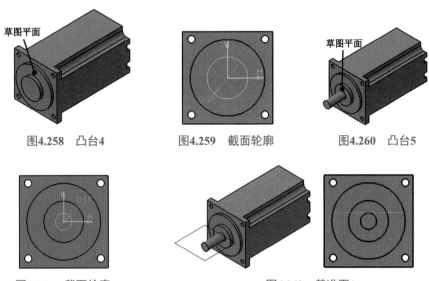

图4.258　凸台4　　　　　图4.259　截面轮廓　　　　　图4.260　凸台5

图4.261　截面轮廓　　　　　　　　图4.262　基准面1

　　选择"参考元素（扩展）"工具条中的 ⟋（平面）命令，在 平面类型：下拉列表中选择 曲面的切线 类型，选取步骤16创建的圆柱面作为曲面参考，在 点：文本框上右击，在系统弹出的快捷菜单中选择 · 创建点 命令，在"点定义"对话框的 点类型：下拉列表中选择 曲线上的切线 类型，选取如图4.263所示的边线曲线，在 方向：文本框上右击，在系统弹出的快捷菜单中选择 Y部件，单击 ●确定 按钮，在系统弹出的如图4.264所示的"多重结果管理"对话框中选择 ●使用提取，仅保留一个子元素，单选项后单击 ●确定 按钮，在系统弹出的如图4.265所示的"提取定义"对话框中激活 要提取的元素 区域，选取上方的点作为保留点后单击两次 ●确定 按钮完成基准面的创建。

图4.263　边线曲线　　　图4.264　"多重结果提取"对话框　　　图4.265　"提取定义"对话框

步骤18 创建如图4.266所示的凹槽5。选择"基于草图的特征"工具条中的 回（凹槽）命令，选择"定义凹槽"对话框 轮廓/曲面 区域中的 ⚄（草绘）按钮，在系统 选择草图平面 的提示下选取基准面1作为草绘平面，绘制如图4.267所示的截面轮廓，在"定义凹槽"对话框 第一限制 区域的"类型"下拉列表中选择 尺寸 选项，在 长度：文本框中输入深度值3，使切除方向朝向实体，单击 ●确定 按钮，完成特征的创建。

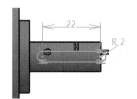

图4.266　凹槽5　　　　　　图4.267　截面草图

步骤19 保存文件。选择"标准"工具栏中的 🖫 "保存"命令，系统会弹出"另存为"对话框，在文件名文本框中输入diandongji，单击 保存(S) 按钮，完成保存操作。

4.18 零件设计综合应用案例2：连接臂

案例概述

本案例介绍连接臂的创建过程，主要使用了凸台、凹槽、孔、镜像复制、阵列复制及 圆角倒角等。该模型及特征树如图4.268所示。

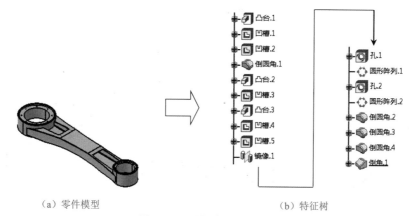

（a）零件模型　　　　　　　　　（b）特征树

图4.268　零件模型及特征树

步骤1 新建文件。选择"标准"工具条中的 ▯（新建）命令，在"新建"对话框类型列表区域选择 Part，然后单击 确定 按钮，在系统弹出的"新建零件"对话框 输入零件名称 文本框中输入"连接臂"，单击 确定 按钮进入零件设计环境。

步骤2 创建如图4.269所示的凸台1。选择"基于草图的特征"工具条中的 ▯（凸台）命令，选择"定义凸台"对话框 轮廓/曲面 区域中的 ▱（草绘）按钮，在系统 选择草图平面 的提示下选取XY平面作为草图平面，绘制如图4.270所示的草图，在"定义凸台"对话框 第一限制 区域的"类型"下拉列表中选择 尺寸 选项，在 长度: 文本框中输入深度值50，选中 ▢ 镜像范围 单选项，单击 确定 按钮，完成特征的创建。

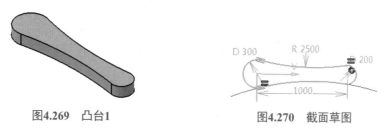

图4.269　凸台1　　　　　　　　图4.270　截面草图

> **注意**　在如图4.270所示的草图中坐标系的方向需保持一致。

步骤3 创建如图4.271所示的凹槽1。选择"基于草图的特征"工具条中的 ▣（凹槽）命令，选择"定义凹槽"对话框 轮廓/曲面 区域中的 ☑（草绘）按钮，在系统 选择草图平面 的提示下选取YZ平面作为草绘平面，绘制如图4.272所示的截面轮廓，在"定义凹槽"对话框 第一限制 与 第二限制 区域的"类型"下拉列表中选择 直到最后 选项，单击 ●确定 按钮，完成特征的创建。

步骤4 创建如图4.273所示的凹槽2。选择"基于草图的特征"工具条中的 ▣（凹槽）命令，选择"定义凹槽"对话框 轮廓/曲面 区域中的 ☑（草绘）按钮，在系统 选择草图平面 的提示下选取ZX平面作为草绘平面，绘制如图4.274所示的截面轮廓，在"定义凹槽"对话框 第一限制 与 第二限制 区域的"类型"下拉列表中选择 直到最后 选项，单击 ●确定 按钮，完成特征的创建。

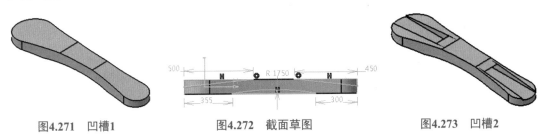

图4.271　凹槽1　　　　图4.272　截面草图　　　　图4.273　凹槽2

步骤5 创建如图4.275所示的倒圆角1。选择"修饰特征"工具条中的 ◉（倒圆角）命令，在"倒圆角定义"对话框中选择 ◉常量 单选按钮，在系统提示下选取如图4.276所示的边线作为圆角对象，在"倒圆角定义"对话框的 半径: 文本框中输入圆角半径值5，单击 ●确定 按钮完成倒圆角1的创建。

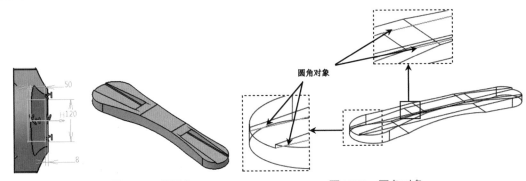

图4.274　截面草图　　　图4.275　倒圆角1　　　　图4.276　圆角对象

步骤6 创建如图4.277所示的凸台2。选择"基于草图的特征"工具条中的 ▣（凸台）命令，选择"定义凸台"对话框 轮廓/曲面 区域中的 ☑（草绘）按钮，在系统 选择草图平面 的提示下选取XY平面作为草图平面，绘制如图4.278所示的草图，在"定义凸台"对话框 第一限制 区域的"类型"下拉列表中选择 尺寸 选项，在 长度: 文本框中输入深度值60，选中 ▪镜像范围 单选项，单击 ●确定 按钮，完成特征的创建。

图4.277　凸台2

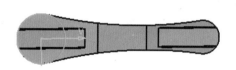

图4.278　截面草图

步骤7　创建如图4.279所示的凹槽3。选择"基于草图的特征"工具条中的▣（凹槽）命令，选择"定义凹槽"对话框 轮廓/曲面 区域中的▣（草绘）按钮，在系统 选择草图平面 的提示下选取如图4.279所示的模型表面作为草绘平面，绘制如图4.280所示的截面轮廓，在"定义凹槽"对话框 第一限制 区域的"类型"下拉列表中选择 直到最后 选项，单击 ◎确定 按钮，完成特征的创建。

图4.279　凹槽3

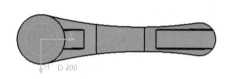

图4.280　截面草图

步骤8　创建如图4.281所示的凸台3。选择"基于草图的特征"工具条中的▣（凸台）命令，选择"定义凸台"对话框 轮廓/曲面 区域中的▣（草绘）按钮，在系统 选择草图平面 的提示下选取XY平面作为草图平面，绘制如图4.282所示的草图，在"定义凸台"对话框 第一限制 区域的"类型"下拉列表中选择 尺寸 选项，在 长度: 文本框中输入深度值60，选中 ☑镜像范围 单选项，单击 ◎确定 按钮，完成特征的创建。

图4.281　凸台3

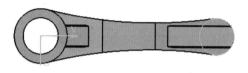

图4.282　截面草图

步骤9　创建如图4.283所示的凹槽4。选择"基于草图的特征"工具条中的▣（凹槽）命令，选择"定义凹槽"对话框 轮廓/曲面 区域中的▣（草绘）按钮，在系统 选择草图平面 的提示下选取如图4.278所示的模型表面作为草绘平面，绘制如图4.284所示的截面轮廓，在"定义凹槽"对话框 第一限制 区域的"类型"下拉列表中选择 直到最后 选项，单击 ◎确定 按钮，完成特征的创建。

图4.283　凹槽4　　　　　　　　　　　　　　　图4.284　截面草图

步骤10 创建如图4.285所示的凹槽5。选择"基于草图的特征"工具条中的 🔲（凹槽）命令，选择"定义凹槽"对话框 轮廓/曲面 区域中的 ☑️（草绘）按钮，在系统 选择草图平面 的提示下选取如图4.283所示的模型表面作为草绘平面，绘制如图4.286所示的截面轮廓，在"定义凹槽"对话框 第一限制 区域的"类型"下拉列表中选择 尺寸 选项，在 长度: 文本框中输入深度值12，单击 ⏺确定 按钮，完成特征的创建。

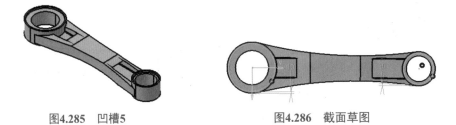

图4.285　凹槽5　　　　　　　　　　　　　　　图4.286　截面草图

步骤11 创建如图4.287所示的镜像1。在特征树中选中"凹槽5"作为镜像源对象，选择"变换"工具条中的 🔲（镜像）命令，在系统 选择一个平面或面. 的提示下选取XY平面作为镜像中心平面，单击 ⏺确定 按钮，完成镜像的创建。

步骤12 创建如图4.288所示的孔1。

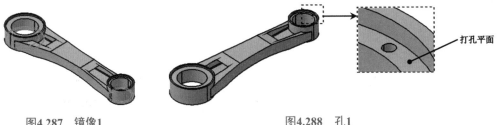

图4.287　镜像1　　　　　　　　　　　　图4.288　孔1

选择"基于草图的特征"工具条中的 🔲（孔）命令，在系统提示下选取如图4.288所示的平面作为打孔平面，在"定义孔"对话框 类型 选项卡的下拉列表中选择 简单 类型，在 扩展 选项卡"深度"下拉列表中选择 盲孔 类型，在 定义螺纹 选项卡设置如图4.289所示的参数，在 扩展 选项卡单击 🔲 按钮，绘制如图4.290所示的定位草图，单击 ⏺确定 按钮完成孔的创建。

图4.289 "定义螺纹"选项卡　　　　图4.290 定位草图

步骤13 创建如图4.291所示的圆形阵列1。在特征树中选中"孔1"作为阵列源对象，选择"变换"工具条中的 🔅 （圆形阵列）命令，在"定义圆形阵列"对话框中激活 参考方向 区域的 参考元素：文本框，选取如图4.291所示的圆柱面作为方向参考，在 轴向参考 选项卡 参数：下拉列表中选择 完整径向 类型，在 实例：文本框中输入8，其他参数采用默认，单击 ● 确定 按钮，完成圆形阵列的创建。

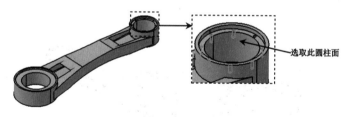

选取此圆柱面

图4.291 圆形阵列1

步骤14 创建如图4.292所示的孔2。

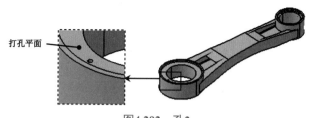

打孔平面

图4.292 孔2

选择"基于草图的特征"工具条中的 🔘 （孔）命令，在系统提示下选取如图4.292所示的平面作为打孔平面，在"定义孔"对话框 类型 选项卡的下拉列表中选择 简单 类型，在 扩展 选项卡"深度"下拉列表中选择 盲孔 类型，在 定义螺纹 选项卡设置如图4.293所示的参数，在 扩展 选项卡单击 △ 按钮，绘制如图4.294所示的定位草图，单击 ● 确定 按钮完成孔的创建。

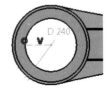

图4.293　"定义螺纹"选项卡　　　　　图4.294　定位草图

步骤15 创建如图4.295所示的圆形阵列2。在特征树中选中"孔2"作为阵列源对象，选择"变换"工具条中的 ⚙.（圆形阵列）命令，在"定义圆形阵列"对话框中激活 **参考方向** 区域的 **参考元素:** 文本框，选取如图4.295所示的圆柱面作为方向参考，在 **轴向参考** 选项卡 **参数:** 下拉列表中选择 **完整径向** 类型，在 **实例:** 文本框中输入8，其他参数采用默认，单击 **⚪确定** 按钮，完成圆形阵列的创建。

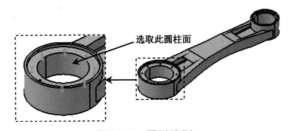

选取此圆柱面

图4.295　圆形阵列2

步骤16 创建如图4.296所示的倒圆角2。选择"修饰特征"工具条中的 🔵（倒圆角）命令，在"倒圆角定义"对话框中选择 🔵 **常量** 单选按钮，在系统提示下选取如图4.297所示的边线作为圆角对象，在"倒圆角定义"对话框的 **半径:** 文本框中输入圆角半径值10，单击 **⚪确定** 按钮完成倒圆角2的创建。

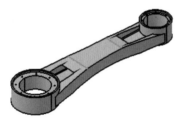

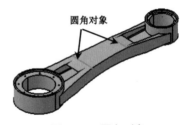

圆角对象

图4.296　倒圆角2　　　　　　　　图4.297　圆角对象

步骤17 创建如图4.298所示的倒圆角3。选择"修饰特征"工具条中的🔵（倒圆角）命令，在"倒圆角定义"对话框中选择🔘常量单选按钮，在系统提示下选取如图4.299所示的边线作为圆角对象，在"倒圆角定义"对话框的半径:文本框中输入圆角半径值10，单击🔘确定按钮完成倒圆角3的创建。

图4.298　倒圆角3

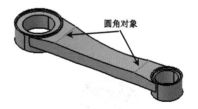

图4.299　圆角对象

步骤18 创建如图4.300所示的倒圆角4。选择"修饰特征"工具条中的🔵（倒圆角）命令，在"倒圆角定义"对话框中选择🔘常量单选按钮，在系统提示下选取如图4.301所示的边线作为圆角对象，在"倒圆角定义"对话框的半径:文本框中输入圆角半径值2，单击🔘确定按钮完成倒圆角4的创建。

图4.300　倒圆角4

图4.301　圆角对象

步骤19 创建如图4.302所示的倒角1。选择"修饰特征"工具条中的🔵（倒角）命令，在"定义倒角"对话框模式:下拉列表中选择长度1/角度类型，在长度1:文本框中输入倒角距离值3，在角度:文本框中输入倒角角度值45，选取如图4.303所示的边线作为倒角对象，单击🔘确定按钮，完成倒角的定义。

图4.302　倒角1

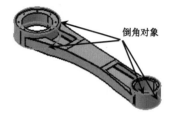

图4.303　倒角对象

步骤20 保存文件。选择"标准"工具栏中的💾"保存"命令，系统会弹出"另存为"对话框，在文件名文本框中输入lianjiebi，单击保存(S)按钮，完成保存操作。

4.19　零件设计综合应用案例3：QQ企鹅造型

▶33min

案例概述

本案例介绍 QQ 企鹅造型的创建过程，主要使用了旋转体、多截面实体、基准面、凸台及镜像复制等。该模型及特征树如图4.304 所示。

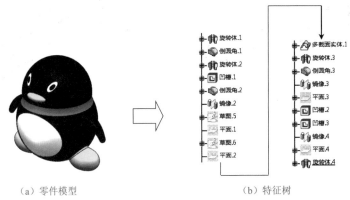

（a）零件模型　　　　　　　　　（b）特征树

图4.304　零件模型及特征树

步骤1 新建文件。选择"标准"工具条中的 □（新建）命令，在"新建"对话框类型列表区域选择 Part，然后单击 ●确定 按钮，在系统弹出的"新建零件"对话框 输入零件名称 文本框中输入"QQ企鹅造型"，单击 ●确定 按钮进入零件设计环境。

步骤2 创建如图4.305所示的旋转1。选择"基于草图的特征"工具条中的 ⅰ（旋转体）命令，选择"定义旋转体"对话框 轮廓/曲面 - 区域中的 ☑（草绘）按钮，在系统 选择草图平面 的提示下选取YZ平面作为草图平面，绘制如图4.306所示的草图，在"定义旋转体"对话框的 第一限制 区域的下拉列表中选择 第一角度，在"角度"文本框中输入旋转角度360，单击 ●确定 按钮，完成特征的创建。

图4.305　旋转1

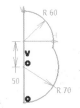

图4.306　截面轮廓

注意	竖直线处有重叠的轴线（作为旋转轴）。

步骤3 创建如图4.307所示的倒圆角1。选择"修饰特征"工具条中的 ⬤（倒圆角）命令，在"倒圆角定义"对话框中选择 ⬤常量 单选按钮，在系统提示下选取如图4.308所示的边线作为圆角对象，在"倒圆角定义"对话框的 半径: 文本框中输入圆角半径值25，单击 ⬤确定 按钮完成倒圆角1的创建。

图4.307　倒圆角1

图4.308　圆角对象

步骤4 创建如图4.309所示的旋转2。选择"基于草图的特征"工具条中的 ⬤（旋转体）命令，选择"定义旋转体"对话框 轮廓/曲面 区域中的 ⬤（草绘）按钮，在系统 选择草图平面 的提示下选取YZ平面作为草图平面，绘制如图4.310所示的草图，在"定义旋转体"对话框的 第一限制 区域的下拉列表中选择 第一角度，在"角度"文本框中输入旋转角度360，单击 ⬤确定 按钮，完成特征的创建。

图4.309　旋转2

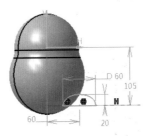

图4.310　截面轮廓

步骤5 创建如图4.311所示的凹槽1。选择"基于草图的特征"工具条中的 ⬤（凹槽）命令，选择"定义凹槽"对话框 轮廓/曲面 区域中的 ⬤（草绘）按钮，在系统 选择草图平面 的提示下选取YZ平面作为草绘平面，绘制如图4.312所示的截面轮廓，在"定义凹槽"对话框 第一限制 与 第二限制 区域的"类型"下拉列表中选择 直到最后 选项，单击 ⬤确定 按钮，完成特征的创建。

图4.311　凹槽1

图4.312　截面轮廓

步骤6　创建如图4.313所示的倒圆角2。选择"修饰特征"工具条中的 ◎ （倒圆角）命令，在"倒圆角定义"对话框中选择 ◉常量 单选按钮，在系统提示下选取如图4.314所示的边线作为圆角对象，在"倒圆角定义"对话框的 半径: 文本框中输入圆角半径值2，单击 ◉确定 按钮完成倒圆角2的创建。

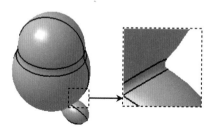

图4.313　倒圆角2

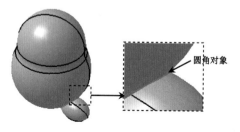

圆角对象

图4.314　圆角对象

步骤7　创建如图4.315所示的镜像1。在特征树中选中"旋转体2""凹槽1"与"倒圆角2"作为镜像源对象，选择"变换"工具条中的 ◉ （镜像）命令，在系统 选择一个平面或面。 的提示下选取ZX平面作为镜像中心平面，单击 ◉确定 按钮，完成镜像的创建。

步骤8　绘制多截面实体路径。选择"草图编辑器"工具栏中的 ◢ （草图）命令，在系统 选择平面、平面的面或草图 的提示下，选取YZ平面作为草绘平面，绘制如图4.316所示的草图。

图4.315　镜像1

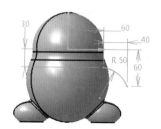

图4.316　多截面实体路径

步骤9　创建如图4.317所示的基准面1。选择"参考元素（扩展）"工具条中的 ◢ （平面）命令，在"平面定义"对话框 平面类型: 下拉列表中选择 曲线的法线 类型，选取如图4.318所示的曲线和点作为参考，单击 ◉确定 按钮，完成基准面的定义。

图4.317　基准面1

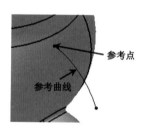

参考点

参考曲线

图4.318　基准参考

步骤10 绘制如图4.319所示的多截面实体截面1。选择"草图编辑器"工具栏中的 🔲（草图）命令，在系统 选择平面、平面的面或草图 的提示下，选取基准面1作为草绘平面，绘制如图4.320所示的草图。

图4.319　截面1

图4.320　平面草图

步骤11 创建如图4.321所示的基准面2。选择"参考元素（扩展）"工具条中的 🔷（平面）命令，在"平面定义"对话框 平面类型: 下拉列表中选择 曲线的法线 类型，选取如图4.322所示的曲线和点作为参考，单击 ● 确定 按钮，完成基准面的定义。

图4.321　基准面2

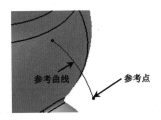

参考曲线　参考点

图4.322　基准参考

步骤12 绘制如图4.323所示的多截面实体截面2。选择"草图编辑器"工具栏中的 🔲（草图）命令，在系统 选择平面、平面的面或草图 的提示下，选取基准面2作为草绘平面，绘制如图4.324所示的草图。

图4.323　截面2

图4.324　平面草图

步骤13 创建如图4.325所示的多截面实体特征1。选择"基于草图的特征"工具条中的 🔷（多截面实体）命令，在系统 选择曲线 的提示下选取步骤10创建的"截面1"与步骤12

创建的"截面2"，闭合点方位如图4.326所示，在"多截面实体定义"对话框单击 脊线 选项卡，选取步骤8创建的草图作为脊线，单击 耦合 选项卡，在 截面耦合: 下拉列表中选择 比率 类型，单击 ◎确定 按钮，完成多截面实体的创建。

图4.325 多截面实体特征1

图4.326 闭合点方位

步骤14 创建如图4.327所示的旋转3。选择"基于草图的特征"工具条中的 🔘 （旋转体）命令，选择"定义旋转体"对话框 轮廓/曲面 区域中的 🖉 （草绘）按钮，在系统 选择草图平面 的提示下选取如图4.328所示的模型表面作为草图平面，绘制如图4.329所示的草图，在"定义旋转体"对话框的 第一限制 区域的下拉列表中选择 第一角度 ，在"角度"文本框中输入旋转角度360，单击 ◎确定 按钮，完成特征的创建。

图4.327 旋转3

图4.328 草图平面

图4.329 截面草图

步骤15 创建如图4.330所示的倒圆角3。选择"修饰特征"工具条中的 🔘 （倒圆角）命令，在"倒圆角定义"对话框中选择 🔘 常量 单选按钮，在系统提示下选取如图4.331所示的边线作为圆角对象，在"倒圆角定义"对话框的 半径: 文本框中输入圆角半径值5，单击 ◎确定 按钮完成倒圆角3的创建。

图4.330 倒圆角3

图4.331 圆角对象

步骤16 创建如图4.332所示的镜像2。在特征树中选中"多截面实体1""旋转体3"与"倒圆角3"作为镜像源对象，选择"变换"工具条中的 ⬚ （镜像）命令，在系统 选择一个平面或面。的提示下选取ZX平面作为镜像中心平面，单击 ◎确定 按钮，完成镜像的创建。

步骤17 创建基准面3。选择"参考元素（扩展）"工具条中的 ⬚ （平面）命令，在"平面定义"对话框 平面类型: 下拉列表中选择 偏移平面 类型，选取YZ平面作为参考平面，在 偏移: 文本框中输入间距值100，单击 ◎确定 按钮，完成基准面的定义，如图4.333所示。

图4.332 镜像2

图4.333 基准面3

步骤18 创建如图4.334所示的凹槽2。选择"基于草图的特征"工具条中的 ⬚ （凹槽）命令，选择"定义凹槽"对话框 轮廓/曲面 区域中的 ⬚ （草绘）按钮，在系统 选择草图平面 的提示下选取基准面3作为草绘平面，绘制如图4.335所示的截面轮廓，在"定义凹槽" 对话框 第一限制 区域的"类型"下拉列表中选择 直到曲面 选项，选取轮廓表面为参考面，在 偏移: 文本框中输入1，单击 ◎确定 按钮，完成特征的创建。

图4.334 凹槽2

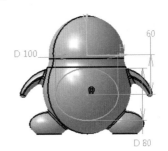

图4.335 截面轮廓

步骤19 创建如图4.336所示的凹槽3。选择"基于草图的特征"工具条中的 ⬚ （凹槽）命令，选择"定义凹槽"对话框 轮廓/曲面 区域中的 ⬚ （草绘）按钮，在系统 选择草图平面 的提示下选取基准面3作为草绘平面，绘制如图4.337所示的截面轮廓，在"定义凹槽" 对话框 第一限制 区域的"类型"下拉列表中选择 直到曲面 选项，选取头部表面作为参考面，在 偏移: 文本框中输入0.2，单击 ◎确定 按钮，完成特征的创建。

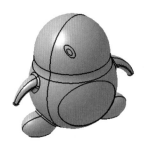

图4.336　凹槽3

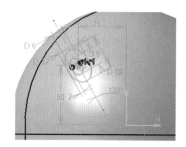

图4.337　截面轮廓

步骤20　创建如图4.338所示的镜像3。在特征树中选中"凹槽3"作为镜像源对象，选择"变换"工具条中的■（镜像）命令，在系统 选择一个平面或面. 的提示下选取ZX平面作为镜像中心平面，单击 ◎确定 按钮，完成镜像的创建。

步骤21　创建基准面4。选择"参考元素（扩展）"工具条中的 ▱ （平面）命令，在"平面定义"对话框 平面类型: 下拉列表中选择 偏移平面 类型，选取XY平面作为参考平面，在 偏移: 文本框中输入间距值8（方向向上），单击 ◎确定 按钮，完成基准面的定义，如图4.339所示。

图4.338　镜像3

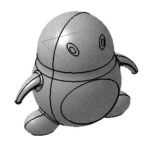

图4.339　基准面4

步骤22　创建如图4.340所示的旋转4。选择"基于草图的特征"工具条中的 ■ （旋转体）命令，选择"定义旋转体"对话框 轮廓/曲面 区域中的 ☑ （草绘）按钮，在系统 选择草图平面 的提示下选取基准面4作为草图平面，绘制如图4.341所示的草图，在"定义旋转体"对话框的 第一限制 区域的下拉列表中选择 第一角度 ，在"角度"文本框中输入旋转角度360，单击 ◎确定 按钮，完成特征的创建。

图4.340　旋转4

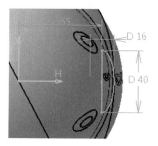

图4.341　截面轮廓

步骤23 设置如图4.342所示的外观属性。在图形区选取如图4.343所示的面，在"图形属性"工具条"颜色"下拉列表中选择 。

步骤24 设置如图4.344所示的其他外观属性。具体操作可参考步骤26。

图4.342　设置外观属性

图4.343　选取面

图4.344　其他外观属性

步骤25 保存文件。选择"标准"工具栏中的 🖫 "保存"命令，系统会弹出"另存为"对话框，在文件名文本框中输入QQzaoxing，单击 保存(S) 按钮，完成保存操作。

4.20　零件设计综合应用案例4：转板

案例概述

本案例介绍转板的创建过程，主要使用了凸台、凹槽、基准面、孔及阵列复制等。该模型及特征树如图4.345所示。

步骤1 新建文件。选择"标准"工具条中的 □（新建）命令，在"新建"对话框类型列表区域选择 Part，然后单击 ● 确定 按钮，在系统弹出的"新建零件"对话框 输入零件名称 文本框中输入"转板"，单击 ● 确定 按钮进入零件设计环境。

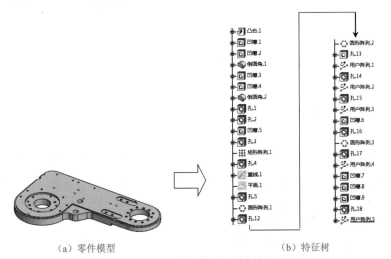
（a）零件模型　　　　　　　　　　　（b）特征树
图4.345　零件模型及特征树

步骤2 创建如图4.346所示的凸台1。选择"基于草图的特征"工具条中的 ⑦（凸台）命令，选择"定义凸台"对话框 轮廓/曲面 -区域中的 ☑（草绘）按钮，在系统 选择草图平面 的提示下选取XY平面作为草图平面，绘制如图4.347所示的草图，在"定义凸台"对话框 第一限制 区域的"类型"下拉列表中选择 尺寸 选项，在 长度: 文本框中输入深度值15，单击 ⊙确定 按钮，完成特征的创建。

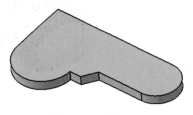

图4.346　凸台1

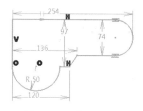

图4.347　截面草图

步骤3 创建如图4.348所示的凹槽1。选择"基于草图的特征"工具条中的 ⑥（凹槽）命令，选择"定义凹槽"对话框 轮廓/曲面 -区域中的 ☑（草绘）按钮，在系统 选择草图平面 的提示下选取如图4.348所示的模型表面作为草绘平面，绘制如图4.349所示的截面轮廓，在"定义凹槽"对话框 第一限制 区域的"类型"下拉列表中选择 直到最后 选项，单击 ⊙确定 按钮，完成特征的创建。

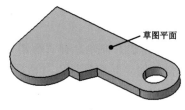

图4.348　凹槽1

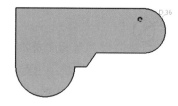

图4.349　截面轮廓

步骤4 创建如图4.350所示的凹槽2。选择"基于草图的特征"工具条中的 ⑥（凹槽）命令，选择"定义凹槽"对话框 轮廓/曲面 -区域中的 ☑（草绘）按钮，在系统 选择草图平面 的提示下选取如图4.350所示的模型表面作为草绘平面，绘制如图4.351所示的截面轮廓，在"定义凹槽"对话框 第一限制 区域的"类型"下拉列表中选择 尺寸 选项，在 长度: 文本框中输入深度值3，单击 ⊙确定 按钮，完成特征的创建。

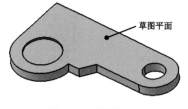

图4.350　凹槽2

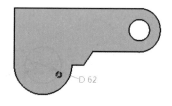

图4.351　截面轮廓

步骤5 创建如图4.352所示的倒圆角1。选择"修饰特征"工具条中的 🔘（倒圆角）命令，在"倒圆角定义"对话框中选择 🔘常量 单选按钮，在系统提示下选取如图4.353所示的边线作为圆角对象，在"倒圆角定义"对话框的 半径: 文本框中输入圆角半径值20，单击 ●确定 按钮完成倒圆角1的创建。

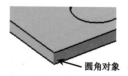

图4.352　倒圆角1　　　　　　　　图4.353　圆角对象

步骤6 创建如图4.354所示的凹槽3。选择"基于草图的特征"工具条中的 🔲（凹槽）命令，选择"定义凹槽"对话框 轮廓/曲面 区域中的 🖉（草绘）按钮，在系统 选择草图平面 的提示下选取如图4.354所示的模型表面作为草绘平面，绘制如图4.355所示的截面轮廓，单击 反转边 按钮将切除方向调整为向外，在"定义凹槽"对话框 第一限制 区域的"类型"下拉列表中选择 尺寸 选项，在 长度: 文本框中输入深度值2，单击 ●确定 按钮，完成特征的创建。

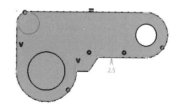

图4.354　凹槽3　　　　　　　　　图4.355　截面轮廓

步骤7 创建如图4.356所示的凹槽4。选择"基于草图的特征"工具条中的 🔲（凹槽）命令，选择"定义凹槽"对话框 轮廓/曲面 区域中的 🖉（草绘）按钮，在系统 选择草图平面 的提示下选取如图4.354所示的模型表面作为草绘平面，绘制如图4.357所示的截面轮廓，在"定义凹槽"对话框 第一限制 区域的"类型"下拉列表中选择 直到最后 选项，单击 ●确定 按钮，完成特征的创建。

图4.356　凹槽4　　　　　　　　　图4.357　截面轮廓

步骤8 创建如图4.358所示的倒圆角2。选择"修饰特征"工具条中的 ◎ （倒圆角）命令，在"倒圆角定义"对话框中选择 ◎常量 单选按钮，在系统提示下选取如图4.359所示的边线作为圆角对象，在"倒圆角定义"对话框的 半径: 文本框中输入圆角半径值10，单击 ◎确定 按钮完成倒圆角2的创建。

步骤9 创建如图4.360所示的孔1。

图4.358 倒圆角2

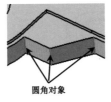

图4.359 圆角对象

图4.360 孔1

选择"基于草图的特征"工具条中的 ◎ （孔）命令，在系统提示下选取如图4.360所示的模型表面作为打孔平面，在"定义孔"对话框 类型 选项卡的下拉列表中选择 埋头孔 类型，在 扩展 选项卡"深度"下拉列表中选择 直到最后 类型，在 定义螺纹 选项卡设置如图4.361所示的参数，在 类型 选项卡设置如图4.362所示的参数，在 扩展 选项卡单击 ◻ 按钮，绘制如图4.363所示的定位草图，单击 ◎确定 按钮完成孔的创建。

步骤10 创建如图4.364所示的孔2。

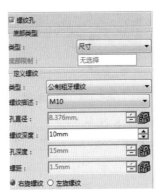

图4.361 "定义螺纹"选项卡

图4.362 "类型"选项卡

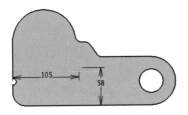

图4.363 定位草图

图4.364 孔2

选择"基于草图的特征"工具条中的◙（孔）命令，在系统提示下选取如图4.364所示的模型表面作为打孔平面，在"定义孔"对话框 类型 选项卡的下拉列表中选择 埋头孔 类型，在 扩展 选项卡"深度"下拉列表中选择 直到最后 类型，在 定义螺纹 选项卡设置如图4.365所示的参数，在 类型 选项卡设置如图4.366所示的参数，在 扩展 选项卡单击 ☑ 按钮，绘制如图4.367所示的定位草图，单击 ◉确定 按钮完成孔的创建。

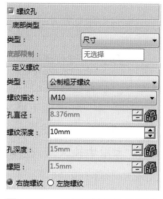

图4.365　"定义螺纹"选项卡　　　图4.366　"类型"选项卡　　　图4.367　定位草图

步骤11 创建如图4.368所示的凹槽5。选择"基于草图的特征"工具条中的 ◙ （凹槽）命令，选择"定义凹槽"对话框 轮廓/曲面 区域中的 ☑ （草绘）按钮，在系统 选择草图平面 的提示下选取如图4.368所示的模型表面作为草绘平面，绘制如图4.369所示的截面轮廓，在"定义凹槽"对话框 第一限制 区域的"类型"下拉列表中选择 尺寸 选项，在 长度: 文本框中输入深度值1.4，单击 ◉确定 按钮，完成特征的创建。

步骤12 创建如图4.370所示的孔3。

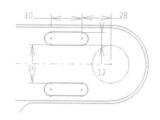

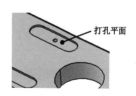

图4.368　凹槽5　　　　　图4.369　截面轮廓　　　　　图4.370　孔3

选择"基于草图的特征"工具条中的 ◙ （孔）命令，在系统提示下选取如图4.370所示的模型表面作为打孔平面，在"定义孔"对话框 类型 选项卡的下拉列表中选择 简单 类型，在 扩展 选项卡"深度"下拉列表中选择 直到最后 类型，在 定义螺纹 选项卡设置如图4.371所示的参数，在 扩展 选项卡单击 ☑ 按钮，绘制如图4.372所示的定位草图，单击 ◉确定 按钮完成孔的创建。

图4.371　"定义螺纹"选项卡

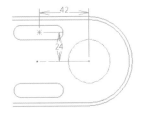

图4.372　定位草图

步骤13 创建如图4.373所示的矩形阵列1。在特征树中选中"孔3"作为阵列源对象，选择"变换"工具条中的 ⊞ （矩形阵列）命令，在"定义矩形阵列"对话框中激活 参考方向 区域的 参考元素:文本框，选取如图4.374所示的边线1作为第一方向参考，方向向左，选取边线2作为第二方向参考，方向向下，在 第一方向 与 第二方向 的 实例:文本框中输入2，在 第一方向 与 第二方向 的 间距:文本框中分别输入13与48，单击 ● 确定 按钮，完成矩形阵列的创建。

步骤14 创建如图4.375所示的孔4。

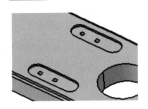

图4.373　矩形阵列1

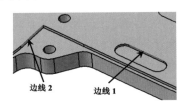

图4.374　方向参考

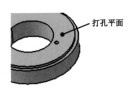

图4.375　孔4

选择"基于草图的特征"工具条中的 ⊙ （孔）命令，在系统提示下选取如图4.375所示的模型表面作为打孔平面，在"定义孔"对话框 类型 选项卡的下拉列表中选择 简单 类型，在 扩展 选项卡"深度"下拉列表中选择 直到最后 类型，在 定义螺纹 选项卡设置如图4.376所示的参数，在 扩展 选项卡单击 ⬚ 按钮，绘制如图4.377所示的定位草图，单击 ● 确定 按钮完成孔的创建。

图4.376　"定义螺纹"选项卡

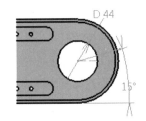

图4.377　定位草图

步骤15 创建如图4.378所示的基准轴1。选择"参考元素（扩展）"工具条中的 ╱ （直线）命令，在 线型: 下拉列表中选择 点-点 类型，在系统 选择第一元素（点、曲线或至曲面） 的提示下，选取如图4.379所示的圆1的圆心与圆2的圆心作为参考，在"直线定义"对话框中单击 ●确定 按钮，完成基准轴的定义。

步骤16 创建如图4.380所示的基准面1。选择"参考元素（扩展）"工具条中的 ◿ （平面）命令，在"平面定义"对话框 平面类型: 下拉列表中选择 平行通过点 类型，选取ZX平面与步骤15创建直线的上端点作为参考，单击 ●确定 按钮，完成基准面的定义。

步骤17 创建如图4.381所示的镜像1。在特征树中选中"孔4"作为镜像源对象，选择"变换"工具条中的 🔳 （镜像）命令，在系统 选择一个平面或面. 的提示下选取基准面1作为镜像中心平面，单击 ●确定 按钮，完成镜像的创建。

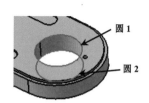

图4.378　基准轴1　　　　　图4.379　点参考　　　　　图4.380　基准面1

步骤18 创建分解特征。在特征树中右击"镜像1"特征，在系统弹出的快捷菜单中选择 镜像.1 对象 → 分解... 命令完成分解操作。

步骤19 创建如图4.382所示的圆形阵列1。在特征树中选中"孔4"与"孔5"作为阵列源对象，选择"变换"工具条中的 ⭕ （圆形阵列）命令，在"定义圆形阵列"对话框中激活 参考方向 区域的 参考元素: 文本框，选取如图4.382所示的圆柱面作为方向参考，在 轴向参考 选项卡 参数: 下拉列表中选择 完整径向 类型，在 实例: 文本框中输入4，其他参数采用默认，单击 ●确定 按钮，完成圆形阵列的创建。

步骤20 创建如图4.383所示的孔6。

图4.381　镜像1　　　　　图4.382　圆形阵列1　　　　　图4.383　孔6

选择"基于草图的特征"工具条中的 🔘 （孔）命令，在系统提示下选取如图4.383所示的模型表面作为打孔平面，在"定义孔"对话框 类型 选项卡的下拉列表中选择 简单 类型，在 扩展 选项卡"深度"下拉列表中选择 盲孔 类型，在 定义螺纹 选项卡设置如图4.384所示的参数，在 扩展 选项卡单击 按钮，绘制如图4.385所示的定位草图，单击 确定 按钮完成孔的创建。

步骤21 创建如图4.386所示的圆形阵列2。在特征树中选中"孔6"作为阵列源对象，选择"变换"工具条中的 （圆形阵列）命令，在"定义圆形阵列"对话框中激活 参考方向 区域的 参考元素：文本框，选取如图4.386所示的圆柱面作为方向参考，在 轴向参考 选项卡 参数：下拉列表中选择 完整径向 类型，在 实例：文本框中输入4，其他参数采用默认，单击 确定 按钮，完成圆形阵列的创建。

图4.384　"定义螺纹"选项卡

图4.385　定位草图

选取此圆柱面

图4.386　圆形阵列2

步骤22 创建如图4.387所示的孔7。

选择"基于草图的特征"工具条中的 （孔）命令，在系统提示下选取如图4.387所示的模型表面作为打孔平面，在"定义孔"对话框 类型 选项卡的下拉列表中选择 简单 类型，在 定义螺纹 选项卡取消选中 螺纹孔 选项，在 扩展 选项卡设置如图4.388所示的参数，单击 按钮，绘制如图4.389所示的定位草图，单击 确定 按钮完成孔的创建。

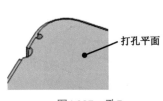

打孔平面

图4.387　孔7

图4.388　"扩展"选项卡

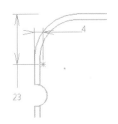

图4.389　定位草图

步骤23 创建如图4.390所示的用户阵列1。在特征树中选中"孔7"作为阵列源对象，选择"变换"工具条中的 （用户阵列）命令，在"定义用户阵列"对话框中单击 按钮，选取如图4.390所示的模型表面作为草图平面，绘制如图4.391所示的草图，单击 确定 按钮，完成用户阵列的创建。

步骤24 创建如图4.392所示的孔8。

图4.390　用户阵列1

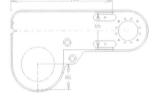

图4.391　定位草图

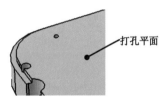

图4.392　孔8

选择"基于草图的特征"工具条中的 ⊙（孔）命令，在系统提示下选取如图4.392所示的模型表面作为打孔平面，在"定义孔"对话框 类型 选项卡的下拉列表中选择 简单 类型，在 扩展 选项卡"深度"下拉列表中选择 盲孔 类型，在 定义螺纹 选项卡设置如图4.393所示的参数，在 扩展 选项卡单击 ☑ 按钮，绘制如图4.394所示的定位草图，单击 ● 确定 按钮完成孔的创建。

图4.393　"定义螺纹"选项卡

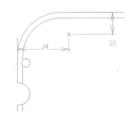

图4.394　定位草图

步骤25 创建如图4.395所示的用户阵列2。在特征树中选中"孔8"作为阵列源对象，选择"变换"工具条中的 ❀（用户阵列）命令，在"定义用户阵列"对话框中单击 ☑ 按钮，选取如图4.395所示的模型表面作为草图平面，绘制如图4.396所示的草图，单击 ● 确定 按钮，完成用户阵列的创建。

步骤26 创建如图4.397所示的孔9。

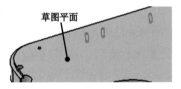

图4.395　用户阵列2

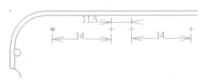

图4.396　定位草图

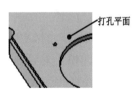

图4.397　孔9

选择"基于草图的特征"工具条中的 ⊙ （孔）命令，在系统提示下选取如图4.397所示的模型表面作为打孔平面，在"定义孔"对话框 类型 选项卡的下拉列表中选择 简单 类型，在 扩展 选项卡"深度"下拉列表中选择 盲孔 类型，在 定义螺纹 选项卡设置如图4.398所示的参数，在 扩展 选项卡单击 ☑ 按钮，绘制如图4.399所示的定位草图，单击 ◎确定 按钮完成孔的创建。

图4.398　"螺纹孔"选项卡

图4.399　定位草图

步骤27 创建如图4.400所示的用户阵列3。在特征树中选中"孔9"作为阵列源对象，选择"变换"工具条中的 ⅍ （用户阵列）命令，在"定义用户阵列"对话框中单击 ☑ 按钮，选取如图4.400所示的模型表面作为草图平面，绘制如图4.401所示的草图，单击 ◎确定 按钮，完成用户阵列的创建。

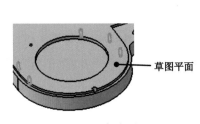

图4.400　用户阵列3

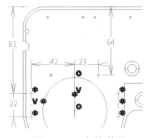

图4.401　定位草图

步骤28 创建如图4.402所示的凹槽6。选择"基于草图的特征"工具条中的 ⊡ （凹槽）命令，选择"定义凹槽"对话框 轮廓/曲面 区域中的 ☑ （草绘）按钮，在系统 选择草图平面 的提示下选取如图4.402所示的模型表面作为草绘平面，绘制如图4.403所示的截面轮廓，在"定义凹槽"对话框 第一限制 区域的"类型"下拉列表中选择 直到最后 选项，单击 ◎确定 按钮，完成特征的创建。

步骤29 创建如图4.404所示的孔10。

图4.402　凹槽6

图4.403　截面草图

图4.404　孔10

选择"基于草图的特征"工具条中的 ⊡（孔）命令，在系统提示下选取如图4.404所示的模型表面作为打孔平面，在"定义孔"对话框 类型 选项卡的下拉列表中选择 简单 类型，在 扩展 选项卡"深度"下拉列表中选择 盲孔 类型，在 定义螺纹 选项卡设置如图4.405所示的参数，在 扩展 选项卡单击 ⊡ 按钮，绘制如图4.406所示的定位草图，单击 ⊙确定 按钮完成孔的创建。

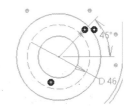

图4.405　"螺纹孔"选项卡　　　　图4.406　定位草图

步骤30 创建如图4.407所示的圆形阵列3。在特征树中选中"孔10"作为阵列源对象，选择"变换"工具条中的 ⊙（圆形阵列）命令，在"定义圆形阵列"对话框中激活 参考方向 区域的 参考元素:文本框，选取如图4.407所示的圆柱面作为方向参考，在 轴向参考 选项卡 参数:下拉列表中选择 完整径向 类型，在 实例:文本框中输入2，其他参数采用默认，单击 ⊙确定 按钮，完成圆形阵列的创建。

步骤31 创建如图4.408所示的孔11。

图4.407　圆形阵列3

图4.408　孔11

选择"基于草图的特征"工具条中的 ⊙ （孔）命令，在系统提示下选取如图4.408所示的模型表面作为打孔平面，在"定义孔"对话框 类型 选项卡的下拉列表中选择 简单 类型，在 扩展 选项卡"深度"下拉列表中选择 直到最后 类型，在 定义螺纹 选项卡设置如图4.409所示的参数，在 扩展 选项卡单击 ☑ 按钮，绘制如图4.410所示的定位草图，单击 ●确定 按钮完成孔的创建。

图4.409　"螺纹孔"选项卡

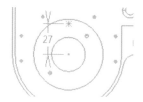

图4.410　定位草图

步骤32 创建如图4.411所示的用户阵列4。在特征树中选中"孔11"作为阵列源对象，选择"变换"工具条中的 ⚙ （用户阵列）命令，在"定义用户阵列"对话框中单击 ☑ 按钮，选取如图4.411所示的模型表面作为草图平面，绘制如图4.412所示的草图，单击 ●确定 按钮，完成用户阵列的创建。

图4.411　用户阵列4

图4.412　定位草图

步骤33 创建如图4.413所示的凹槽7。选择"基于草图的特征"工具条中的 ⊙ （凹槽）命令，选择"定义凹槽"对话框 轮廓/曲面 区域中的 ☑ （草绘）按钮，在系统 选择草图平面 的提示下选取如图4.413所示的模型表面作为草绘平面，绘制如图4.414所示的截面轮廓，在"定义凹槽"对话框 第一限制 区域的"类型"下拉列表中选择 尺寸 选项，在 长度: 文本框中输入深度值4.5，单击 ●确定 按钮，完成特征的创建。

步骤34 创建如图4.415所示的凹槽8。选择"基于草图的特征"工具条中的 ⊙ （凹槽）命令，选择"定义凹槽"对话框 轮廓/曲面 区域中的 ☑ （草绘）按钮，在系统 选择草图平面 的提示下选取如图4.415所示的模型表面作为草绘平面，绘制如图4.416所示的截面轮廓，在"定义凹槽"对话框 第一限制 区域的"类型"下拉列表中选择 尺寸 选项，在 长度: 文本框中输入深度值4，单击 ◎确定 按钮，完成特征的创建。

步骤35　创建如图4.417所示的凹槽9。选择"基于草图的特征"工具条中的 ◙（凹槽）命令，选择"定义凹槽"对话框 轮廓/曲面 区域中的 ◹（草绘）按钮，在系统 选择草图平面 的提示下选取如图4.417所示的模型表面作为草绘平面，绘制如图4.418所示的截面轮廓，在"定义凹槽"对话框 第一限制 区域的"类型"下拉列表中选择 尺寸 选项，在 长度: 文本框中输入深度值4，单击 ◎确定 按钮，完成特征的创建。

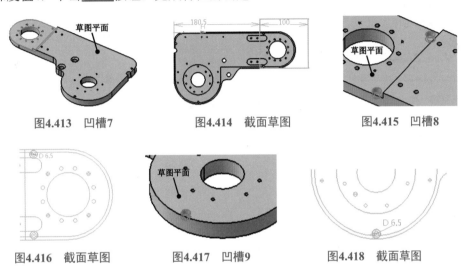

图4.413　凹槽7　　　　图4.414　截面草图　　　　图4.415　凹槽8

图4.416　截面草图　　　　图4.417　凹槽9　　　　图4.418　截面草图

步骤36　创建如图4.419所示的孔12。

选择"基于草图的特征"工具条中的 ◙（孔）命令，在系统提示下选取如图4.419所示的模型表面作为打孔平面，在"定义孔"对话框 类型 选项卡的下拉列表中选择 简单 类型，在 扩展 选项卡"深度"下拉列表中选择 盲孔 类型，在 定义螺纹 选项卡设置如图4.420所示的参数，在 扩展 选项卡单击 ◹ 按钮，绘制如图4.421所示的定位草图，单击 ◎确定 按钮完成孔的创建。

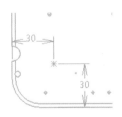

图4.419　孔12　　　　图4.420　"螺纹孔"选项卡　　　　图4.421　定位草图

步骤37 创建如图4.422所示的用户阵列5。在特征树中选中"孔12"作为阵列源对象，选择"变换"工具条中的⚙（用户阵列）命令，在"定义用户阵列"对话框中单击⚙按钮选取如图4.422所示的模型表面作为草图平面，绘制如图4.423所示的草图，单击 ⚙确定 按钮，完成用户阵列的创建。

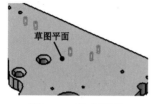

图4.422　用户阵列5

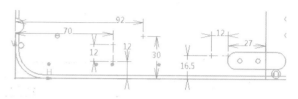

图4.423　定位草图

步骤38 保存文件。选择"标准"工具栏中的 🖫 "保存"命令，系统会弹出"另存为"对话框，在文件名文本框中输入zhuanban，单击 保存(S) 按钮，完成保存操作。

第5章　CATIA钣金设计

5.1　钣金设计入门

5.1.1　钣金设计概述

钣金件是指利用金属的可塑性，针对金属薄板，通过折弯、冲裁及成型等工艺，制造出单个钣金件，然后通过焊接、铆接等装配成的钣金产品。

钣金件的特点：

（1）同一零件的厚度一致。

（2）在钣金壁与钣金壁的连接处是通过折弯连接的。

（3）质量轻、强度高、导电好、成本低。

（4）大规模量产性能好、材料利用率高。

学习钣金件特点的作用：判断一个零件是否是一个钣金件，只有同时符合前两个特点的零件才是一个钣金零件，我们才可以通过钣金的方式来具体实现，否则就不可以。

正是由于有这些特点的存在，所以钣金件的应用非常普遍，钣金件在很多行业被使用，例如机械、电子、电器、通信、汽车工业、医疗机械、仪器仪表、航空航天、机电设备的支撑（电气控制柜）及护盖（机床外围护盖）等。在一些特殊的金属制品中，钣金件可以占到80%左右，如图5.1所示的几种常见钣金设备。

图5.1　常见钣金设备

5.1.2 钣金设计的一般过程

使用CATIA进行钣金件设计的一般过程如下：

（1）新建一个"零件"文件，进入钣金建模环境。

（2）设置钣金默认参数。

（3）以钣金件所支持或者所保护的零部件大小和形状为基础，创建基础钣金特征。

> **说明**
>
> 　　在零件设计中，我们创建的第1个实体特征称为基础特征，创建基础特征的方法很多，例如凸台特征、旋转特征、筋特征及多截面实体特征等；同样的道理，在创建钣金零件时，创建的第1个钣金实体特征我们称为基础钣金特征，创建基础钣金实体特征的方法也很多，例如平整钣金壁、拉伸钣金壁及滚动钣金壁等，一般基体法兰是最常用的创建基础钣金的方法。

（4）创建附加钣金壁（法兰）。在创建完基础钣金后，往往需要根据实际情况添加其他的钣金壁，在CATIA中软件特提供了很多创建附加钣金壁的方法，例如平整附加钣金壁、凸缘、用户凸缘及边缘等。

（5）创建钣金实体特征。在创建完主体钣金后，还可以随时创建一些实体特征，例如拉伸切除、孔特征、倒角特征及圆角特征等。

（6）创建钣金的折弯。

（7）创建钣金的展开。

（8）创建钣金工程图。

5.2 第一钣金壁的创建

5.2.1 平整钣金壁

平整钣金壁是一个平整的薄板，在创建这类钣金壁时，需要绘制钣金壁的正面封闭图形，系统会根据封闭图形创建一个平整薄板（薄板的厚度为提前定义的钣金厚度值）。

下面以如图5.2所示的模型为例，介绍创建平整钣金壁的一般操作过程。

（a）截面轮廓　　　　　　　　　　（b）平整薄板

图5.2　平整钣金壁

步骤1 新建文件。选择"标准"工具条中的 □（新建）命令，在"新建"对话框类型列表区域选择 Part ，然后单击 ●确定 按钮，在系统弹出的"新建零件"对话框 输入零件名称 文本框中输入"平整"，单击 ●确定 按钮进入零件设计环境。

步骤2 在工作台工具条中确认当前为 ◉ "零件设计"工作台。

说明	默认工作台由上一次在新建part零件时所使用的工作台决定。

步骤3 切换工作台。选择下拉菜单 开始 → ▶ 机械设计 → Generative Sheetmetal Design 命令，此时切换到钣金设计工作台 。

步骤4 设置钣金参数。选择Wall工具条中的 命令，或者选择下拉菜单 插入 → Sheet Metal Parameters... 命令，设置如图5.3所示的钣金参数。

如图5.3所示的Sheet Metal Parameters对话框部分选项的说明如下。

（1） Thickness : （板厚）文本框：用于定义钣金的厚度值，如图5.4所示。

（2） Default Bend Radius （默认折弯半径）文本框：用于定义钣金的折弯半径值，如图5.5所示。

（3） Sheet Standards Files... 按钮：用于调入钣金标准文件。单击此按钮可以在相应的目录下载入钣金设计参数表。

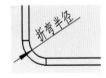

图5.3　**Sheet Metal Parameters**对话框　　　图5.4　板厚　　　图5.5　折弯半径

步骤5 选择命令。选择Wall工具条中的 命令，或者选择下拉菜单 插入 → Walls → Wall... 命令，系统会弹出如图5.6所示的Wall Definition对话框。

步骤6 绘制截面轮廓。在Wall Definition对话框选择 （草图）命令，在系统 选择草图平面 的提示下，选取XY平面作为草绘平面，绘制如图5.7所示的草图。

步骤7 定义钣金参数。在Wall Definition对话框中单击 Invert Side 按钮使厚度方向如图5.8所示，在 Offset: 文本框中输入0。

图5.6 Wall Definition对话框

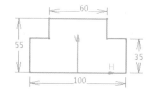

图5.7 截面草图

步骤8 完成创建。单击Wall Definition对话框中的 **确定** 按钮，完成平整钣金壁的创建。

如图5.6所示的Wall Definition对话框部分选项的说明如下。

（1） Profile: 文本框：用于选择或者定义平整的截面轮廓。

（2） ⬙ 按钮：用于沿单方向加厚得到钣金壁，如图5.8所示。

（3） ⬙ 按钮：用于沿双方向加厚得到钣金壁，如图5.9所示。

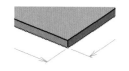

图5.8 单向厚度

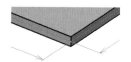

图5.9 双向厚度

（4） Offset: 文本框：用于设置偏移的距离，如图5.10所示。

（a）距离为5   （b）距离为0   （c）距离为-5

图5.10 设置偏移距离

（5） **Invert Side** 按钮：用于设置单向厚度的方向，如图5.11所示。

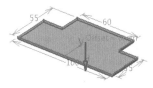

（a）反向前   （b）反向后

图5.11 设置单向厚度的方向

5.2.2 拉伸钣金壁

拉伸钣金壁类似于实体建模中的薄壁凸台，是以拉伸的方式创建第一钣金壁，拉伸钣金壁需要绘制钣金壁的侧面轮廓草图，然后给定钣金的深度值，系统会根据侧面轮廓延伸至指定的深度，以此得到钣金壁。

下面以如图5.12所示的模型为例，介绍创建拉伸钣金壁的一般操作过程。

步骤1 新建文件。选择"标准"工具条中的 ▢ （新建）命令，在"新建"对话框类型列表区域选择 Part ，然后单击 ◎确定 按钮，在系统弹出的"新建零件"对话框 输入零件名称 文本框中输入"拉伸"，单击 ◎确定 按钮进入钣金设计环境。

步骤2 在工作台工具条中确认当前为 ⊞ "钣金设计"工作台。

步骤3 设置钣金参数。选择Wall工具条中的 ⊞ 命令，在 Thickness : 文本框中输入2，在 Default Bend Radius : 文本框中输入1，单击 ◎确定 按钮完成参数设置操作。

步骤4 选择命令。选择Wall工具条中的 ⊘ 命令，或者选择下拉菜单 插入 → Walls → ⊘ Extrusion... 命令，系统会弹出如图5.13所示的Extrusion Definition对话框。

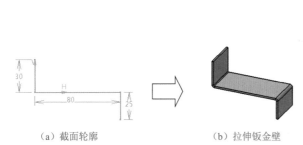

（a）截面轮廓　　　（b）拉伸钣金壁

图5.12　拉伸钣金壁

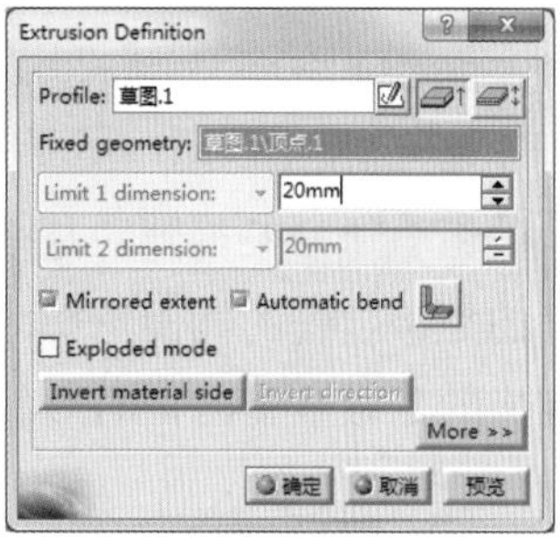

图5.13　**Extrusion Definition**对话框

步骤5 绘制截面轮廓。在Extrusion Definition对话框选择 ⊠ （草图）命令，在系统 选择草图平面 的提示下，选取*YZ*平面作为草绘平面，绘制如图5.14所示的草图。

步骤6 定义钣金参数。在Extrusion Definition对话框选中 ■ Mirrored extent 与 ■ Automatic bend 复选框，在"深度"文本框中输入20，厚度方向如图5.15所示。

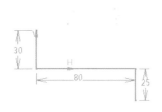

图5.14　截面轮廓

图5.15　钣金厚度方向

步骤7 完成创建。单击Extrusion Definition对话框中的 ◎确定 按钮，完成拉伸钣金壁的创建。

如图5.13所示的Extrusion Definition对话框部分选项的说明如下。

（1） Limit 1 dimension: 选项：用于通过给定深度值确定拉伸终止位置。

（2） Limit 1 up to plane: 选项：用于通过选定平面确定拉伸终止位置。

（3） Limit 1 up to surface: 按钮：用于通过选定曲面确定拉伸终止位置。

（4）□ Mirrored extent 复选框：用于镜像当前的拉伸钣金壁，如图5.16所示。

（5）☑ Automatic bend 复选框：用于控制是否自动添加折弯半径，如图5.17所示。

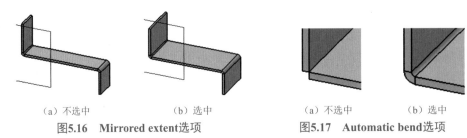

| （a）不选中 | （b）选中 | （a）不选中 | （b）选中 |

图5.16　Mirrored extent选项　　　　　图5.17　Automatic bend选项

（6）Invert material side 按钮：用于设置单向厚度的方向。

（7）Invert direction 按钮：用于控制拉伸的深度方向。

拉伸钣金壁一般得到的是多个钣金壁（也能只创建一个钣金壁，如直线拉伸），其草图定义的是钣金壁的侧面轮廓，不一定要封闭，而平整钣金壁一般只创建一个钣金壁，其草图定义的是钣金壁的正面形状，草图必须封闭。

5.2.3　滚动钣金壁

滚动钣金壁类似于拉伸钣金壁，主要区别为滚动钣金壁的截面必须是单个圆弧，创建滚动钣金壁需要绘制钣金壁的侧面圆弧草图，然后根据给定的深度值创建钣金壁。

下面以如图5.18所示的模型为例，介绍创建滚动钣金壁的一般操作过程。

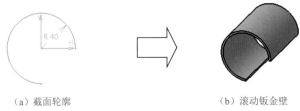

（a）截面轮廓　　　　　　　　　　　　（b）滚动钣金壁

图5.18　滚动钣金壁

步骤1　新建文件。选择"标准"工具条中的□（新建）命令，在"新建"对话框类型列表区域选择Part，然后单击 ●确定 按钮，在系统弹出的"新建零件"对话框 输入零件名称 文本框中输入"滚动"，单击 ●确定 按钮进入钣金设计环境。

步骤2　在工作台工具条中确认当前为 钣 "钣金设计"工作台。

步骤3　设置钣金参数。选择Wall工具条中的 钣 命令，在 Thickness : 文本框中输入3，单击 ●确定 按钮完成参数设置。

步骤4　选择命令。选择Rolled Walls工具条中的 钣 命令，或者选择下拉菜单 插入 → Rolled Walls → 钣 Rolled Wall... 命令，系统会弹出如图 5.19所示的Rolled Wall Definition对话框。

步骤5 绘制截面轮廓。在Rolled Wall Definition对话框选择 ◿（草图）命令，在系统 选择草图平面 的提示下，选取*YZ*平面作为草绘平面，绘制如图5.20所示的草图。

步骤6 定义钣金参数。在Rolled Wall Definition对话框 Type: 下拉列表中选择 Dimension 选项，在 Length 1: 文本框中输入100，厚度方向向内，其他参数采用系统默认。

步骤7 完成创建。单击Rolled Wall Definition对话框中的 ●确定 按钮，完成滚动钣金壁的创建。

如图5.19所示的Rolled Wall Definition对话框部分选项的说明如下。

图5.19　Rolled Wall Definition对话框

（1） First Limit 选项卡：用于控制第一方向的相关参数。

（2） Second Limit 选项卡：用于控制第二方向的相关参数。

（3） □ Symmetrical Thickness 按钮：用于以草图为中心双向对称加厚钣金。

（4） Invert Material Side 按钮：用于调整单向厚度的方向。

（5） Sketch Location: 下拉列表：用于控制展开时的固定点的位置，当选择 Start Point 时，用于将草图的起始点作为展开的固定点，如图5.21所示；当选择 End Point 时，用于将草图的终止点作为展开的固定点，如图5.22所示；当选择 Middle Point 时，用于将草图的中点作为展开的固定点，如图5.23所示。

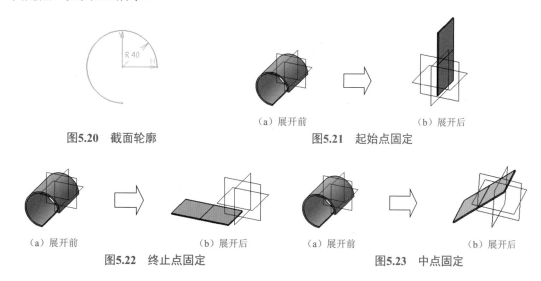

图5.20　截面轮廓

（a）展开前　　　（b）展开后

图5.21　起始点固定

（a）展开前　　　（b）展开后

图5.22　终止点固定

（a）展开前　　　（b）展开后

图5.23　中点固定

5.2.4　多截面钣金壁

多截面钣金壁主要用于创建漏斗形状的钣金件，如各种料斗。多截面钣金壁的创建

▷ 10min

原理与多截面曲面相同，需要先创建两个（或多个）截面草图，然后利用这些截面生成曲面，最后将曲面加厚生成钣金壁。

下面以创建如图5.24所示的天圆地方钣金为例，介绍创建多截面钣金壁的一般操作过程。

图5.24 多截面钣金壁

步骤1 新建文件。选择"标准"工具条中的 □（新建）命令，在"新建"对话框类型列表区域选择 Part ，然后单击 ●确定 按钮，在系统弹出的"新建零件"对话框 输入零件名称 文本框中输入"天圆地方"，单击 ●确定 按钮进入钣金设计环境。

步骤2 在工作台工具条中确认当前为 ⬚ "钣金设计"工作台。

步骤3 设置钣金参数。选择Wall工具条中的 ⬚ 命令，在 Thickness: 文本框中输入2，在 Default Bend Radius: 文本框中输入1，单击 ●确定 按钮完成参数的设置。

步骤4 绘制多截面曲面截面1。选择"草图编辑器"工具栏中的 ⬚（草图）命令，在系统 选择平面、平面的面或草图 的提示下，选取XY平面作为草绘平面，绘制如图5.25所示的草图。

步骤5 创建基准面1。选择"参考元素（扩展）"工具条中的 ⬚（平面）命令，在"平面定义"对话框 平面类型: 下拉列表中选择 偏移平面 类型，选取XY平面作为参考平面，在 偏移: 文本框中输入间距值50，单击 ●确定 按钮，完成基准面的定义，如图5.26所示。

步骤6 绘制多截面曲面截面2。选择"草图编辑器"工具栏中的 ⬚（草图）命令，在系统 选择平面、平面的面或草图 的提示下，选取基准面1作为草绘平面，绘制如图5.27所示的草图。

图5.25 截面1　　　　图5.26 基准面1　　　　图5.27 截面2

步骤7 选择命令。选择Rolled Walls工具条中的 ⬚ 命令，或者选择下拉菜单 插入 → Rolled Walls → ⬚ Hopper... 命令，系统会弹出如图5.28所示的Hopper对话框。

步骤8 创建如图5.29所示的多截面曲面。在Hopper对话框 Selection: 文本框上右击并选择 ⬚ 创建多截面曲面 命令，系统会弹出"多截面曲面定义"对话框；在系统 选择曲线 的提示下选取步骤4绘制的截面1与步骤6绘制的截面2，在 耦合 选项卡 截面耦合: 下拉列表中选择 顶点 类型，单击 ●确定 按钮完成"多截面曲面"的定义。

步骤9　定义裂缝边线和固定点。在Hopper对话框采用系统默认的裂缝边线和固定点，效果如图5.30所示。

图5.28　Hopper对话框　　　　图5.29　多截面曲面　　　　图5.30　缝隙边线与固定点

步骤10　完成创建。单击Hopper对话框中的 ◎确定 按钮，完成多截面钣金壁的创建。

5.2.5　将实体零件转换为钣金件

将实体零件转换为钣金件是另外一种设计钣金件的方法，此方法设计钣金件是先设计实体零件后通过转换命令将其转换成钣金件。下面以创建如图5.31所示的钣金为例，介绍将实体零件转换为钣金件的一般操作过程。

▶6min

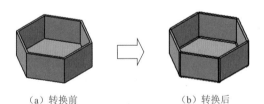

（a）转换前　　　　　　　　　（b）转换后

图5.31　将实体零件转换为钣金件

步骤1　打开文件D:\CATIA2019\work\ch05.02\05\zhuanhuan-ex。

步骤2　切换工作台。选择下拉菜单 开始 → ▶ 机械设计 → 💥 Generative Sheetmetal Design 命令，此时切换到钣金设计工作台💥。

步骤3　设置钣金参数。选择Wall工具条中的💥命令，在 Thickness: 文本框中输入2，在 Default Bend Radius: 文本框中输入1，单击 ◎确定 按钮完成参数的设置。

步骤4　选择命令。选择Wall工具条中的💥命令，或者选择下拉菜单 插入 → 💥 Recognize... 命令，系统会弹出如图5.32所示的Recognize Definition对话框。

步骤5　选择参考。在系统 Select the reference face. 的提示下选取如图5.33所示的面作为基础面，激活 Edges to bend 文本框，选取水平六根边线作为参考。

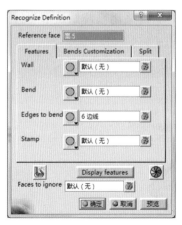

图5.32 Recognize Definition对话框

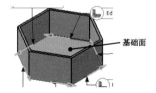

图5.33 选择参考

步骤6 完成创建。单击Recognize Definition对话框中的 ● 确定 按钮，完成转换钣金壁的创建。

5.3 附加钣金壁的创建

5.3.1 平整附加钣金壁

平整附加钣金壁是以现有钣金壁的某一条边作为参考，并与现有钣金壁成一定角度创建一块钣金壁。

在创建平整附加钣金壁时，需要在现有钣金的基础上选取一条或者多条边线作为平整附加钣金壁的附着边，然后定义平整附加钣金壁的形状、尺寸及角度即可。

> **说明** 平整附加钣金壁的附着边可以是直线，但不可以是圆弧或者曲线。

下面以创建如图5.34所示的钣金为例，介绍创建平整附加钣金壁的一般操作过程。

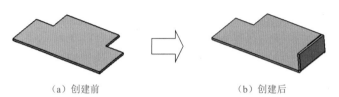

（a）创建前 （b）创建后

图5.34 平整附加钣金壁

步骤1 打开文件D:\CATIA2019\work\ch05.03\01\pingzhengfujia-ex。

步骤2 选择命令。选择Wall工具条中的 ⬚ 命令，或者选择下拉菜单 插入 → Walls → ⬚ Wall On Edge... 命令，系统会弹出如图5.35所示的Wall On Edge Definition对话框。

步骤3 选择类型。在 Type: 下拉列表中选择 Automatic 类型。

步骤4 定义附着边。在系统 Select an input edge. 的提示下，选取如图5.36所示的边线作为附着边。

步骤5 定义平整附加钣金壁参数。在"高度类型"下拉列表中选择 Height: 类型，在"深度"文本框中输入20，在"深度类型"下拉列表中选择 ⬚，在"角度类型"下拉列表中选择 Angle 类型，在"角度"文本框中输入90，在 Clearance mode: 下拉列表中选择 ⬚ No Clearance 类型，单击 Invert Material Side 按钮使附着边与外侧面重合，在 Extremities 选项卡 Left offset: 与 Right offset: 文本框中均输入0，选中 ⬚ With Bend 复选框，其他参数采用默认。

图5.35　Wall On Edge Definition对话框

步骤6 完成创建。单击Wall On Edge Definition对话框中的 ⬚确定 按钮，完成平整附加钣金壁的创建。

如图5.35所示的Wall On Edge Definition对话框部分选项的说明如下。

（1） Automatic 类型：用于创建矩形形状的平整附加钣金壁，如图5.37所示。

（2） Sketch Based 类型：用于创建自定义形状的平整附加钣金壁，如图5.38所示。

 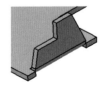

图5.36　选取附着边　　图5.37　Automatic 类型　　图5.38　Sketch Based 类型

（3） Height: 类型：用于使用定义的高度值限制平整附加钣金壁的高度。

（4） Up To Plane/Surface 类型：用于使用指定的平面或者曲面限制平整钣金壁的高度。

（5） ⬚ 类型：用于表示钣金深度是指从基本板的底面开始计算，到折弯面区域端面的距离，如图5.39所示。

（6） ⬚ 类型：用于表示钣金深度是指从基本板的顶面开始计算，到折弯面区域端面的距离，如图5.40所示。

（7） ⬚ 类型：用于表示钣金深度是指从钣金壁平直段的长度，如图5.41所示。

（8） ⬚ 类型：用于表示钣金深度是指从两个外侧面的交点开始计算，到折弯面区域端面的距离，当角度为90°时效果与 ⬚ 相同，如图5.42所示。

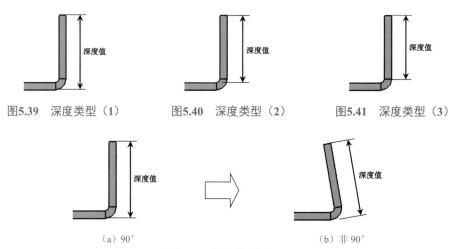

图5.39　深度类型（1）　　　图5.40　深度类型（2）　　　图5.41　深度类型（3）

（a）90°　　　　　　　　　　　　　　（b）非90°

图5.42　深度类型（4）

（9）⊔类型：用于表示钣金深度是指从两个内侧面的交点开始计算，到折弯面区域端面的距离，当角度为90°时效果与⊔相同，如图5.43所示。

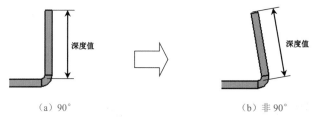

（a）90°　　　　　　　　　　　　　　（b）非90°

图5.43　深度类型（5）

（10）Angle 类型：用于使用定义的角度值来限制平整附加钣金壁的弯曲角度。

（11）Orientation plane 类型：用于使用方向平面来限制平整附加钣金壁的弯曲角度。

（12）No Clearance 类型：用于设置第一钣金壁与平整钣金壁之间没有间隙，如图5.44所示。

（13）Monodirectional 类型：用于设置第一钣金壁与平整钣金壁之间的水平间隙，如图5.45所示。

（14）Bidirectional 类型：用于设置以指定的距离限制第一钣金壁与平整钣金壁之间的双向距离，如图5.46所示。

图5.44　无间隙　　　　　　　图5.45　水平间隙　　　　　　　图5.46　双向距离

（15） Reverse Position 类型：用于控制钣金壁的生成方向，如图5.47所示。

（16） Invert Material Side 类型：用于控制钣金壁相对于附着边的位置，如图5.48所示。

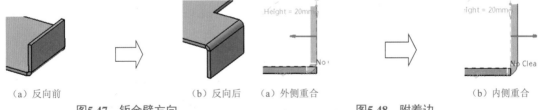

（a）反向前　　　　　　　　（b）反向后　　（a）外侧重合　　　　　　　　（b）内侧重合

图5.47　钣金壁方向　　　　　　　　　　图5.48　附着边

（17） ☑ With Bend 复选框：用于控制是否在钣金壁连接处添加折弯，如图5.49所示。

（18） Extremities 选项卡：用于控制钣金壁的边界限制。Left limit: 文本框用于选取平整钣金壁的左边界限制；Left offset: 文本框用于设置平整钣金壁左侧偏移距离，当距离为正时，钣金壁会向外延伸，当距离为负时钣金壁会向内延伸，如图5.50所示；Right limit: 文本框用于选取平整钣金壁的右边界限制；Right offset: 文本框用于设置平整钣金壁右侧偏移距离，当距离为正时，钣金壁会向外延伸，当距离为负时钣金壁会向内延伸。

（a）选中　　　　（b）不选中　　　　　　（a）正值　　　　　　（b）负值

图5.49　钣金折弯　　　　　　　　图5.50　左侧偏移距离

说明

（1）平整附加钣金壁的附着边可以是单条线性边线，如图5.51（a）所示，也可以是多条线性边线，如图5.51（b）所示。

（2）平整附加钣金壁的角度可以为180°，此时将在原有钣金壁的基础上再添加一块平板，如图5.52所示。

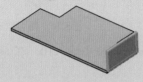
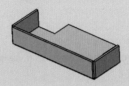
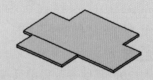

（a）单条线性边线　　　　（b）多条线性边线

图5.51　附着边　　　　　　　　　　图5.52　角度180°

5.3.2 凸缘

凸缘是一种可以定义其侧面形状的钣金薄壁，其壁厚与第一钣金壁相同。在创建凸缘附加钣金壁时，首先需要在现有的钣金壁（第一钣金壁）上选取某条边线作为附加钣金壁的附着边，其次需要定义侧面形状和尺寸等参数。

下面以创建如图5.53所示的钣金为例，介绍创建凸缘的一般操作过程。

（a）创建前　　　　　　　　　　（b）创建后

图5.53　凸缘

步骤1　打开文件D:\CATIA2019\work\ch05.03\02\ tuyuan-ex。

步骤2　选择命令。选择Wall工具条中的 🖳 命令，或者选择下拉菜单 插入 → Walls → Swept Walls → 🔽 Flange... 命令，系统会弹出如图5.54所示的Flange Definition对话框。

步骤3　定义类型。在Flange Definition对话框"类型"下拉列表中选择 Basic 类型，

步骤4　选择附着边。在系统提示下选取如图5.55所示的边线作为附着边。

步骤5　调整钣金壁方向。在**Flange Definition**对话框单击 Reverse Direction 使钣金壁方向向下，如图5.56所示。

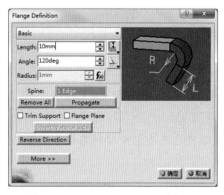

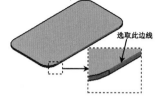

选取此边线

图5.54　**Flange Definition** 对话框　　　图5.55　附着边　　　图5.56　钣金壁方向

步骤6　定义凸缘参数。在Flange Definition对话框 Length: 文本框中输入10，在 Angle: 文本框中输入120，其他参数采用系统默认。

步骤7　完成创建。单击Flange Definition对话框中的 ◉确定 按钮，完成凸缘附加钣金壁的创建。

如图5.54所示的Flange Definition对话框部分选项的说明如下。

（1）Basic 类型：用于在整个附着边上创建凸缘，如图5.57所示。

（2）Relimited 类型：用于通过制定限制对象在部分附着边上创建凸缘，如图5.58所示。

（3）Length: 文本框：用于设置钣金壁的长度，如图5.59所示。

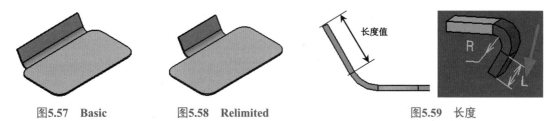

图5.57　Basic　　　　　图5.58　Relimited　　　　　图5.59　长度

（4）Angle: 文本框：用于设置钣金壁的角度。如图5.60所示，其包括 选项和 选项， 用于设置从第一钣金壁绕附着边旋转到凸缘钣金壁所形成的角度限制折弯； 用于设置从第一钣金壁绕y轴旋转到凸缘钣金壁所形成的角度的反角度限制折弯，如图5.61所示。

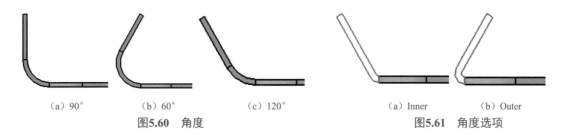

（a）90°　　　（b）60°　　　（c）120°　　　　　（a）Inner　　　（b）Outer

图5.60　角度　　　　　　　　　　　图5.61　角度选项

（5）Radius: 文本框：用于设置钣金的折弯半径，默认受到默认折弯半径的控制，文本框为灰色，用户可以单击 Radius: 文本框后的 $f_{(x)}$ 按钮，在系统弹出的"公式编辑器"对话框中输入半径值即可，如图5.62所示。

（6）Spine: 文本框：用于选取凸缘的附着边，可以是单根边线或者多根相切边线，如图5.63所示。

（7）Remove All 按钮：用于全部移动选取的附着边。

（8）Propagate 按钮：用于自动链选相切附着边线，如图5.64所示。

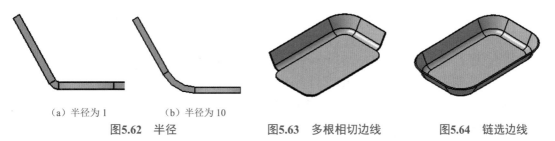

（a）半径为1　　（b）半径为10

图5.62　半径　　　　　图5.63　多根相切边线　　　　　图5.64　链选边线

（9）☐ Trim Support 复选框：用于控制凸缘外侧面是否与附着边重合，如图5.65所示。

（a）选中 　　　　　　　　　　　（b）不选中

图5.65　Trim Support

（10）☐ Flange Plane 复选框：用于通过选取一个面去控制钣金壁的位置。

（11） Invert Material Side 按钮：用于控制附着边与凸缘内外侧面的重合，如图5.66所示。

（12） Reverse Direction 按钮：用于控制钣金壁的生成方向，如图5.67所示。

（a）外侧重合 　　　　　　（b）内侧重合 　　　　　（a）反向前 　　　　　　（b）反向后

图5.66　Invert Material Side 　　　　　　　　图5.67　Reverse Direction

5.3.3　边缘

边缘是一种侧面形状为圆弧与直线（直线角度与附着边所在钣金壁平行）的钣金薄壁，其壁厚与第一钣金壁相同，它与凸缘不同之处在于边缘的角度是不能定义的。在创建边缘附加钣金壁时，首先需要在现有的钣金壁（第一钣金壁）上选取某条边线作为附加钣金壁的附着边，其次需要定义侧面形状和尺寸等参数。

下面以创建如图5.68所示的钣金壁为例，介绍创建边缘的一般操作过程。

（a）创建前 　　　　　　　　　　（b）创建后

图5.68　边缘

步骤1　打开文件D:\CATIA2019\work\ch05.03\03\ bianyuan-ex。

步骤2　选择命令。选择Wall工具条中的 🗄 命令，或者选择下拉菜单 插入 → Walls → Swept Walls → 🗄 Hem... 命令，系统会弹出如图5.69所示的Hem Definition对话框。

步骤3　选择附着边。选取如图5.70所示的边线作为附着边。

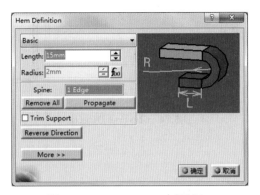

图5.69 Hem Definition对话框

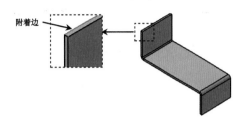

图5.70 选择附着边

步骤4 定义边缘参数。在Hem Definition对话框"类型"下拉列表中选择 Basic 类型，在 Length: 文本框中输入15，单击 Radius: 文本框后的 f(x) 按钮，在系统弹出的对话框中输入半径2后单击 ●确定 按钮返回Hem Definition对话框，其他参数均采用系统默认。

步骤5 完成创建。单击Hem Definition对话框中的 ●确定 按钮，完成边缘附加钣金壁的创建。

180°折弯的加工方法说明： 先用30°折弯刀将板材折成30°，再将折弯边压平，压平后抽出垫板。最小折弯边尺寸L的一次折弯边的最小折弯边尺寸加t（t为材料厚度），高度H应该选择常用的板材，如0.5、0.8、1.0、1.2、1.5、2.0，一般这个高度不宜选择更大的尺寸，如图5.71所示。

一次性打死边的加工方法说明： 先用30°折弯刀将板材折成30°，再将折弯边压平。最小折弯边尺寸L一次折弯边的最小折弯边尺寸加0.5t（t为材料厚度）。压死边一般适用于板材为不锈钢、镀锌板、覆铝锌板等。电镀件不宜采用，因为压死边的地方会有夹酸液的现象，如图5.72所示。

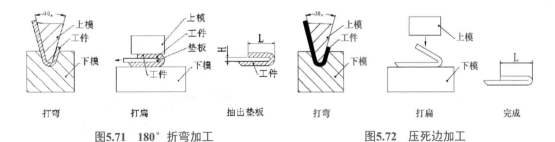

图5.71 180°折弯加工　　　　　　图5.72 压死边加工

如图5.69所示的Hem Definition对话框部分选项的说明如下。

（1） □Trim Support 复选框：用于控制边缘的顶端是否与附着边所在断面平齐，如图5.73所示。

（2） Reverse Direction 按钮：用于控制钣金壁的生成方向，如图5.74所示。

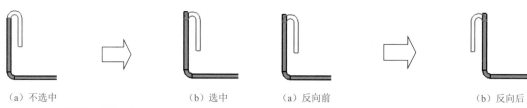

（a）不选中　　　　　　　　　　（b）选中　　　　　　（a）反向前　　　　　　　　　　（b）反向后

图5.73　Trim Support　　　　　　　　　图5.74　Reverse Direction

5.3.4　滴料折边

滴料折边是一种可以定义其侧面形状的钣金薄壁并且其开放端的边缘与第一钣金壁相切，其壁厚与第一钣金壁相同。在创建滴料折边附加钣金壁时，首先需要在现有的钣金壁（第一钣金壁）上选取某条边线作为附加钣金壁的附着边，其次需要定义侧面形状和尺寸等参数。

下面以创建如图5.75所示的钣金壁为例，介绍创建滴料折边的一般操作过程。

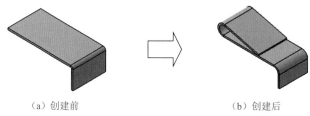

（a）创建前　　　　　　　　　　　　　　（b）创建后

图5.75　滴料折边

步骤1　打开文件D:\CATIA2019\work\ch05.03\04\ diliaozhebian-ex。

步骤2　选择命令。选择Wall工具条中的 命令，或者选择下拉菜单 插入 → Walls → Swept Walls → Tear Drop... 命令，系统会弹出如图5.76所示的Tear Drop Definition对话框。

步骤3　选择附着边。选取如图5.77所示的边线作为附着边。

图5.76　Tear Drop Definition对话框

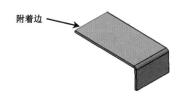

附着边

图5.77　选取附着边

步骤4　定义边缘参数。在Tear Drop Definition对话框"类型"下拉列表中选择 Basic 类型，在 Length: 文本框中输入50，单击 Radius: 文本框后的 f(x) 按钮，在系统弹出的对话框中输入半径6后单击 确定 按钮返回Tear Drop Definition对话框，单击 Reverse Direction 使钣金壁方向向上，其他参数均采用系统默认。

步骤5 完成创建。单击Tear Drop Definition对话框中的 确定 按钮，完成滴料折边附加钣金壁的创建。

5.3.5　用户凸缘

5min

用户凸缘是一种可以自定义其侧面形状的钣金薄壁，其壁厚与第一钣金壁相同。在创建时，首先需要在现有的钣金壁（第一钣金壁）上选取某条边线作为附加钣金壁的附着边，其次需要定义侧面形状和尺寸等参数。

下面以创建如图5.78所示的钣金壁为例，介绍创建用户凸缘的一般操作过程。

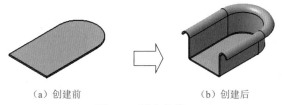

（a）创建前　　　（b）创建后

图5.78　用户凸缘

步骤1 打开文件D:\CATIA2019\work\ch05.03\05\ yonghutuyuan-ex。

步骤2 选择命令。选择Wall工具条中的 命令，或者选择下拉菜单 插入 → Walls → Swept Walls → User Flange... 命令，系统会弹出如图5.79所示的User-Defined Flange Definition对话框。

步骤3 选择附着边。选取如图5.80所示的边线作为附着边，然后单击 Propagate 链选相切的圆弧与直线。

图5.79　**User-Defined Flange Definition** 对话框

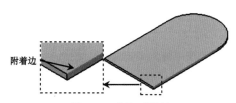

图5.80　选取附着边

步骤4 定义侧面形状。单击User-Defined Flange Definition对话框中的 按钮，选取如图5.81所示的模型表面作为草图平面，绘制如图5.82所示的草图。

步骤5 完成创建。单击User-Defined Flange Definition对话框中的 确定 按钮，完成用户凸缘附加钣金壁的创建。

图5.81　草图平面　　　　　图5.82　截面轮廓

5.3.6　柱面弯曲

柱面弯曲是一种可以在两个钣金壁之间添加柱面折弯圆角的功能。在创建时，需要先定义两个钣金壁，然后定义折弯半径角度参数。

下面以创建如图5.83所示的钣金壁为例，介绍创建柱面弯曲的一般操作过程。

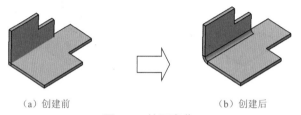

（a）创建前　　　　　　　　　（b）创建后

图5.83　柱面弯曲

步骤1　打开文件D:\CATIA2019\work\ch05.03\06\ yonghutuyuan-ex。

步骤2　选择命令。选择Bending工具条中的 🔽 命令，或者选择下拉菜单 插入 → Bending → 🔽 Bend... 命令，系统会弹出如图5.84所示的Bend Definition对话框。

步骤3　定义支持元素。在系统 Select a wall or a support face 的提示下选取如图5.85所示的面1与面2作为参考。

图5.84　**Bend Definition** 对话框

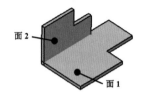

图5.85　支持元素

步骤4　定义柱面弯曲参数。在Bend Definition对话框单击 Radius: 文本框后的 f(x) 按钮，在系统弹出的对话框中输入半径2后单击 确定 按钮返回Bend Definition对话框，折弯角度采用系统默认。

步骤5 完成创建。单击Bend Definition对话框中的 ⊙确定 按钮，完成柱面弯曲的创建。

图5.84所示的Bend Definition对话框部分选项的说明如下。

（1）Support 1:文本框：用于选择显示指定的第一支持元素。

（2）Support 2:文本框：用于选择显示指定的第二支持元素。

（3）Radius:文本框：用于定义弯曲半径值。

（4）Angle:文本框：用于显示弯曲角度值。

（5）More >> 按钮：用于显示Bend Definition对话框更多参数，如图5.86所示。

图5.86　Bend Definition对话框更多参数

图5.86所示的Bend Definition对话框更多参数部分选项的说明如下。

（1）Left Extremity 选项卡：用于定义左侧的止裂槽参数。

（2）Right Extremity 选项卡：用于定义右侧的止裂槽参数。

（3）下拉列表：用于选择止裂槽的类型，其中包括Minimum with no relief选项（如图5.87所示）、Square relief选项（如图5.88所示）、Round relief选项（如图5.89所示）、Linear选项（如图5.90所示）、Tangent选项（如图5.91所示）、Maximum选项（如图5.92所示）、Closed选项（如图5.93所示）和Flat joint选项（如图5.94所示）。

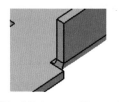 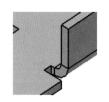 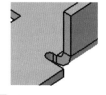 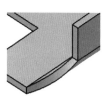

图5.87　Minimum with no relief　图5.88　Square relief　图5.89　Round relief　图5.90　Linear

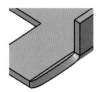

图5.91　Tangent　　　图5.92　Maximum　　　图5.93　Closed　　　图5.94　Flat joint

5.3.7　锥面弯曲

锥面弯曲是一种可以在两个钣金壁之间添加锥面折弯圆角的功能。在创建时，需要先定义两个钣金壁，然后定义折弯半径角度参数。

下面以创建如图5.95所示的钣金壁为例，介绍创建锥面弯曲的一般操作过程。

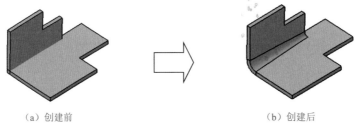

（a）创建前　　　　　　　　　　　　　（b）创建后

图5.95　锥面弯曲

步骤1　打开文件D:\CATIA2019\work\ch05.03\07\zhuimianwanqu-ex。

步骤2　选择命令。选择Bending工具条中的▨命令，或者选择下拉菜单 插入 → Bending → ▨ Conical Bend... 命令，系统会弹出如图5.96所示的Bend Definition对话框。

步骤3　定义支持元素。在系统 Select a wall or a support face 的提示下选取如图5.97所示的面1与面2作为参考。

图5.96　Bend Definition 对话框

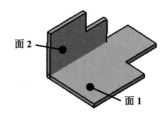

图5.97　支持元素

步骤4　定义柱面弯曲参数。在Bend Definition对话框 Left radius: 文本框中输入2，在 Right radius: 文本框中输入4，折弯角度采用系统默认。

步骤5　完成创建。单击Bend Definition对话框中的 ●确定 按钮，完成锥面弯曲的创建。

5.4　钣金的折弯与展开

对钣金进行折弯是钣金加工中很常见的一种工序，通过钣金折弯命令就可以对钣金的形状进行改变，从而获得所需的钣金零件。

5.4.1　钣金折弯

"钣金折弯"是将钣金的平面区域以折弯线为基准弯曲某个角度。在进行折弯操作时，应注意折弯特征仅能在钣金的平面区域建立，不能跨越另一个折弯特征。

钣金折弯特征需要包含如下四大要素，如图5.98所示。

（1）折弯线：用于控制折弯位置和折弯形状的直线，折弯线可以是一条，也可以是多条，折弯线需要是线性对象。

（2）固定面：用于控制折弯时保持固定不动的面。

（3）折弯半径：用于控制折弯部分的弯曲半径。

（4）折弯角度：用于控制折弯的弯曲程度。

下面以创建如图5.99所示的钣金为例，介绍钣金折弯的一般操作过程。

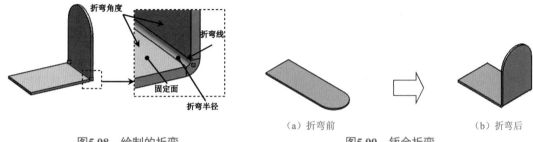

图5.98　绘制的折弯　　　　　（a）折弯前　　　　（b）折弯后

图5.99　钣金折弯

步骤1 打开文件D:\CATIA2019\work\ch05.04\01\ banjinzhewan-ex。

步骤2 选择命令。选择Bending工具条中的 命令，或者选择下拉菜单 插入 → Bending → Bend From Flat... 命令，系统会弹出如图5.100所示的Bend From Flat Definition对话框。

步骤3 定义折弯线。在Bend From Flat Definition对话框单击 按钮，选取如图5.101所示的模型表面作为草图平面，绘制如图5.102所示的草图。

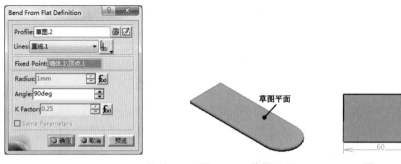

图5.100　Bend From Flat Definition对话框　　图5.101　草图平面　　图5.102　折弯线

步骤4 定义折弯线的类型。在Lines下拉列表后的 下拉列表中选择Axis选项 。

步骤5 定义固定侧。采用系统默认的固定点位置，如图5.103所示。

步骤6 定义折弯参数。在 Angle: 文本框中输入90，将 Radius: 设置为1，其他参数保持系统默认设置值。

步骤7 单击 ● 确定 按钮，完成折弯的创建。

如图5.100所示的Bend From Flat Definition对话框部分选项的说明如下。

（1） Profile:文本框：用于定义或者选取折弯草图，折弯线可以是一根，如图5.104所示，也可以是多根线性对象，如图5.105所示，但不可以是圆弧样条等对象。

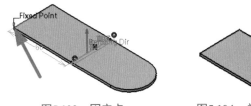

图5.103　固定点

图5.104　单根折弯线

图5.105　多根折弯线

（2） Lines:文本框：用于选择折弯草图中的折弯线，当折弯草图中有多条直线时需要从列表中选取折弯线，以方便定义折弯线的类型。

（3）类型：用于控制在展开状态下，创建的折弯区域将均匀地分布在折弯线两侧，如图5.106所示。

（4）类型：用于控制在展开状态下，创建的折弯区域均在折弯线的右侧，如图5.107所示。

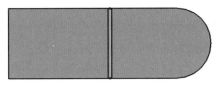

图5.106　Axis

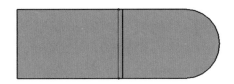

图5.107　BTL Base Feature

（5）类型：用于控制在非展开状态下，折弯线与两个钣金壁内侧面重合，如图5.108所示。

（6）类型：用于控制在非展开状态下，折弯线与折弯钣金壁外侧面重合，如图5.109所示。

图5.108　IML

图5.109　OML

（7）　类型：用于控制在展开状态下，创建的折弯区域均在折弯线的左侧，如图5.110所示。

（8）Fixed Point:文本框：用于显示选择固定点，如图5.111所示。

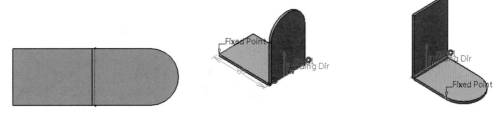

图5.110　BTL Support　　　　　　　　　图5.111　固定点

5.4.2　钣金展平

钣金展平就是将带有折弯的钣金零件展平为二维平面的薄板。在钣金设计中，如果需要在钣金件的折弯区域创建切除特征，则首先需要用展平命令将折弯特征展平，然后就可以在展平的折弯区域创建切除特征。也可以通过钣金展平的方式得到钣金的下料长度。

下面以创建如图5.112所示的钣金为例，介绍钣金展平的一般操作过程。

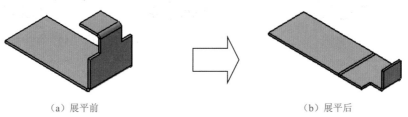

（a）展平前　　　　　　　　　　　　　　（b）展平后

图5.112　钣金展平

步骤1　打开文件D:\CATIA2019\work\ch05.04\02\zhanping-ex。

步骤2　选择命令。选择Bending工具条中的　命令，或者选择下拉菜单 插入 → Bending → Unfolding... 命令，系统会弹出如图5.113所示的Unfolding Definition对话框。

步骤3　选择固定几何面。在系统 Select a reference face 的提示下选取如图5.114所示的模型表面作为固定几何面。

步骤4　选择展开面。在系统 Select a face to unfold 的提示下选取如图5.114所示的折弯参考。

步骤5　单击 ● 确定 按钮，完成展开的创建。

如图5.113所示的Unfolding Definition对话框部分选项的说明如下。

（1）Reference Face :文本框：用于选取展开固定几何平面。

（2）`Unfold Faces`:文本框：用于选择要展开的面。

（3）`Select All`按钮：用于自动选取所有展开面，如图5.115所示。

（4）`Unselect`按钮：用于自动取消选取所有展开面。

图5.113　Unfolding Definition对话框

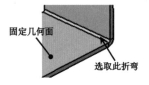

图5.114　选择展开参考

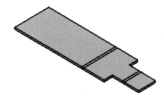

图5.115　全部展开

（5）`Angle type:`下拉列表：用于定义折弯角度的类型，其中包括`Natural`、`Defined`与`Spring back`3种类型，`Natural`用于使用展平前的角度值，如图5.116所示，`Defined`用于使用用户自定义的角度值，如图5.117所示，`Spring back`用于使用用户自定义角度值的补角值，如图5.118所示。

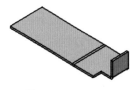

图5.116　Natural

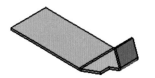

图5.117　Defined

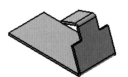

图5.118　Spring back

5.4.3　钣金折叠

钣金折叠与钣金展开的操作非常类似，但作用是相反的，钣金折叠主要是将展开的钣金零件重新恢复到钣金展开之前的效果。

下面以创建如图5.119所示的钣金为例，介绍钣金折叠的一般操作过程。

（a）折叠前　　　　　　　　　　　　　　　（b）折叠后

图5.119　钣金折叠

步骤1　打开文件D:\CATIA2019\work\ch05.04\03\ zhedie-ex。

步骤2　创建如图5.120所示的剪口1。选择Cutting/Stamping工具条中的▣命令，在

Cutout Definition对话框中单击▣按钮，选取如图5.120所示的模型表面作为草图平面，绘制如图5.121所示的草图，在Cutout Definition对话框 Type: 下拉列表中选择 Up to next 类型，其他参数采用系统默认，单击 ◉确定 按钮，完成剪口特征的创建。

步骤3 选择命令。选择Bending工具条中的🔧命令，或者选择下拉菜单 插入 → Bending → 🔧 Folding... 命令，系统会弹出如图5.122所示的Folding Definition对话框。

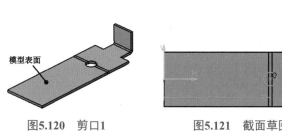

模型表面

图5.120 剪口1　　　　图5.121 截面草图　　　　图5.122 Folding Definition对话框

步骤4 选择固定几何面。在系统 Select a reference face 的提示下选取如图5.120所示的模型表面作为固定几何面。

步骤5 选择折叠面。在Folding Definition对话框单击 Select All 将自动选取所有可以折叠的折弯模型。

步骤6 单击 ◉ 确定 按钮，完成折叠的创建。

5.4.4　钣金视图

选择Views工具条中的🔧命令，或者选择下拉菜单 插入 → Views → 🔧 Fold/Unfold 命令即可全部展开钣金模型，如图5.123所示，再次单击🔧即可将钣金零件折叠起来，如图5.124所示。

▶4min

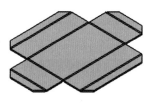

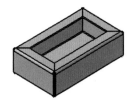

图5.123 展开　　　　　　　　　图5.124 折叠

选择Views工具条中的🔧命令，或者选择下拉菜单 插入 → Views → 🔧 Multi Viewer... 命令即可打开两个视图，选择下拉菜单 窗口 → 水平平铺 命令即可平铺两个视图窗口，如图5.125所示。

选择Views工具条中的🔧命令，或者选择下拉菜单 插入 → Views → 🔧 Views Management 命令，在系统弹出的如图5.126所示的"视图"对话框中选中要查看的视图后设为当前即可。

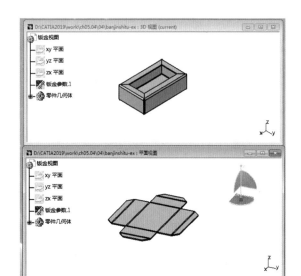

图5.125　两个视图

图5.126　"视图"对话框

5.5　钣金成型

5.5.1　基本概述

把一个冲压模具（冲模）上的某个形状通过冲压的方式印贴到钣金件上，从而得到一个凸起或者凹陷的特征效果，这就是钣金成型。

在成型特征的创建过程中冲压模具的选择最为关键，只有选择一个合适的冲压模具才能创建出一个完美的成型特征。在CATIA中用户可以直接使用软件提供的冲压模具（曲面冲压、圆缘槽冲压、曲线冲压、凸缘开口、散热孔冲压、桥形冲压、凸缘孔冲压、环状冲压、加强筋的冲压和销子冲压），也可按要求自己创建冲压模具。

5.5.2　曲面冲压

15min

下面以创建如图5.127所示的钣金为例，介绍创建曲面冲压的一般操作过程。

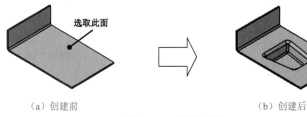

选取此面

（a）创建前　　　　　　　　　（b）创建后

图5.127　曲面冲压

步骤1 打开文件D:\CATIA2019\work\ch05.05\02\qumianchongya-ex。

步骤2 选择命令。选择Cutting/Stamping工具条中"冲压"节点下的 命令，或者选择下拉菜单 插入 → Stamping → Surface Stamp... 命令，系统会弹出如图5.128所示的Surface Stamp Definition对话框。

步骤3 绘制曲面冲压的轮廓。在Surface Stamp Definition对话框中单击 按钮，选取如图5.127所示的模型表面作为草图平面，绘制如图5.129所示的截面草图。

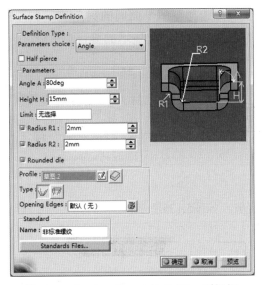

图5.128　Surface Stamp Definition 对话框

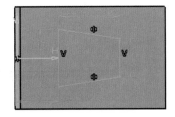

图5.129　截面轮廓

步骤4 定义曲面冲压参数。在Surface Stamp Definition对话框 Parameters choice 下拉列表中选择 Angle ，在 Angle A 文本框中输入80，在 Height H 文本框中输入15，在 Radius R1 与 Radius R2 文本框中均输入2，选中 Rounded die 复选框，选择 Type 后的 ，其他参数采用系统默认。

步骤5 单击 确定 按钮，完成曲面冲压的创建。

如图5.128所示的Surface Stamp Definition对话框中的部分说明如下。

（1） Definition Type 区域：用于定义曲面冲压的类型，其包括 Parameters choice 下拉列表和 Half pierce 复选框。

（2） Parameters choice 下拉列表：用于选择限制曲面冲压的参数类型，其包括 Angle 选项、Punch & Die 选项和 Two profiles 选项。 Angle 选项用于使用角度和深度限制冲压曲面，如图5.130所示。 Punch & Die 选项用于使用高度限制冲压曲面，如图5.131所示。 Two profiles 选项用于使用两个截面草图限制冲压曲面。

（3） Half pierce 复选框：用于设置使用半穿刺方式创建冲压曲面，此类型只需输入深度和角度值，如图5.132所示。

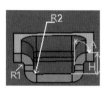

图5.130　Angle

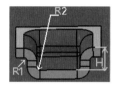
图5.131　Punch Die

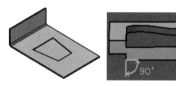
图5.132　Half pierce

（4）⬚Parameters 区域：用于设置限制冲压曲面的相关参数。

（5）⬚Angle A: 文本框：用于定义冲压后竖直内边与草图平面间的夹角值，如图5.133所示，需要注意角度值不可以大于90°，否则会弹出如图5.134所示的警告对话框。

（a）90°

（b）70°

图5.133　Angle

图5.134　"警告"对话框

（6）⬚Height H: 文本框：用于定义冲压深度值，如图5.135所示。

（a）深度为15

（b）深度为8

图5.135　Height

（7）⬚Limit : 文本框：用户可以在绘图区选取一个平面限制冲压深度。

（8）⬚Radius R1 : 文本框：用于设置创建圆角R1，用户可以在其后的文本框中定义圆角R1的值，如图5.136所示。

（9）⬚Radius R2: 文本框：用于设置创建圆角R2，用户可以在其后的文本框中定义圆角R2的值，如图5.137所示。

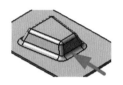
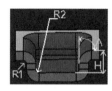
图5.136　Radius R1

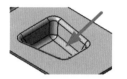
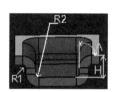
图5.137　Radius R2

（10）⬚Rounded die 文本框：用于设置自动创建过渡圆角，如图5.138所示。

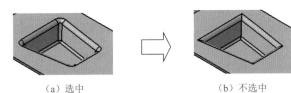

（a）选中　　　　　　　　　　　（b）不选中

图5.138　Rounded die

（11）Profile：文本框：单击此文本框，用户可以在绘图区选取冲压轮廓。

（12）☑按钮：单击此按钮用户可以绘制冲压轮廓，冲压轮廓可以是单一封闭的，如图5.139所示，也可以是多重封闭的，如图5.140所示。

（13）Type按钮组：用于设置冲压轮廓的类型，其包括☑按钮和☑按钮。☑按钮：用于设置使用所绘轮廓限制冲压曲面的上截面，如图5.141所示。☑按钮：用于设置使用所绘轮廓限制冲压曲面的下截面，当角度小于90°时观察更清楚，如图5.142所示。

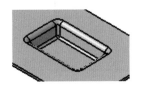 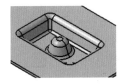 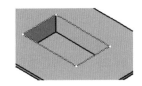 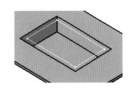

图5.139　单一封闭截面　　图5.140　多重封闭截面　　图5.141　Upward　　图5.142　Downward

（14）Opening Edges：文本框：单击此文本框，用户可以在绘图区选取开放边，如图5.143所示。

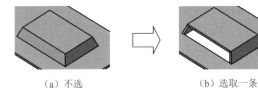

（a）不选　　　　　　　　　　（b）选取一条

图5.143　Opening Edges

5.5.3　凸圆冲压

下面以创建如图5.144所示的钣金为例，介绍创建凸圆冲压的一般操作过程。

7min

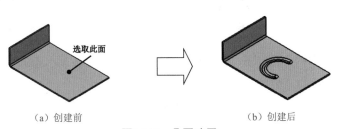

选取此面

（a）创建前　　　　　　　　　　（b）创建后

图5.144　凸圆冲压

步骤1 打开文件D:\CATIA2019\work\ch05.05\03\tuyuanchongya-ex。

步骤2 选择命令。选择Cutting/Stamping工具条中"冲压"节点下的 ▨ 命令，或者选择下拉菜单 插入 → Stamping → ▨ Bead... 命令，系统会弹出如图5.145所示的Bead Definition对话框。

步骤3 绘制凸圆冲压的轮廓。在Bead Definition对话框中单击 ▨ 按钮，选取如图5.144所示的模型表面作为草图平面，绘制如图5.146所示的截面草图。

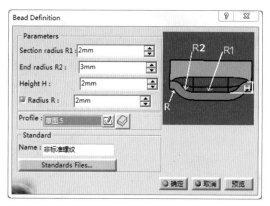

图5.145 Bead Definition 对话框

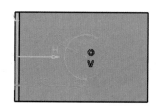

图5.146 截面轮廓

步骤4 定义凸圆冲压参数。在Bead Definition对话框 Section radius R1 文本框中输入2，在 End radius R2： 文本框中输入3，在 Height H： 文本框中输入2，选中 ☑ Radius R： 复选框，然后在其后的文本框中输入2，其他参数采用系统默认。

步骤5 单击 ◉ 确定 按钮，完成凸圆冲压的创建。

如图5.145所示的Bead Definition对话框中的部分说明如下。

（1） Section radius R1： 文本框：用于定义R1半径值，如图5.147所示。

（2） End radius R2： 文本框：用于定义R2半径值，如图5.148所示。

图5.147 Section radius R1

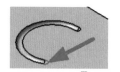

图5.148 End radius R2

（3） Height H： 文本框：用于定义凸圆的深度值，深度值必须小于或等于R1，否则系统将弹出如图5.149所示的"更新诊断"对话框。

（4） ☑ Radius R： 文本框：用于设置创建圆角R，用户可以在其后的文本框中定义R的半径值，如图5.150所示。

图5.149 "更新诊断"对话框　　　　　　　　图5.150 Radius R

（5）按钮：用于绘制凸圆成型的轮廓，可以是直线（如图5.151所示）、圆弧（如图5.152所示）及直线与圆弧的组合对象（如图5.153所示）。

图5.151 直线　　　　　图5.152 圆弧　　　　　图5.153 直线与圆弧

> **注意**　直线与圆弧需要相切过渡才可以创建凸圆成形。

5.5.4 曲线冲压

下面以创建如图5.154所示的钣金为例，介绍创建曲线冲压的一般操作过程。

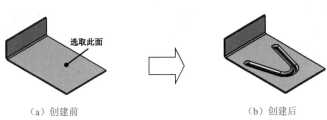

（a）创建前　　　　　　　　　　（b）创建后

图5.154 曲线冲压

步骤1 打开文件D:\CATIA2019\work\ch05.05\04\quxianchongya-ex。

步骤2 选择命令。选择Cutting/Stamping工具条中"冲压"节点下的 命令，或者选择下拉菜单 插入 → Stamping → Curve Stamp... 命令，系统会弹出如图5.155所示的Curve stamp definition对话框。

步骤3 绘制曲线冲压的轮廓。在Curve stamp definition对话框中单击 按钮，选取如图5.154所示的模型表面作为草图平面，绘制如图5.156所示的截面轮廓。

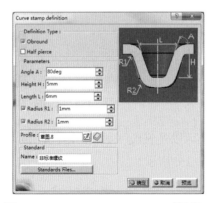

图5.155　Curve stamp definition对话框　　　图5.156　截面轮廓

步骤4 定义曲线冲压参数。在Curve stamp definition对话框 Definition Type : 区域选中 Obround ，在 Angle A 文本框中输入值80，在 Height H : 文本框中输入值5，在 Length L : 文本框中输入值6；选中 Radius R1 : 复选框和 Radius R2 : 复选框，并分别在其后的文本框中输入值1和1，其他参数采用系统默认。

步骤5 单击 确定 按钮，完成曲线冲压的创建。

如图5.155所示的Curve stamp definition对话框中的部分说明如下。

（1） Definition Type : 区域：用于设置曲线冲压的创建类型。

（2） Obround 复选框：用于设置是否在草图末端创建圆弧，如图5.157所示。

（3） Half pierce 复选框：用于设置使用半穿刺方式创建冲压，如图5.158所示。

（a）选中　　　　　　　　　（b）不选中

图5.157　Obround　　　　　　　　　图5.158　Half pierce

（4） Angle A 文本框：用于定义A角度，角度不可以超过90°，如图5.159所示。

（5） Height H 文本框：用于定义冲压深度，如图5.160所示。

（a）90°　　　　　　　（b）70°　　　　　　　（a）5mm　　　　　　　（b）8mm

图5.159　Angle　　　　　　　　　图5.160　Height

（6）Length L 文本框：用于定义冲压口的截面长度L值，如图5.161所示。

（7）Radius R1 文本框：用于设置创建圆角R1，用户可以在其后的文本框中定义圆角R1的值，如图5.162所示。

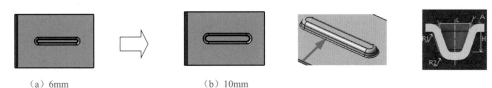

（a）6mm　　　　　　　　　　　　　　　（b）10mm

图5.161　Length　　　　　　　　图5.162　Radius R1

（8）Radius R2 文本框：用于设置创建圆角R2，用户可以在其后的文本框中定义圆角R2的值，如图5.163所示。

图5.163　Radius R2

5.5.5　凸缘剪口冲压

下面以创建如图5.164所示的钣金为例，介绍创建凸缘剪口冲压的一般操作过程。

4min

选取此面

（a）创建前　　　　　　　　　　　　　　（b）创建后

图5.164　凸缘剪口冲压

步骤1 打开文件D:\CATIA2019\work\ch05.05\05\tuyuanjiankouchongya-ex。

步骤2 选择命令。选择Cutting/Stamping工具条中"冲压"节点下的 命令，或者选择下拉菜单 插入 → Stamping → Flanged Cut Out... 命令，系统会弹出Flanged Cutout Definition对话框。

步骤3 绘制凸缘剪口冲压的轮廓。在Flanged Cutout Definition对话框中单击 按钮，选取如图5.164所示的模型表面作为草图平面，绘制如图5.165所示的截面草图。

步骤4 定义凸缘剪口参数。在Flanged Cutout Definition对话框

图5.165　截面轮廓

Height H: 文本框中输入10，在 Angle A: 文本框中输入80，在 ☑ Radius R: 文本框中均输入1，其他参数采用系统默认。

步骤5 单击 ● 确定 按钮，完成凸缘剪口冲压的创建。

5.5.6 扇热孔冲压

下面以创建如图5.166所示的钣金为例，介绍创建扇热孔冲压的一般操作过程。

步骤1 打开文件D:\CATIA2019\work\ch05.05\06\shanrekongchongya-ex。

步骤2 选择命令。选择Cutting/Stamping工具条中"冲压"节点下的 ◢ 命令，或者选择下拉菜单 插入 → Stamping → ◢ Louver... 命令，系统会弹出如图5.167所示的Louver Definition对话框。

（a）创建前　　　　　　　　　　（b）创建后

图5.166　扇热孔冲压

步骤3 绘制扇热孔冲压的轮廓。在Louver Definition对话框中单击 ☑ 按钮，选取如图5.166所示的模型表面作为草图平面，绘制如图5.168所示的截面草图。

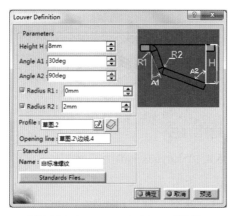

图5.167　Louver Definition 对话框

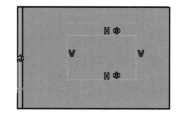

图5.168　截面草图

> **说明**　扇热孔冲压的截面需要封闭，封闭对象可以是直线、圆弧及样条等。

步骤4 定义扇热孔冲压参数。在Louver Definition对话框 Parameters 区域的 Height H: 文本框

中输入8，在 Angle A1 : 文本框中输入30，在 Angle A2 : 文本框中输入90，选中 ☑ Radius R1 : 复选框和

☑ Radius R2 : 复选框，并分别在其后的文本框中输入2，其他参数
采用系统默认。

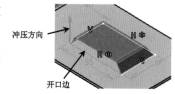

【步骤5】 定义开口边与方向。在Louver Definition对话框激
活 Opening line : 文本框，选取如图5.169所示的边线作为开口边。

【步骤6】 单击 ◉ 确定 按钮，完成扇热孔冲压的创建。

图5.169　定义开口边与方向

5.5.7　桥接冲压

下面以创建如图5.170所示的钣金为例，介绍创建桥接冲压的一般操作过程。

（a）创建前　　　　　　　　　　　（b）创建后

图5.170　桥接冲压

【步骤1】 打开文件D:\CATIA2019\work\ch05.05\06\qiaojiechongya-ex。

【步骤2】 选择命令。选择Cutting/Stamping工具条中"冲压"节点下的 ▨ 命令，或者选
择下拉菜单 插入 → Stamping → ▨ Bridge... 命令，在系统提示下选取如图5.170所示的模型表面
作为冲压面。系统会弹出如图5.171所示的Bridge Definition对话框。

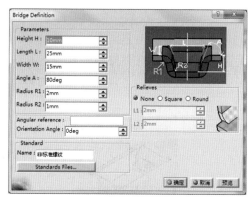

图5.171　Bridge Definition对话框

| 说明 | 选取面的位置就是默认的冲压位置。 |

步骤3 定义桥接冲压参数。在Bridge Definition对话框 Parameters 区域的 Height H: 文本框中输入10，在 Length L: 文本框中输入25，在 Width W: 文本框中输入15，在 Angle A: 文本框中输入80，在 Radius R1: 文本框中输入2，在 Radius R2: 中输入1。

步骤4 单击 ● 确定 按钮，完成桥接冲压的初步创建。

步骤5 定义桥接冲压位置。在特征树中双击 桥接.1 下的定位草图，添加如图5.172所示的约束和尺寸。

如图5.171所示的Bridge Definition对话框中的部分说明如下。

（1） Angular reference: 文本框：用于选取桥接冲压的方向参考直线，如图5.173所示。

图5.172 定位草图

（a）默认方向　　　（b）自定义方向

图5.173 Angular reference

（2） Orientation Angle: 文本框：用于定义桥接冲压的方向角度值，如图5.174所示。

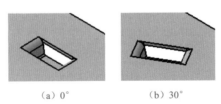

（a）0°　　　（b）30°

图5.174 Orientation Angle

（3） Relieves 区域：用于设置止裂槽的类型与相关参数，其中包括 ● None （如图5.175所示，无止裂槽）、 ● Square （如图5.176所示，方形止裂槽）与 ● Round （如图5.177所示，圆形止裂槽）。

图5.175 None

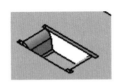

图5.176 Square

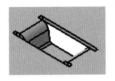

图5.177 Round

7min

5.5.8 凸缘孔冲压

下面以创建如图5.178所示的钣金为例，介绍创建凸缘孔冲压的一般操作过程。

（a）创建前　　　　　　　　（b）创建后

图5.178　凸缘孔冲压

步骤1　打开文件D:\CATIA2019\work\ch05.05\08\tuyuankongchongya-ex。

步骤2　选择命令。选择Cutting/Stamping工具条中"冲压"节点下的 命令，或者选择下拉菜单 插入 → Stamping → Flanged Hole... 命令，在系统提示下选取如图5.178所示的模型表面作为冲压面。系统会弹出如图5.179所示的Flanged Hole Definition对话框。

步骤3　定义凸缘孔冲压参数。在Flanged Hole Definition对话框的 Parameters 区域的 Parameters choice : 下拉列表中选择 Two diameters 类型，选中 With cone 与 Without tap 选项，在 Height H : 文本框中输入10，在 Radius R : 文本框中输入2，在 Diameter d : 文本框中输入10，在 Diameter D : 文本框中输入20，其他参数采用默认。

步骤4　单击 确定 按钮，完成凸缘孔冲压的初步创建。

步骤5　定义凸缘孔冲压位置。在特征树中双击 凸缘孔.1 下的定位草图，添加如图5.180所示的约束和尺寸。

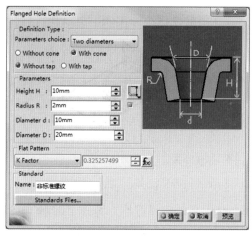

图5.179　Flanged Hole Definition对话框

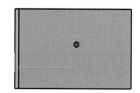

图5.180　定位草图

如图5.179所示的Flanged Hole Definition对话框中的部分说明如下。

（1） Parameters 区域：用于定义凸缘孔的类型，区中包括 Major Diameter 、 Minor Diameter 、 Two diameters 与 Punch & Die ； Major Diameter 类型用于通过设置最大半径控制凸缘孔参数，如图5.181所示； Minor Diameter 类型用于通过设置最小半径控制凸缘孔参数，如图5.182所示；

Two diameters 类型用于通过设置两端半径控制凸缘孔参数，如图5.183所示；Punch & Die 类型用于通过设置中间半径与最小半径控制凸缘孔参数，如图5.184所示。

（2）● Without cone 单选项：用于设置不在凸缘孔末端创建圆锥，如图5.185所示。

（3）● With cone 单选项：用于设置在凸缘孔末端创建圆锥，如图5.186所示。

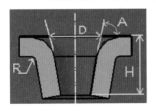

图5.181　Major Diameter

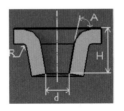

图5.182　Minor Diameter

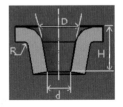

图5.183　Two diameters

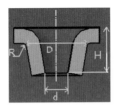

图5.184　Punch & Die

图5.185　Without cone

图5.186　With cone

5.5.9　环状冲压

4min

下面以创建如图5.187所示的钣金为例，介绍创建环状冲压的一般操作过程。

选取此面

（a）创建前　　　　　　　　　　　　　　　　（b）创建后

图5.187　环状冲压

步骤1　打开文件D:\CATIA2019\work\ch05.05\09\huanzhuangchongya-ex。

步骤2　选择命令。选择Cutting/Stamping工具条中"冲压"节点下的 命令，或者选择下拉菜单 插入 → Stamping → Circular Stamp... 命令，在系统提示下选取如图5.187所示的模型表面作为冲压面。系统会弹出如图5.188所示的Circular Stamp Definition对话框。

步骤3　定义环状冲压参数。在Circular Stamp Definition对话框的 Definition Type 区域的 Parameters choice: 下拉列表中选择 Major Diameter 类型，在 Parameters 区域的 Height H: 文本框中输入8，选中 Radius R1 后的复选框，并在 Radius R1: 文本框中输入2，选中 Radius R2 后的复选框，并在 Radius R2: 文本框中输入2，在 Diameter D: 文本框中输入15，在 Angle A: 文本框中输入80，单击图形区的"方

向"箭头使冲压方向向上，如图5.189所示，其他参数采用默认。

步骤4 单击 ● 确定 按钮，完成环状冲压的初步创建。

步骤5 定义环状冲压位置。在特征树中双击 🔩 环状冲压.1 下的定位草图，添加如图5.190所示的约束和尺寸。

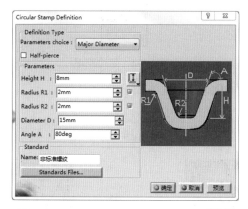

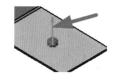

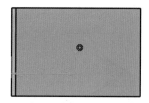

图5.188 Circular Stamp Definition 对话框　　图5.189 冲压方向　　图5.190 定位草图

5.5.10 加强筋冲压

6min

下面以创建如图5.191所示的钣金为例，介绍创建加强筋冲压的一般操作过程。

步骤1 打开文件D:\CATIA2019\work\ch05.05\10\jiaqiangjinchongya-ex。

步骤2 选择命令。选择Cutting/Stamping工具条中"冲压"节点下的 🔩 命令，或者选择下拉菜单 插入 → Stamping → 🔩 Stiffening Rib... 命令，在系统提示下选取如图5.192所示的模型表面作为冲压面。系统会弹出如图5.193所示的Stiffening Rib Definition对话框。

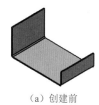

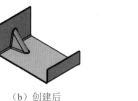

（a）创建前　　　　（b）创建后　　　　选取此面

图5.191 加强筋冲压　　　　图5.192 冲压参考面

步骤3 定义加强筋冲压参数。在Stiffening Rib Definition对话框 Parameters 区域的 Length L : 文本框中输入50，选中 ☑ Radius R1 : 复选框，并在其后的文本框中输入2，在 Radius R2 : 文本框中输入3，在 Angle A : 文本框中输入75，其他参数采用默认。

步骤4 单击 ● 确定 按钮，完成加强筋冲压的初步创建。

步骤5 定义加强筋冲压位置。在特征树中双击 🔩 加强筋.1 下的定位草图，添加如图5.194所示的约束和尺寸。

图5.193　Stiffening Rib Definition 对话框

图5.194　定位草图

如图5.193所示的Stiffening Rib Definition对话框中的部分说明如下。

（1）`Length L :`文本框：用于定义加强筋的长度值，如图5.195所示。

（2）`☑ Radius R1 :`文本框：用于设置创建加强筋圆角R1，如图5.196所示。

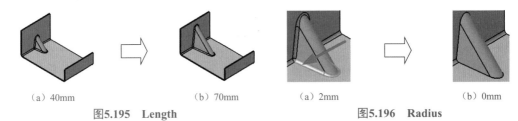

（a）40mm　　　　　（b）70mm　　　　（a）2mm　　　　（b）0mm

图5.195　Length　　　　　　图5.196　Radius

（3）`Radius R2 :`文本框：用于设置创建加强筋圆角R2，如图5.197所示。

（4）`Angle A :`文本框：用于定义加强筋的侧面夹角，如图5.198所示。

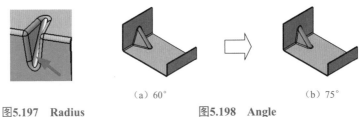

（a）60°　　　　　　（b）75°

图5.197　Radius　　　　图5.198　Angle

5.5.11　销子冲压

下面以创建如图5.199所示的钣金为例，介绍创建销子冲压的一般操作过程。

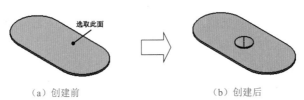

（a）创建前　　　　　　　　　　（b）创建后

图5.199　销子冲压

步骤1　打开文件D:\CATIA2019\work\ch05.05\11\xiaozichongya-ex。

步骤2　选择命令。选择Cutting/Stamping工具条中"冲压"节点下的 命令，或者选择下拉菜单 插入 → Stamping → Dowel... 命令，在系统提示下选取如图5.199所示的模型表面作为冲压面。系统会弹出如图5.200所示的Dowel Definition对话框。

步骤3　定义销子冲压参数。在Dowel Definition对话框 Diameter D: 文本框中输入20，单击图形区的"方向"箭头使冲压方向沿z轴，单击 按钮，添加如图5.201所示的尺寸与约束。

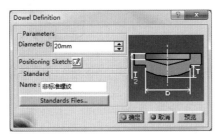

图5.200　Dowel Definition 对话框

图5.201　冲压方向

步骤4　单击 确定 按钮，完成销子冲压的初步创建。

5.5.12　以自定义冲压模具创建冲压

下面以创建如图5.202所示的钣金为例，介绍创建用户冲压的一般操作过程。

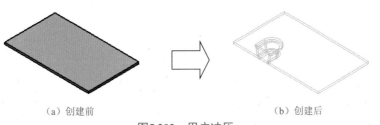

（a）创建前　　　　　　　　　　　　　　　（b）创建后

图5.202　用户冲压

步骤1　打开文件D:\CATIA2019\work\ch05.05\12\yonghuchongya-ex。

步骤2　创建自定义冲压模具。

（1）创建几何体。选择下拉菜单 插入 → 几何体 命令完成几何体的插入，特征树如图5.203所示。

（2）切换工作台。选择下拉菜单 开始 → 机械设计 → 零件设计 命令，此时切换到零件设计工作台 。

（3）创建如图5.204所示的凸台特征。

选择"基于草图的特征"工具条中的 （凸台）命令，选择"定义凸台"对话框 轮廓/曲面 区域中的 （草绘）按钮，在系统 选择草图平面 的提示下选取钣金上表面作为草图平面，绘制如图5.205所示的草图，在"定义凸台"对话框 第一限制 区域的"类型"下拉列表中选择 尺寸 选项，在 长度: 文本框中输入深度值10，单击 确定 按钮，完成特征的创建。

（4）隐藏钣金主体。在特征树中右击 零件几何体 ，在系统弹出的快捷菜单中选择 隐藏/显示 命令，完成后如图5.206所示。

图5.203　特征树　　　图5.204　凸台特征　　　图5.205　截面　　图5.206　隐藏钣金　　图5.207　拔模
　　　　　　　　　　　　　　　　　　　　　　　　　　　草图　　　　　　　主体

（5）创建如图5.207所示的拔模特征。选择"修饰特征"工具条"拔模"节点下的 （拔模）命令，在"定义拔模"对话框的 拔模类型: 区域中选中 （常量）类型，在系统 选择要拔模的面 的提示下选取如图5.208所示的拔模面，在"定义拔模"对话框激活 中性元素 区域的 选择: 文本框，在系统提示下选取如图5.209所示的面作为中性面，在"定义拔模"对话框 角度: 文本框中输入–10，单击 确定 按钮，完成拔模的创建。

（6）创建如图5.210所示的倒圆角特征。选择"修饰特征"工具条中的 （倒圆角）命令，在"倒圆角定义"对话框中选择 相切 单选按钮，在系统提示下选取如图5.211所示的边线作为圆角对象，在"倒圆角定义"对话框的 半径: 文本框中输入圆角半径值1，单击 确定 按钮完成倒圆角1的创建。

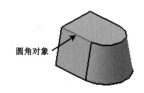

图5.208　拔模面　　　图5.209　中性面　　图5.210　倒圆角1　　　图5.211　圆角对象

（7）切换工作台。选择下拉菜单 开始 → 机械设计 → Generative Sheetmetal Design 命令，此时切换到钣金设计工作台 。

（8）显示主体钣金。在特征树中右击 零件几何体 ，在系统弹出的快捷菜单中选择 隐藏/显示 命令。

步骤3　选择命令。选择Cutting/Stamping工具条中"冲压"节点下的 命令，或者选择下拉菜单 插入 → Stamping → User Stamp... 命令，系统会弹出如图5.212所示的User-Defined Stamp Definition对话框。

步骤4　定义冲压类型。在User-Defined Stamp Definition对话框 Definition Type 区域的 Type: 下

拉列表中选择 Punch 类型。

步骤5 定义冲压模具。在User-Defined Stamp Definition对话框中激活 Punch: 文本框，在特征树选取"几何体2"作为冲压模具。

步骤6 定义圆角参数。在User-Defined Stamp Definition对话框 Fillet 区域取消选中 □ No fillet 复选框，在 R1 radius: 文本框中输入1。

步骤7 定义冲压模具的位置。在User-Defined Stamp Definition对话框 Position on wall 区域选中 ☑ Position on context 复选框，选取主体钣金上表面作为放置面。

步骤8 定义开放面。在User-Defined Stamp Definition对话框激活 Faces for opening (O): 文本框，选取如图5.213所示的面作为开放面。

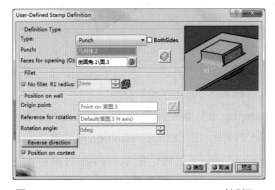

图5.212　**User-Defined Stamp Definition对话框**

图5.213　开放面

步骤9 单击 ◉ 确定 按钮，完成用户冲压的创建。

5.6　钣金边角处理

5.6.1　钣金剪口

1. 基本概述

在钣金设计中"钣金剪口"特征是应用较为频繁的特征之一，它是在已有的零件模型中去除一定的材料，从而达到需要的效果。

2. 钣金与实体切除的区别

钣金切削与实体切削有些不同，它们之间的区别为当草图平面与钣金平面平行时，二者没有区别；当草图平面与钣金平面不平行时，二者有很大的不同。钣金切削是将截面草图投影至模型的实体面，然后垂直于该表面去除材料，形成垂直孔，如图5.214所示。实体切削的孔是垂直于草图平面去除材料，形成斜孔，如图5.215所示。

图5.214　钣金正交切除　　　　图5.215　实体普通切除

3. 钣金剪口的一般操作过程

下面以创建如图5.216所示的钣金为例，介绍钣金剪口的一般操作过程。

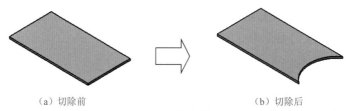

（a）切除前　　　　　　　　（b）切除后

图5.216　钣金剪口

步骤1 打开文件D:\CATIA2019\work\ch05.06\01\ jiankou-ex。

步骤2 选择命令。选择Cutting/Stamping工具条中的 ▣ 命令，或者选择下拉菜单 插入 → Cutting → ▣ Cut Out... 命令，系统会弹出如图5.217所示的Cutout Definition对话框。

步骤3 定义剪口截面轮廓。在Cutout Definition对话框单击 Profile 区域中的 ▣ 按钮，选取钣金上表面作为草图平面，绘制如图5.218所示的截面草图。

步骤4 定义剪口参数。在Cutout Definition对话框 Cutout Type 区域 Type: 下拉列表中选择 Sheetmetal standard 选项；在 End Limit 区域 Type: 下拉列表中选择 Up to next 选项，通过单击 Reverse Side 按钮和 Reverse Direction 按钮调整轮廓方向，如图5.219所示，其他参数采用系统默认。

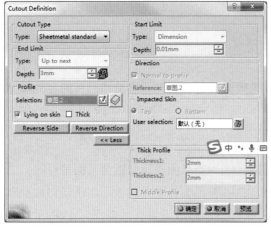

图5.217　**Cutout Definition** 对话框

图5.218　剪口截面轮廓　　图5.219　剪口方向

步骤5　单击 ○确定 按钮，完成剪口特征的创建。

如图5.217所示的Cutout Definition对话框中的部分说明如下。

（1） Cutout Type 区域的 Type: 下拉列表：用于定义剪口的类型，其中包括 Sheetmetal standard 与 Sheetmetal pocket 两种； Sheetmetal standard 类型用于使用标准方式创建钣金剪口； Sheetmetal pocket 类型用于使用深度方式创建钣金剪口。

（2） End Limit 区域的 Type: 下拉列表：用于定义剪口结束限制的类型，其中包括 Dimension 、 Up to next 与 Up to last 两种； Dimension 类型用于使用用户指定的值控制剪口深度； Up to next 类型用于设置切槽深度，从草图平面开始沿定义的草图平面的法向的方向，到达所遇到的第1个面结束； Up to last 类型用于设置切槽深度，从草图平面开始沿定义的草图平面的法向的方向，到达所遇到的最后面结束。

（3） Selection: 文本框：用于在绘图区选取剪口的截面草图。

（4） 按钮：用于定义草图平面并绘制截面草图。

（5） Lying on skin 按钮：用于定义剪口深度到钣金零件表面，当选中此复选框时， End Limit 区域、 Start Limit 区域和 Direction 区域不可用。

（6） Direction 区域：用于定义剪口方向的相关参数，其中包括 Normal to profile 复选框与 Reference: 文本框； Normal to profile 复选框用于设置使用垂直于轮廓草图所在的平面的方向作为剪口方向； Reference: 文本框用于可以在绘图区选取草图来定义剪口的方向。

（7） Impacted Skin 区域：用于固定面的相关参数，其中包括 Top 单选框、 Bottom 单选项与 User selection: 文本框； Top 单选框用于设置使用钣金零件的上表面作为固定面； Bottom 单选项用于设置使用钣金零件的下表面作为固定面； User selection: 文本框用于在绘图区手动选取固定面。

5.6.2　孔

下面以创建如图5.220所示的钣金为例，介绍孔的一般操作过程。

▶3min

打孔平面

（a）切除前　　　　　　　　　　（b）切除后

图5.220　孔

步骤1　打开文件D:\CATIA2019\work\ch05.06\02\kong-ex。

步骤2　选择命令。选择Cutting/Stamping工具条中的 命令，或者选择下拉菜单 插入 → Cutting → Hole... 命令。

步骤3 定义打孔平面。在系统提示下选取如图5.220（a）所示的平面作为打孔平面，系统会弹出如图5.221所示的"定义孔"对话框。

步骤4 定义孔的类型。在"定义孔"对话框 类型 选项卡的下拉列表中选择 简单 类型。

步骤5 定义孔参数。在 扩展 选项卡的 直径: 文本框中输入20（孔的直径），在"深度"下拉列表中选择 直到最后 （孔的深度类型），在 定义螺纹 选项卡取消选中 □螺纹 复选框，单击 ●确定 按钮完成孔的初步创建。

步骤6 精确定义孔位置。在特征树中双击 [图标] 下的定位草图，系统进入草图环境，将约束添加至如图5.222所示的效果，单击 [图标] 按钮完成定位操作。

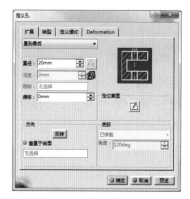

图5.221 "定义孔"对话框

图5.222 定义孔的位置

5.6.3 圆形剪口

圆形剪口功能主要是帮助用户快速在钣金折弯处进行圆形除料，下面以创建如图5.223所示的钣金为例，介绍圆形剪口的一般操作过程。

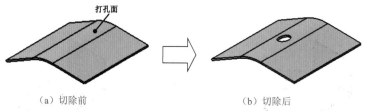

（a）切除前　　　　　　　　　　（b）切除后

图5.223 圆形剪口

步骤1 打开文件D:\CATIA2019\work\ch05.06\03\yuanxingjiankou-ex。

步骤2 选择命令。选择Cutting/Stamping工具条中的 [图标] 命令，或者选择下拉菜单 插入 → Cutting → [图标] Circular Cutout... 命令，系统会弹出如图5.224所示的Circular Cutout Definition对话框。

步骤3 定义放置位置和支持面。在图形区选取如图5.223（a）所示的模型表面作为支持面，此时在图形区会出现创建孔的预览图，如图5.225所示。

<table>
<tr><td>说明</td><td>选取面的位置就是默认孔的放置位置。</td></tr>
</table>

步骤4　定义孔参数。在Circular Cutout Definition对话框 Diameter: 文本框中输入15（孔的直径），单击 ● 确定 按钮完成圆形剪口的初步创建。

步骤5　精确定义孔位置。在特征树中双击 🔩 圆形剪口.1 下的定位草图，系统会进入草图环境，将约束添加至如图5.226所示的位置，单击 凸 按钮完成定位操作。

图5.224　Circular Cutout Definition 对话框

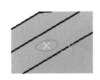

图5.225　孔预览

图5.226　定义孔的位置

5.6.4　钣金圆角

3min

钣金圆角主要针对钣金中厚度方向的边线进行圆角的光顺过渡，下面以创建如图5.227所示的钣金为例，介绍钣金圆角的一般操作过程。

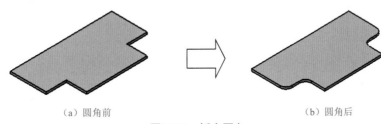

（a）圆角前　　　　　　　　　（b）圆角后

图5.227　钣金圆角

步骤1　打开文件D:\CATIA2019\work\ch05.06\04\yuanjiao-ex。

步骤2　选择命令。选择Cutting/Stamping工具条中的 ◎ 命令，或者选择下拉菜单 插入 → Cutting → ◎ Corner... 命令，系统会弹出如图5.228所示的Corner对话框。

步骤3　定义倒圆边线。在系统提示下选取如图5.229所示的4根边线作为倒圆对象。

步骤4　定义倒圆半径。在Corner对话框 Radius: 文本框中输入6。

步骤5　单击 ● 确定 按钮完成圆角的创建。

图5.228　Corner 对话框

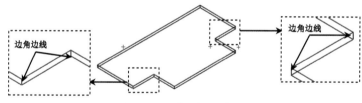

图5.229　定义倒圆边线

5.6.5　钣金倒角

钣金倒角主要针对钣金中厚度方向的边线进行斜角的过渡，下面以创建如图5.230所示的钣金为例，介绍钣金倒角的一般操作过程。

（a）倒角前　　　　　　　　（b）倒角后

图5.230　钣金倒角

步骤1 打开文件D:\CATIA2019\work\ch05.06\05\daojiao-ex。

步骤2 选择命令。选择Cutting/Stamping工具条中的 ◇ 命令，或者选择下拉菜单 插入 → Cutting → ◇ Chamfer... 命令，系统会弹出如图5.231所示的Chamfer对话框。

步骤3 定义倒角边线。在系统提示下选取如图5.232所示的2根边线作为倒角对象。

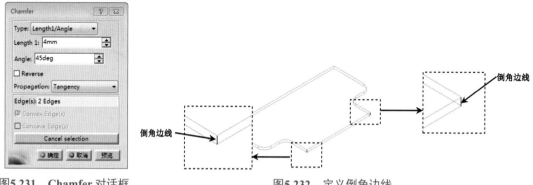

图5.231　Chamfer 对话框

图5.232　定义倒角边线

步骤4 定义倒角参数。在Chamfer对话框Type: 下拉列表中选择 Length1/Angle 类型，在 Length 1: 文本框中输入4，在 Angle: 文本框中输入45。

步骤5 单击 ●确定 按钮完成倒角的创建。

5.7　钣金设计综合应用案例1：啤酒开瓶器

案例概述

本案例介绍啤酒开瓶器的创建过程，此案例比较适合初学者。通过学习此案例，可以对CATIA中钣金的基本命令有一定的认识，例如平整板、折弯及剪口等。该模型及特征树如图5.233所示。

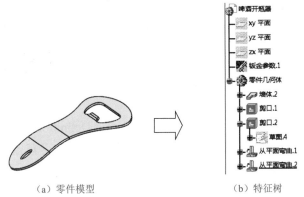

（a）零件模型　　　　　　　　　　　　　　（b）特征树

图5.233　零件模型及特征树

步骤1 新建文件。选择"标准"工具条中的□（新建）命令，在"新建"对话框类型列表区域选择 Part ，然后单击 ●确定 按钮，在系统弹出的"新建零件"对话框 输入零件名称 文本框中输入"啤酒开瓶器"，单击 ●确定 按钮进入钣金设计环境。

步骤2 设置钣金参数。选择Wall工具条中的 ※命令，或者选择下拉菜单 插入 → ※ Sheet Metal Parameters... 命令，在 Thickness: 文本框中输入3，其他参数采用系统默认，单击 ●确定 按钮完成钣金参数的设置。

步骤3 创建如图5.234所示的平整板特征。选择Wall工具条中的 ⌀命令，在Wall Definition对话框选择 ☑（草图）命令，在系统 选择草图平面 的提示下，选取XY平面作为草绘平面，绘制如图5.235所示的草图，单击 ●确定 按钮，完成平整钣金壁的创建。

步骤4 创建如图5.236所示的剪口1。

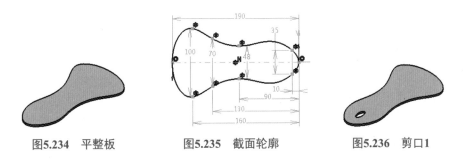

图5.234　平整板　　　　　　图5.235　截面轮廓　　　　　　图5.236　剪口1

选择Cutting/Stamping工具条中的 回 命令，在Cutout Definition对话框中单击 ⊠ 按钮，选取如图5.237所示的模型表面作为草图平面，绘制如图5.238所示的草图，在Cutout Definition 对话框 Type: 下拉列表中选择 Up to next 类型，其他参数采用系统默认，单击 ⊙确定 按钮，完成剪口特征的创建。

步骤5 创建如图5.239所示的剪口2。

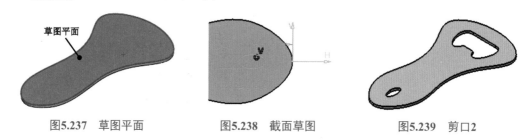

图5.237 草图平面   图5.238 截面草图   图5.239 剪口2

选择Cutting/Stamping工具条中的 回 命令，在Cutout Definition对话框中单击 ⊠ 按钮，选取如图5.240所示的模型表面作为草图平面，绘制如图5.241所示的草图，在Cutout Definition 对话框 Type: 下拉列表中选择 Up to next 类型，其他参数采用系统默认，单击 ⊙确定 按钮，完成剪口特征的创建。

步骤6 创建如图5.242所示的折弯1。

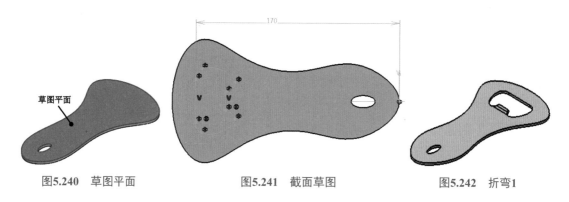

图5.240 草图平面   图5.241 截面草图   图5.242 折弯1

选择Bending工具条中的 鼬 命令，在Bend From Flat Definition对话框单击 ⊠ 按钮，选取如图5.243所示的模型表面作为草图平面，绘制如图5.244所示的草图。

在 Lines: 下拉列表后的 ⬛ 下拉列表中选择Axis选项 ⬛，采用系统默认的固定点位置，如图5.245所示。

在 Angle: 文本框中输入160，在 Radius: 文本框上右击，在弹出的快捷菜单中依次选择 公式 → 删除 命令，然后在文本框中输入10（半径值），其他参数保持系统默认设置值。单击 ⊙确定 按钮，完成折弯的创建。

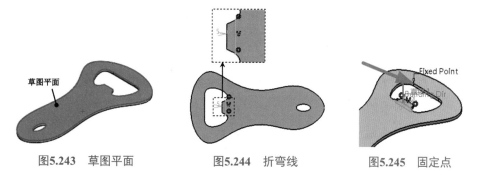

图5.243　草图平面　　　　图5.244　折弯线　　　　图5.245　固定点

步骤7 创建如图5.246所示的折弯2。

选择Bending工具条中的🔲命令，在Bend From Flat Definition对话框单击🔲按钮，选取如图5.247所示的模型表面作为草图平面，绘制如图5.248所示的草图。

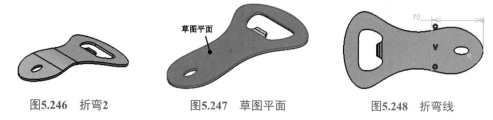

图5.246　折弯2　　　　　图5.247　草图平面　　　　图5.248　折弯线

在 Lines: 下拉列表后的🔲下拉列表中选择Axis选项🔲，采用系统默认的固定点位置，如图5.249所示，将折弯方向设置为向下。

在 Angle: 文本框中输入160，在 Radius: 文本框上右击，在弹出的快捷菜单中依次选择 公式 → 删除 命令，然后在文本框中输入100（半径值），其他参数保持系统默认设置值。单击 ● 确定 按钮，完成折弯的创建。

步骤8 保存文件。选择"标准"工具栏中的🔲 "保存"命令，系统会弹出"另存为"对话框，在文件名文本框中输入pijiukaipingqi，单击 保存(S) 按钮，完成保存操作。

图5.249　固定点

5.8　钣金设计综合应用案例2：机床外罩

案例概述

本案例介绍机床外罩的创建过程，主体钣金是由一些钣金基本特征组成的，其中要注意平整附加钣金壁和钣金加强筋成型等特征的创建方法。该模型及特征树如图5.250所示。

步骤1 新建文件。选择"标准"工具条中的🔲（新建）命令，在"新建"对话框类型列表区域选择 Part，然后单击 ⚪确定 按钮，在系统弹出的"新建零件"对话框 输入零件名称 文本框中输入"机床外罩"，单击 ⚪确定 按钮进入钣金设计环境。

步骤2 设置钣金参数。选择Wall工具条中的 🔧 命令，或者选择下拉菜单 插入 → 🔧 Sheet Metal Parameters... 命令，在 Thickness: 文本框中输入1，在 Default Bend Radius: 文本框中输入1，单击 ⚪确定 按钮完成钣金参数的设置。

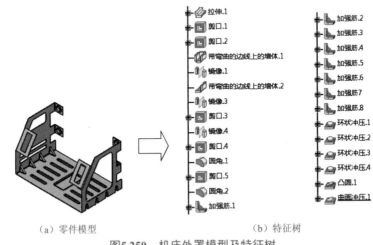

（a）零件模型 　　　　　　（b）特征树

图5.250　机床外罩模型及特征树

步骤3 创建如图5.251所示的拉伸第一钣金壁。选择Wall工具条中的 🖊 命令，在 Extrusion Definition对话框选择 🖊（草图）命令，在系统 选择草图平面 的提示下，选取YZ平面作为草绘平面，绘制如图5.252所示的草图，选中 ☑ Mirrored extent 与 ☑ Automatic bend 复选框，在"深度"文本框中输入60，厚度方向如图5.253所示，单击 ⚪确定 按钮，完成拉伸钣金壁的创建。

图5.251　拉伸第一钣金壁　　　　　　图5.252　截面轮廓　　　　　　图5.253　钣金厚度方向

步骤4 创建如图5.254所示的剪口1。

选择Cutting/Stamping工具条中的 🔲 命令，在Cutout Definition对话框中单击 🖊 按钮，选取如图5.254所示的模型表面作为草图平面，绘制如图5.255所示的草图，在Cutout Definition对话框 Type: 下拉列表中选择 Up to last 类型，单击 Reverse Direction 按钮使槽口方向如图5.256所示，其他参数采用系统默认，单击 ⚪确定 按钮，完成剪口特征的创建。

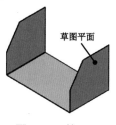

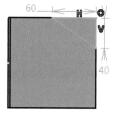

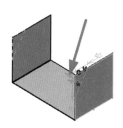

图5.254　剪口1　　　　图5.255　截面草图　　　　图5.256　槽口方向

步骤5 创建如图5.257所示的剪口2。

选择Cutting/Stamping工具条中的□命令，在Cutout Definition对话框中单击☑按钮，选取如图5.257所示的模型表面作为草图平面，绘制如图5.258所示的草图，在Cutout Definition对话框 Type: 下拉列表中选择 Up to last 类型，单击 Reverse Direction 按钮使槽口方向如图5.259所示，其他参数采用系统默认，单击 ⊙确定 按钮，完成剪口特征的创建。

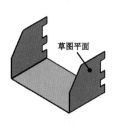

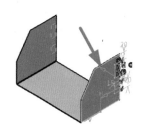
图5.257　剪口2　　　　图5.258　截面草图　　　　图5.259　槽口方向

步骤6 创建如图5.260所示的平整附加钣金壁。选择Wall工具条中的 ☑ 命令，在 Type: 下拉列表中选择 Automatic 类型，在系统 Select an input edge. 的提示下，选取如图5.261所示的边线作为附着边；在"高度类型"下拉列表中选择 Height: 类型，在"深度"文本框中输入24，在"深度类型"下拉列表中选择 □，在"角度类型"下拉列表中选择 Angle 类型，在"角度"文本框中输入90，在 Clearance mode: 下拉列表中选择 □ No Clearance 类型，单击 Invert Material Side 按钮使附着边与外侧面重合，其他参数采用默认；单击 ⊙确定 按钮，完成平整附加钣金壁的创建。

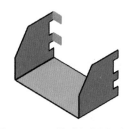

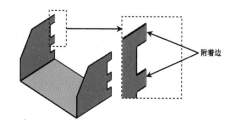
图5.260　平整附加钣金壁1　　　　图5.261　选取附着边

步骤7 创建如图5.262所示的镜像1。在特征树中选中 ☑ 带弯曲的边线上的墙体.1 作为镜像源对象，选择"变换"工具条中的 █ （镜像）命令，在系统 选择一个平面或面. 的提示下选取ZX平面作为镜像中心平面，单击 ⊙确定 按钮，完成镜像的创建。

步骤8 创建如图5.263所示的平整附加钣金壁。选择Wall工具条中的 ◢ 命令，在 Type: 下拉列表中选择 Automatic 类型，在系统 Select an input edge. 的提示下，选取如图5.264所示的边线作为附着边；在"高度类型"下拉列表中选择 Height: 类型，在"深度"文本框中输入36，在"深度类型"下拉列表中选择 █ ，在"角度类型"下拉列表中选择 Angle 类型，在"角度"文本框中输入90，在 Clearance mode: 下拉列表中选择 █ No Clearance 类型，单击 Invert Material Side 按钮使附着边与外侧面重合，单击 Extremities 选项卡，在 Left offset: 文本框中输入−20，单击 █ 按钮，在 Right Extremity 选项卡将止裂槽类型设置为 █ ，其他参数采用默认；单击 ⊙确定 按钮，完成平整附加钣金壁的创建。

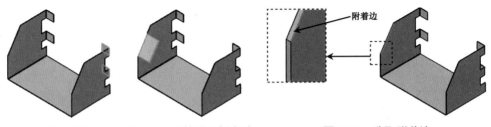

图5.262 镜像1   图5.263 平整附加钣金壁2   图5.264 选取附着边

步骤9 创建如图5.265所示的镜像2。在特征树中选中 ◢ 带弯曲的边线上的墙体.2 作为镜像源对象，选择"变换"工具条中的 █ （镜像）命令，在系统 选择一个平面或面. 的提示下选取ZX平面作为镜像中心平面，单击 ⊙确定 按钮，完成镜像的创建。

步骤10 创建如图5.266所示的剪口3。选择Cutting/Stamping工具条中的 █ 命令，在Cutout Definition对话框中单击 █ 按钮，选取如图5.266所示的模型表面作为草图平面，绘制如图5.267所示的草图，在Cutout Definition对话框选中 █ Lying on skin 复选框，其他参数采用系统默认，单击 ⊙确定 按钮，完成剪口特征的创建。

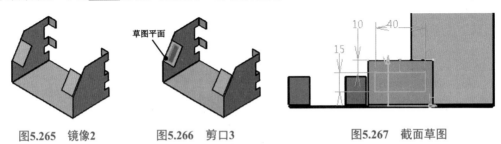

图5.265 镜像2   图5.266 剪口3   图5.267 截面草图

步骤11 创建如图5.268所示的镜像3。在特征树中选中 █ 剪口.3 作为镜像源对象，选择"变换"工具条中的 █ （镜像）命令，在系统 选择一个平面或面. 的提示下选取ZX平面作为镜像中心平面，单击 ⊙确定 按钮，完成镜像的创建。

步骤12 创建如图5.269所示的剪口4。选择Cutting/Stamping工具条中的▣命令，在Cutout Definition对话框中单击⊠按钮，选取如图5.269所示的模型表面作为草图平面，绘制如图5.270所示的草图，在Cutout Definition对话框选中☑ Lying on skin 复选框，其他参数采用系统默认，单击◎确定按钮，完成剪口特征的创建。

图5.268　镜像3　　　　图5.269　剪口4　　　　图5.270　截面草图

步骤13 创建如图5.271所示的钣金倒圆角1。选择Cutting/Stamping工具条中的▨命令，在系统提示下选取如图5.272所示的5根边线作为倒圆对象，在Corner对话框Radius: 文本框中输入8，单击◎确定按钮，完成圆角的创建。

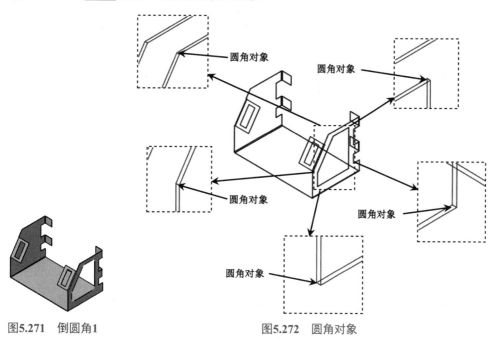

图5.271　倒圆角1　　　　　　　　图5.272　圆角对象

步骤14 创建如图5.273所示的剪口5。选择Cutting/Stamping工具条中的▣命令，在Cutout Definition对话框中单击⊠按钮，选取如图5.273所示的模型表面作为草图平面，绘制如图5.274所示的草图，在Cutout Definition对话框选中☑ Lying on skin 复选框，其他参数采用系统默认，单击◎确定按钮，完成剪口特征的创建。

步骤15 创建如图5.275所示的钣金倒圆角2。选择Cutting/Stamping工具条中的▨命令，在系统提示下选取如图5.276所示的4根边线作为倒圆对象，在Corner对话框 Radius: 文本框中输入4，单击 ⊙确定 按钮，完成圆角的创建。

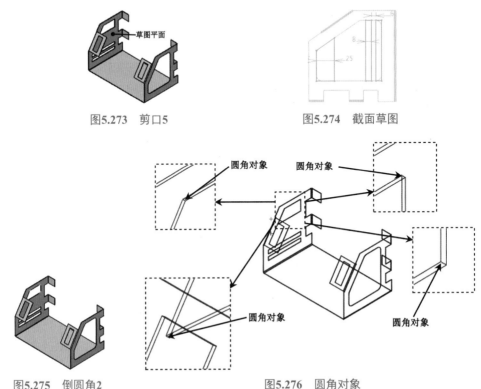

图5.273　剪口5　　　　　　　　　　　图5.274　截面草图

图5.275　倒圆角2　　　　　　　　　　图5.276　圆角对象

步骤16 创建如图5.277所示的钣金加强筋1。选择Cutting/Stamping工具条中"冲压"节点下的 命令，在系统提示下选取如图5.278所示的模型表面作为冲压面，在Stiffening Rib Definition对话框 Parameters 区域的 Length L: 文本框中输入22，选中 ☑ Radius R1: 复选框，并在其后的文本框中输入1，在 Radius R2: 文本框中输入1，在 Angle A: 文本框中输入80，其他参数采用默认，单击 ⊙ 确定 按钮，完成加强筋冲压的初步创建，在特征树中双击 加强筋.1 下的定位草图，添加如图5.279所示的约束和尺寸。

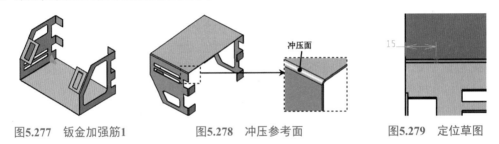

图5.277　钣金加强筋1　　　　图5.278　冲压参考面　　　　图5.279　定位草图

步骤17 参考步骤16创建如图5.280所示的钣金加强筋2，定位草图如图5.281所示。

步骤18 参考步骤16创建如图5.282所示的钣金加强筋3，定位草图如图5.283所示。

步骤19 参考步骤16创建如图5.284所示的钣金加强筋4，定位草图如图5.285所示。

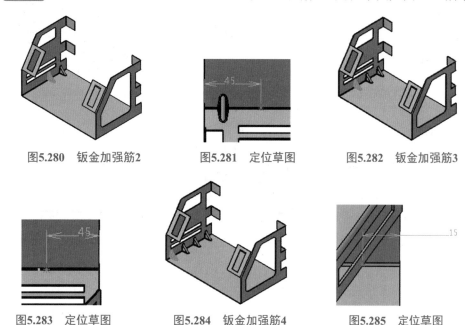

图5.280　钣金加强筋2　　　　图5.281　定位草图　　　　图5.282　钣金加强筋3

图5.283　定位草图　　　　图5.284　钣金加强筋4　　　　图5.285　定位草图

步骤20 创建如图5.286所示的钣金加强筋5。选择Cutting/Stamping工具条中"冲压"节点下的 ⬛ 命令，在系统提示下选取如图5.287所示的模型表面作为冲压面，在Stiffening Rib Definition对话框 Parameters 区域的 Length L : 文本框中输入22，选中 ☑ Radius R1 复选框，并在其后的文本框中输入1， Radius R2 : 文本框中输入1，在 Angle A : 文本框中输入80，其他参数采用默认，单击 ⬤ 确定 按钮，完成加强筋冲压的初步创建，在特征树中双击 ⬛ 加强筋.1 下的定位草图，添加如图5.288所示的约束和尺寸。

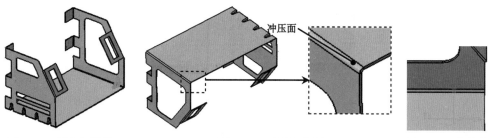

图5.286　钣金加强筋5　　　　图5.287　冲压参考面　　　　图5.288　定位草图

步骤21 参考步骤20创建如图5.289所示的钣金加强筋6，定位草图如图5.290所示。

步骤22 参考步骤20创建如图5.291所示的钣金加强筋7，定位草图如图5.292所示。

步骤23 参考步骤20创建如图5.293所示的钣金加强筋8，定位草图如图5.294所示。

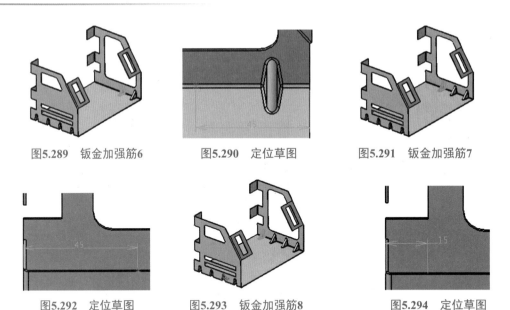

图5.289　钣金加强筋6　　　　图5.290　定位草图　　　　图5.291　钣金加强筋7

图5.292　定位草图　　　　图5.293　钣金加强筋8　　　　图5.294　定位草图

步骤24 创建如图5.295所示的环状冲压1。选择Cutting/Stamping工具条中"冲压"节点下的 命令，在系统提示下选取如图5.296所示的模型表面作为冲压面，在Circular Stamp Definition对话框的 Definition Type 区域的 Parameters choice 下拉列表中选择 Major Diameter 类型，在 Parameters 区域的 Height H 文本框中输入2，选中 Radius R1 后的复选框，并在 Radius R1 文本框中输入1.2，选中 Radius R2 后的复选框，并在 Radius R2 文本框中输入1.2，在 Diameter D 文本框中输入12，在 Angle A 文本框中输入80，单击图形区的"方向"箭头使冲压方向沿x轴正方向，其他参数采用默认，单击 确定 按钮，完成环状冲压的初步创建；在特征树中双击 环状冲压1 下的定位草图，添加如图5.297所示的约束和尺寸。

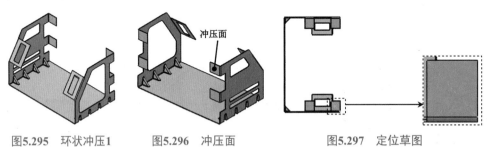

图5.295　环状冲压1　　　　图5.296　冲压面　　　　图5.297　定位草图

步骤25 参考步骤24创建如图5.298所示的环状冲压2。

步骤26 参考步骤24创建如图5.299所示的环状冲压3。

步骤27 参考步骤24创建如图5.300所示的环状冲压4。

步骤28 创建如图5.301所示的凸圆冲压。选择Cutting/Stamping工具条中"冲压"节点下的 命令，在Bead Definition对话框中单击 按钮，选取如图5.301所示的模型表面作为草图平面，绘制如图5.302所示的截面草图，在Bead Definition对话框 Section radius R1 文本框中输入2，在 End radius R2: 文本框中输入2，在 Height H: 文本框中输入2，选中 ☑ Radius R: 复选框，然后在其后的文本框中输入1.2，其他参数采用系统默认，单击 ◎ 确定 按钮，完成凸圆冲压的创建。

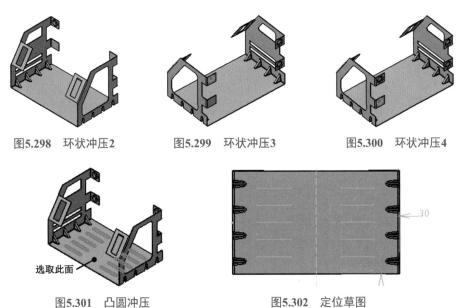

图5.298 环状冲压2　　　　图5.299 环状冲压3　　　　图5.300 环状冲压4

图5.301 凸圆冲压　　　　　　　　图5.302 定位草图

步骤29 创建如图5.303所示的曲面冲压。选择Cutting/Stamping工具条中"冲压"节点下的 ◢ 命令，在Surface Stamp Definition对话框中单击 ◪ 按钮，选取如图5.303所示的模型表面作为草图平面，绘制如图5.304所示的截面草图，在Surface Stamp Definition对话框 Parameters choice 下拉列表中选择 Angle ，在 Angle A: 文本框中输入85，在 Height H: 文本框中输入2，在 ☑ Radius R1: 与 ☑ Radius R2: 文本框中均输入1.5，选中 Rounded die 复选框，选择 Type: 后的 ☑ ，其他参数采用系统默认，单击 ◎ 确定 按钮，完成曲面冲压的创建。

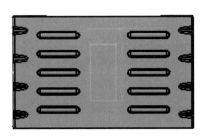

图5.303 曲面冲压　　　　　　　　图5.304 定位草图

步骤30 保存文件。选择"标准"工具栏中的 ◻ "保存"命令，系统会弹出"另存为"对话框，在文件名文本框中输入jichuangwaizhao，单击 保存(S) 按钮，完成保存操作。

第6章

CATIA装配设计

6.1 装配设计概述

在实际产品的设计过程中，零件设计只是一个最基础的环节，一个完整的产品都由许多零件组装而成的，只有将各个零件按照设计和使用的要求组装到一起，才能形成一个完整的产品，才能直观地表达出设计意图。

装配的作用：

（1）模拟真实产品组装，优化装配工艺。

零件的装配处于产品制造的最后阶段，产品最终的质量一般通过装配来得到保证和检验，因此，零件的装配设计是决定产品质量的关键环节。研究并制定合理的装配工艺，采用有效的保证装配精度的装配方法，对进一步提高产品质量有十分重要的意义。CATIA的装配模块能够模拟产品的实际装配过程。

（2）得到产品的完整数字模型，易于观察。

（3）检查装配体中各零件之间的干涉情况。

（4）制作爆炸视图，以便辅助实际产品的组装。

（5）制作装配体工程图。

装配设计一般有两种方式：自顶向下装配和自下向顶装配。自下向顶设计是一种从局部到整体的设计方法，采用此方法设计产品的思路是：先设计零部件，然后将零部件插入装配体文件中进行组装，从而得到整个装配体。这种方法在零件之间不存在任何参数关联，仅仅存在简单的装配关系；自顶向下设计是一种从整体到局部的设计方法，采用此方法设计产品的思路是：首先，创建一个反映装配体整体构架的一级控件，所谓控件就是控制元件，用于控制模型的外观及尺寸等，在设计中起承上启下的作用，最高级别称为一级控件，其次，根据一级控件来分配各个零件间的位置关系和结构，根据分配好的零件间的关系，完成各零件的设计。

相关术语及概念如下。

（1）零件：组成部件与产品的最基本单元。

（2）部件：可以是零件，也可以是多个零件组成的子装配，它是组成产品的主要单元。

（3）配合：在装配过程中，配合是用来控制零部件与零部件之间的相对位置，起到定位作用。

（4）装配体：也称为产品，是装配的最终结果，它是由零部件及零部件之间的配合关系组成的。

6.2 装配设计的一般过程

▶26min

使用CATIA进行装配设计的一般过程如下：

（1）新建一个"装配"文件，进入装配设计环境。

（2）装配第1个零部件。

> **说明** 装配第1个零部件时包含两步操作，①引入零部件；②通过装配约束定义零部件的位置。

（3）装配其他零部件。

（4）制作爆炸视图。

（5）保存装配体。

（6）创建装配体工程图。

下面以装配如图6.1所示的车轮产品为例，介绍装配体创建的一般过程。

图6.1 车轮产品

6.2.1 新建装配文件

步骤1 选择命令。选择"标准"工具条中的 □ （新建）命令，在"新建"对话框类型列表区域选择 Product 类型，如图6.2所示。

步骤2 单击 ⊙ 确定 按钮进入装配设计环境。

步骤3 在工作台的工具条中确认当前为 ✿ "装配设计"工作台。

图6.2 "新建"对话框

> **说明** 如果当前工作台不是装配设计工作台，则用户可以选择下拉菜单 开始 →
> ▶ 机械设计 → 🔧 装配设计 命令，切换到装配设计工作台 🔧 。

步骤4 修改文件名称。在特征树中右击 🔧Product1 节点，在系统弹出的快捷菜单中选择
🗐 属性 Alt+Enter 命令，系统会弹出如图6.3所示的"属性"对话框，在 产品 区域的 零件编号 文本
框中输入"车轮"，单击 ● 确定 按钮完成名称的修改。

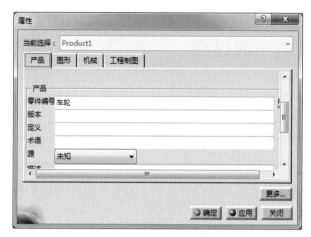

图6.3 "属性"对话框

6.2.2 装配第 1 个零件

步骤1 激活总装配。在特征树中单击 🔧 车轮 使总装配处于激活状态。

步骤2 选择命令。选择"产品结构工具"工具条中的 🔧 命令，或者
下拉菜单 插入 → 🔧 现有部件... 命令，系统会弹出"选择文件"对话框。

步骤3 选择文件。在"选择文件"对话框选择D:\CATIA2019\work\
ch06.02中的zhijia，然后单击 打开(O) 按钮，完成后如图6.4所示。

步骤4 定位零部件。选择"约束"工具条中的 🔧 命令，或者选择下拉
菜单 插入 → 🔧 固定 命令，在系统 选择要固定的部件 的提示下选取"支架"零件。

图6.4 支架零件

6.2.3 装配第 2 个零件

1. 引入第2个零件

步骤1 激活总装配。在特征树中单击 🔧 车轮 使总装配处于激活状态。

步骤2 选择命令。选择"产品结构工具"工具条中的命令，或者选择下拉菜单 插入 → 现有部件... 命令，系统会弹出"选择文件"对话框。

步骤3 选择文件。在"选择文件"对话框选择D:\CATIA2019\work\ch06.02中的lunzi，然后单击 打开(O) 按钮，完成后如图6.5所示。

步骤4 调整轮子位置与角度。

（1）选择"移动"工具条中的"操作"命令，系统会弹出如图6.6所示的"操作参数"对话框。

（2）移动轮子模型。在"操作参数"对话框选中，将鼠标移动至图形区的轮子模型上，按住鼠标左键拖动至如图6.7所示的位置。

（3）旋转轮子模型。在"操作参数"对话框选中，将鼠标移动至图形区的轮子模型上，按住鼠标左键拖动至如图6.8所示的位置。

  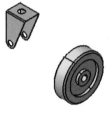 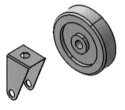

图6.5 引入轮子零件　图6.6 "操作参数"对话框　图6.7 移动轮子模型　图6.8 旋转轮子模型

（4）单击 确定 按钮，完成位置与角度的调整。

2. 定位第2个零件

步骤1 定义同轴心配合。选择"约束"工具条中的命令，或者选择下拉菜单 插入 → 相合... 命令，在系统 选择相合约束的第一个几何元素：点、直线或平面 的提示下选取如图6.9所示的面1与面2作为约束面，完成后如图6.10所示。

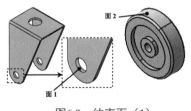 

图6.9 约束面（1）　　　　　　　　　图6.10 同轴心配合

说明

（1）选取对象后如果系统没有自动更新，用户则可以通过选择下拉菜单 编辑 → ⊘更新 命令更新。

（2）如果用户需要后期永久地自动更新，则可以通过选择下拉菜单 工具 → 选项... 命令，在系统弹出的"选项"对话框中选中左侧 ▶◀ 机械设计 下的 ◎⊘ 装配设计 节点，在右侧的 常规 选项卡下选中 ◎自动 即可，如图6.11所示。

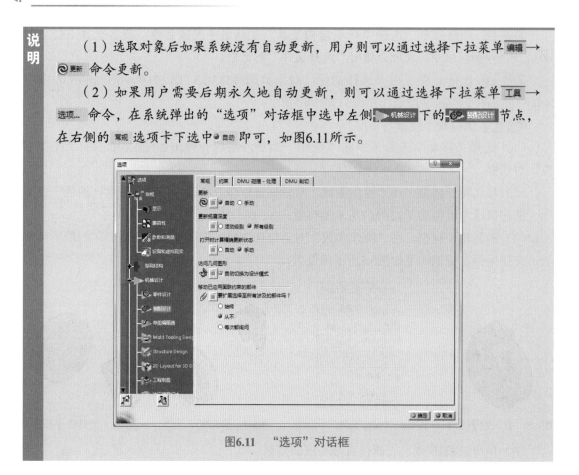

图6.11 "选项"对话框

步骤2 定义重合配合。选择"约束"工具条中的 ⊘ 命令，或者选择下拉菜单 插入 → ⊘相合... 命令，在系统 选择相合约束的第一个几何元素：点、直线或平面 的提示下选取支架零件的YZ平面与轮子零件的ZX平面作为约束面，在系统弹出的如图6.12所示的"约束属性"对话框中将方向设置为 ⊘相反，单击 ◎确定 按钮，完成后如图6.13所示。

图6.12 "约束属性"对话框

图6.13 重合约束（1）

6.2.4　装配第3个零件

1. 引入第3个零件

步骤1　激活总装配。在特征树中单击 使总装配处于激活状态。

步骤2　选择命令。选择"产品结构工具"工具条中的 命令，或者选择下拉菜单 插入 → 现有部件... 命令，系统会弹出"选择文件"对话框。

步骤3　选择文件。在"选择文件"对话框选择D:\CATIA2019\work\ch06.02中的 dingweixiao，然后单击 打开(O) 按钮。

步骤4　调整定位销位置。

（1）选择"移动"工具条中的"操作"命令，系统会弹出"操作参数"对话框。

（2）移动定位销模型。在"操作参数"对话框选中 ，将鼠标移动至图形区的定位销模型上，按住鼠标左键拖动至如图6.14所示的位置。

（3）单击 确定 按钮完成位置的调整。

2. 定位第3个零件

步骤1　定义重合约束。选择"约束"工具条中的 命令，或者选择下拉菜单 插入 → 相合... 命令，在系统 选择相合约束的第一个几何元素：点、直线或平面 的提示下选取支架零件的*YZ*平面与定位销零件的*YZ*平面作为约束面，在系统弹出的"约束属性"对话框中将方向设置为 相同 ，单击 确定 按钮，完成重合约束。

步骤2　定义同轴心约束。选择"约束"工具条中的 命令，或者选择下拉菜单 插入 → 相合... 命令，在系统 选择相合约束的第一个几何元素：点、直线或平面 的提示下选取如图6.15所示的面1与面2作为约束面，完成后如图6.16所示（隐藏轮子后的效果）。

图6.14　移动轮子模型

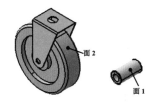
图6.15　约束面（2）

图6.16　同轴心约束（1）

6.2.5　装配第4个零件

1. 引入第4个零件

步骤1　激活总装配。在特征树中单击 使总装配处于激活状态。

步骤2　选择命令。选择"产品结构工具"工具条中的 命令，或者下拉菜单 插入 →

 现有部件... 命令，系统会弹出"选择文件"对话框。

步骤3　选择文件。在"选择文件"对话框选择D:\CATIA2019\work\ch06.02中的gudingluoding，然后单击 打开(O) 按钮。

步骤4　调整固定螺钉的位置与角度。

（1）选择"移动"工具条中的"操作"命令，系统会弹出"操作参数"对话框。

（2）移动固定螺钉模型。在"操作参数"对话框选中 ，将鼠标移动至图形区固定螺钉模型上，按住鼠标左键拖动至如图6.17所示的位置。

（3）旋转固定螺钉模型。在"操作参数"对话框选中 ，将鼠标移动至图形区固定螺钉模型上，按住鼠标左键拖动至如图6.18所示的位置。

图6.17　移动固定螺钉模型　　　　　　图6.18　旋转固定螺钉模型

（4）单击 确定 按钮完成位置的调整。

2. 定位第4个零件

步骤1　定义同轴心配合。选择"约束"工具条中的 命令，或者选择下拉菜单 插入 → 相合... 命令，在系统 选择相合约束的第一个几何元素：点、直线或平面 的提示下选取如图6.19所示的面1与面2作为约束面，完成后如图6.20所示。

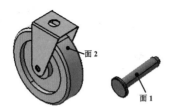

图6.19　约束面（3）　　　　　　　　　图6.20　同轴心约束（2）

步骤2　定义重合配合。选择"约束"工具条中的 命令，或者选择下拉菜单 插入 → 相合... 命令，在系统 选择相合约束的第一个几何元素：点、直线或平面 的提示下选取如图6.21所示的面1与面2作为约束面，在系统弹出的"约束属性"对话框中将方向设置为 相反 ，单击 确定 按钮完成重合约束，完成后如图6.22所示。

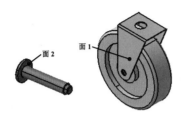

图6.21 约束面（4）

图6.22 重合约束（2）

6.2.6 装配第5个零件

1. 引入第5个零件

步骤1 激活总装配。在特征树中单击 🔩 总装 使总装配处于激活状态。

步骤2 选择命令。选择"产品结构工具"工具条中的 🔧 命令，或者选择下拉菜单 插入 → 🔧 现有部件... 命令，系统会弹出"选择文件"对话框。

步骤3 选择文件。在"选择文件"对话框选择D:\CATIA2019\work\ch06.0中的 lianjiezhou，然后单击 打开(O) 按钮。

步骤4 调整连接轴位置。选择"移动"工具条中的"操作"命令，将连接轴零件调整至如图6.23所示的位置。

2. 定位第5个零件

步骤1 定义同轴心配合。选择"约束"工具条中的 ⊘ 命令，或者选择下拉菜单 插入 → ⊘ 相合... 命令，在系统 选择相合约束的第一个几何元素：点、直线或平面 的提示下选取如图6.24所示的面1与面2 作为约束面，完成后如图6.25所示。

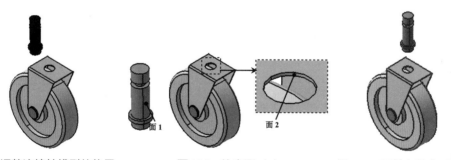

图6.23 调整连接轴模型的位置   图6.24 约束面（5）   图6.25 同轴心约束（3）

步骤2 定义重合配合。选择"约束"工具条中的 ⊘ 命令，或者选择下拉菜单 插入 → ⊘ 相合... 命令，在系统 选择相合约束的第一个几何元素：点、直线或平面 的提示下选取如图6.26所示的面1与面2 作为约束面，在系统弹出的"约束属性"对话框中将方向设置为 🔄 相反 ，单击 🔘 确定 按钮完成重合约束，完成后如图6.27所示。

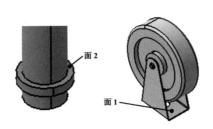

图6.26　约束面（6）

图6.27　重合约束（3）

步骤3 保存文件。选择"标准"工具栏中的 "保存"命令，系统会弹出"另存为"对话框，在文件名文本框中输入chelun，单击 保存(S) 按钮，完成保存操作。

6.3　装配约束

通过定义装配约束，可以指定零件相对于装配体（组件）中其他组件的放置方式和位置。装配约束的类型包括相合、接触、偏移、角度、固定和固联等。在CATIA中，一个零件通过装配约束添加到装配体后，它的位置会随与其有约束关系的组件的改变而相应地改变，而且约束设置值作为参数可随时修改，并可与其他参数建立关系方程，这样整个装配体实际上是一个参数化的装配体。

关于装配约束，需要注意以下几点：

（1）一般来讲，在建立一个装配约束时，应选取零件参照和部件参照。零件参照和部件参照是零件和装配体中用于配合定位和定向的点、线、面。例如通过"重合"约束将一根轴放入装配体的一个孔中，轴的圆柱面或者中心轴就是零件参照，而孔的圆柱面或者中心轴就是部件参照。

（2）要对一个零件在装配体中完整地指定放置和定向（完整约束），往往需要定义多个装配配合。

（3）系统一次只可以添加一个配合。例如不能用一个"重合"约束将一个零件上的两个不同的孔与装配体中的另一个零件上的两个不同的孔对齐，必须定义两个不同的重合约束。

1. 相合约束

相合约束可以添加两个零部件点、线或者面中任意两个对象之间的重合关系，包括点与点重合（如图6.28所示）、点与线重合（如图6.29所示）、点与面重合（如图6.30所示）、线与线重合（如图6.31所示）、线与面重合（如图6.32所示）、面与面重合（如图6.33所示），并且可以改变重合的方向，如图6.34所示。

相合约束可以使所选的两个圆柱面处于同轴心位置，该配合经常用于轴类零件的装配，如图6.35所示。

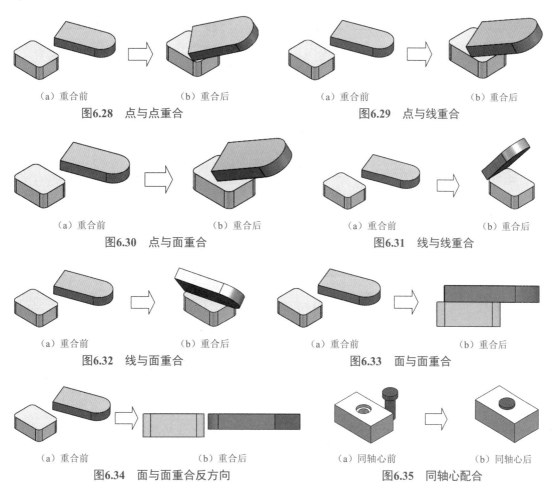

（a）重合前　　　　　（b）重合后　　　　　　　（a）重合前　　　　　（b）重合后
　　　　图6.28　点与点重合　　　　　　　　　　　**图6.29　点与线重合**

（a）重合前　　　　　（b）重合后　　　　　　（a）重合前　　　　　　（b）重合后
　　　　图6.30　点与面重合　　　　　　　　　　**图6.31　线与线重合**

（a）重合前　　　　　（b）重合后　　　　　　（a）重合前　　　　　　（b）重合后
　　　　图6.32　线与面重合　　　　　　　　　　**图6.33　面与面重合**

（a）重合前　　　　　　　（b）重合后　　　　　　（a）同轴心前　　　　（b）同轴心后
　　　图6.34　面与面重合反方向　　　　　　　　**图6.35　同轴心配合**

2. 接触约束

接触约束可以添加两个面的接触，接触约束与相合约束的区别就是，接触约束是没有方向的而相合约束是有方向的，并且接触约束只能选取两个特征进行接触约束；接触类型包括面接触（如图6.36所示）、线接触（如图6.37所示）与点接触（如图6.38所示）。

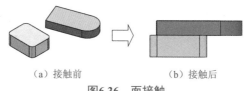

（a）接触前　　　　　　　　（b）接触后
图6.36　面接触

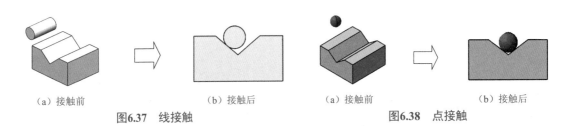

（a）接触前　　　　　　　　　　（b）接触后　　　　　　　　（a）接触前　　　　　　　　（b）接触后

图6.37　线接触　　　　　　　　　　　　　图6.38　点接触

3. 偏移约束

偏移约束可以使两个零部件上的点、线或面建立一定的距离来限制零部件的相对位置关系，如图6.39所示。

4. 角度约束

角度约束可以使两个元件上的线或面建立一定的角度，从而限制部件的相对位置关系，如图6.40所示。

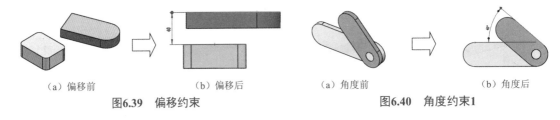

（a）偏移前　　　　　　　　（b）偏移后　　　　　　　　（a）角度前　　　　　　　　（b）角度后

图6.39　偏移约束　　　　　　　　　　　　图6.40　角度约束1

角度约束也可以添加两个零部件线或者面两个对象之间（线与线平行、线与面平行、面与面平行）的平行关系，如图6.41所示。

角度约束可以添加两个零部件线或者面两个对象之间（线与线垂直、线与面垂直、面与面垂直）的垂直关系，如图6.42所示。

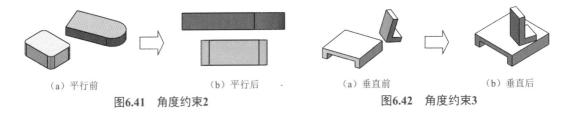

（a）平行前　　　　　　　　（b）平行后　　·　　　　（a）垂直前　　　　　　　　（b）垂直后

图6.41　角度约束2　　　　　　　　　　　图6.42　角度约束3

5. 固定约束

固定约束是将部件固定在图形窗口的当前位置。在装配环境中引入第1个部件时常常使用这种约束。

6. 固联约束

固联约束可以把装配体中的两个或多个元件按照当前位置固定成一个群体，移动其中一个部件，其他部件也将被移动。注意：固联约束在图中不会显示约束图标符号，只能通过特征树来查看。

6.4　零部件的复制

6.4.1　镜像复制

在装配体中，经常会出现两个零部件关于某一平面对称的情况，此时，不需要再次为装配体添加相同的零部件，只需将原有零部件进行镜像复制。下面以如图6.43所示的产品为例介绍镜像复制的一般操作过程。

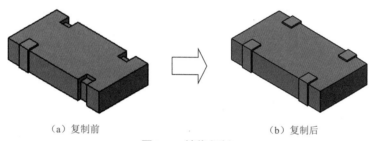

（a）复制前　　　　　　　　　　（b）复制后

图6.43　镜像复制

步骤1　打开文件D:\CATIA2019\work\ch06.04\01\jingxiangfuzhi-ex。

步骤2　选择命令。选择"装配特征"工具条中的▦命令，或者选择下拉菜单 插入 → ▦ 对称 命令，系统会弹出如图6.44所示的"装配对称向导"对话框。

步骤3　选择镜像中心平面。在系统 选择对称平面 的提示下选取镜像后复制01零件中的*YZ*平面作为镜像中心平面。

步骤4　选择要镜像的零部件。在系统 选择要变换的部件 的提示下选取如图6.45所示的零件，系统会弹出如图6.46所示的"装配对称向导"对话框。

图6.44　"装配对称向导"对话框1

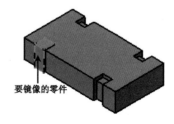

要镜像的零件

图6.45　要镜像的零部件

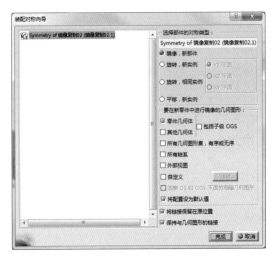

图6.46 "装配对称向导"对话框2

步骤5 定义装配镜像参数。在"装配对称向导"对话框 选择部件的对称类型: 区域选中 ● 镜像, 新部件 单选项，在 要在新零件中进行镜像的几何图形: 区域选中 ☑ 零件几何体 单选项，选中 ☑ 将链接保留在原位置 与 ☑ 保持与几何图形的链接 复选框。

步骤6 单击 完成 按钮系统会弹出如图6.47所示的"装配对称结果"对话框，单击 关闭 按钮完成对称复制，如图6.48所示。

如图6.46所示的"装配对称向导"对话框部分选项的说明如下。

（1） 选择部件的对称类型: 区域：用于设置镜像复制的类型。

（2） ● 镜像, 新部件 单选项：用于对称复制后的部件只复制原部件的一个体特征，如图6.49所示。

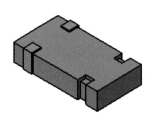

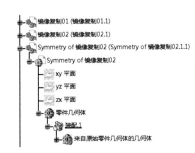

图6.47 "装配对称结果"对话框　　图6.48 装配镜像复制1　　图6.49 镜像，新部件

（3） ○ 旋转, 新实例 单选项：用于对称复制后的部件将复制原部件的所有特征，可沿*XY*平面、*YZ*平面或*ZX*平面进行旋转，如图6.50所示。

（4） ○ 旋转, 相同实例 单选项：用于使原部件只进行对称移动，可以沿*XY*平面、*YZ*平面或*ZX*平面进行旋转。

（5）○平移，新实例 单选项：用于对称复制后的部件将复制原部件的所有特征，但不能进行旋转。

（6）☑ 将链接保留在原位置 复选框：用于对称复制后的部件与原部件保持位置的关联。

（7）☑ 保持与几何图形的链接 复选框：用于对称复制后的部件与原部件保持几何体形状和结构的关联。

步骤7 选择命令。选择"装配特征"工具条中的命令，系统会弹出"装配对称向导"对话框。

步骤8 选择镜像中心平面。在系统 选择对称平面 的提示下选取镜像复制01零件中的 *ZX* 平面作为镜像中心平面。

步骤9 选择要镜像的零部件。在系统 选择要变换的部件 的提示下选取如图6.45所示的零件，系统会弹出"装配对称向导"对话框。

步骤10 定义装配镜像参数。在"装配对称向导"对话框 选择部件的对称类型： 区域选中 ◉ 镜像（重复使用已镜像的部件） 单选项，选中☑ 将链接保留在原位置 复选框。

步骤11 单击 完成 按钮系统会弹出"装配对称结果"对话框，单击 关闭 按钮完成对称复制，如图6.51所示。

步骤12 选择命令。选择"装配特征"工具条中的命令，系统会弹出"装配对称向导"对话框。

步骤13 选择镜像中心平面。在系统 选择对称平面 的提示下选取镜像复制01零件中的 *YZ* 平面作为镜像中心平面。

步骤14 选择要镜像的零部件。在系统 选择要变换的部件 的提示下选取如图6.51所示的零件，系统会弹出"装配对称向导"对话框。

步骤15 定义装配镜像参数。在"装配对称向导"对话框 选择部件的对称类型： 区域选中 ◉ 镜像，新部件 单选项，在 要在新零件中进行镜像的几何图形： 区域选中 ☑ 零件几何体 复选框，选中☑ 将链接保留在原位置 与 ☑ 保持与几何图形的链接 复选框。

步骤16 单击 完成 按钮系统会弹出"装配对称结果"对话框，单击 关闭 按钮完成对称复制，如图6.52所示。

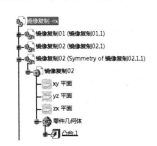

图6.50　镜像，新实例

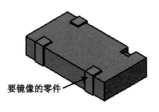

图6.51　装配镜像复制2

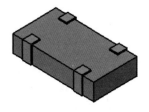

图6.52　装配镜像复制3

6.4.2 阵列复制

1. 再使用模式

"再使用模式"是以装配体中某一零部件的阵列特征作为参照进行零部件的复制，从而得到多个副本。下面以如图6.53所示的装配为例，介绍再使用模式的一般操作过程。

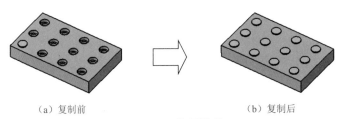

（a）复制前　　　　　　　　　　　（b）复制后

图6.53　再使用模式

步骤1 打开文件D:\CATIA2019\work\ch06.04\02\zaishiyongmoshi-ex。

步骤2 选择命令。选择"约束"工具条中的 命令，或者选择下拉菜单 插入 → 重复使用阵列... 命令，系统会弹出如图6.54所示的"在阵列上实例化"对话框。

步骤3 选择要阵列的零部件。在系统提示下选取如图6.55所示的零件作为要阵列的零件。

步骤4 选择参考阵列。在系统提示下在图形区选取孔特征。

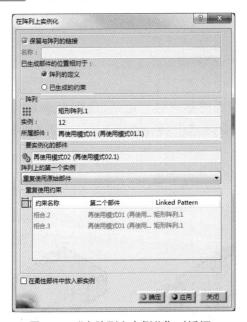

图6.54　"在阵列上实例化"对话框

图6.55　要阵列的零部件

步骤5 单击 确定 按钮完成阵列的创建。

2. 定义多实例化

"定义多实例化"可以将一个部件沿着指定的方向进行规律性的阵列复制，从而得到多个副本。下面以如图6.56所示的装配为例，介绍定义多实例化的一般操作过程。

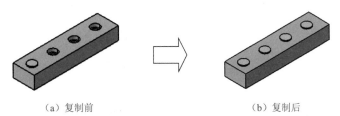

（a）复制前　　　　　　　　　　　　（b）复制后

图6.56　定义多实例化

步骤1　打开文件D:\CATIA2019\work\ch06.04\03\duoshilihua-ex。

步骤2　选择命令。选择"产品结构工具"工具条中的
🔧命令，或者选择下拉菜单 插入 → 🔧 定义多实例化... 命令，系统会弹出如图6.57所示的"多实例化"对话框。

步骤3　选择要实例化的部件。在特征树中选取"多实例化02"作为实例化的部件。

步骤4　定义阵列方向，在"多实例化"对话框 参考方向 区域选中 🔧，然后单击 反向 按钮。

步骤5　定义阵列参数，在"多实例化"对话框 参数 下拉列表中选择 实例和间距 类型，在 新实例 文本框中输入3，在 间距 文本框中输入50。

步骤6　单击 ●确定 按钮完成阵列的创建。

图6.57　"多实例化"对话框

6.5　零部件的编辑

在装配体中，可以对该装配体中的任何零部件进行下面的一些操作：零部件的打开与删除、零部件尺寸的修改、零部件装配配合的修改（如距离配合中距离值的修改）及部件装配配合的重定义等。完成这些操作一般要从特征树开始。

6.5.1　更改零部件名称

在一些比较大型的装配体中，通常会包含几百个甚至几千个零件，如果需要选取其中的一个零部件，则一般需要在设计树中进行选取，此时设计树中模型显示的名称就非常重要了。下面以如图6.58所示的特征树为例，介绍在特征树中更改零部件名称的一般操作过程。

▷ 4min

步骤1 打开文件D:\CATIA2019\work\ch06.05\01\genggaimingcheng-ex。

步骤2 在特征树中右击02零件作为要修改名称的零部件，在弹出的快捷菜单中选择 属性 命令，系统会弹出如图6.59所示的"属性"对话框。

（a）更改前　　　　　　（b）更改后

图6.58　更改零部件名称

图6.59　"属性"对话框

步骤3 在"属性"对话框 产品 选项卡 零件编号 文本框中输入"螺栓"，单击 确定 按钮完成名称的修改。

6.5.2　修改零部件尺寸

下面以如图6.60所示的装配体模型为例，介绍修改装配体中零部件尺寸的一般操作过程。

1. 单独打开修改零部件尺寸

步骤1 打开文件D:\CATIA2019\work\ch06.05\02\xiugaichicun-ex。

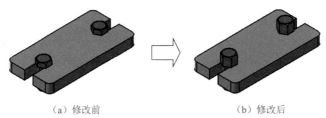

（a）修改前　　　　　　　（b）修改后

图6.60　修改零部件尺寸

步骤2 单独打开零部件。在特征树中右击 螺栓 零件，在系统弹出的快捷菜单中选择 螺栓.1 对象 → 在新窗口中打开 命令。

步骤3 定义修改特征。在特征树中双击 凸台.2，系统会弹出"定义凸台"对话框。

步骤4 更改尺寸。在"定义凸台"对话框 第一限制 区域的 长度: 文本框中将尺寸修改为

20，单击对话框中的 ◉确定 按钮完成修改。

步骤5 将窗口切换到总装配。选择下拉菜单 窗口 → 1 xiugaichicun-ex.CATProduct 命令，即可切换到装配环境。

2. 装配中直接编辑修改

步骤1 打开文件D:\CATIA2019\work\ch06.05\02\ xiugaichicun-ex。

步骤2 在装配特征树中双击如图6.61所示的"螺栓"节点进入零件设计工作台。

步骤3 定义修改特征。在特征树中双击 🔩螺栓 (螺栓1) 节点下的 🔲 凸台.2，系统会弹出"定义凸台"对话框。

步骤4 更改尺寸。在"定义凸台"对话框 第一限制 区域的 长度: 文本框中将尺寸修改为20，单击对话框中的 ◉确定 按钮完成修改。

图6.61 进入零件设计工作台

步骤5 在装配特征树中双击"更改尺寸"节点进入装配设计工作台，完成尺寸的修改。

6.5.3 添加装配特征

下面以如图6.62所示的装配体模型为例，介绍添加装配特征的一般操作过程。

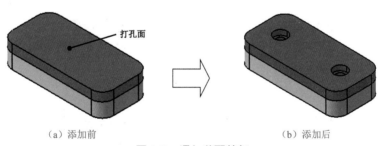

（a）添加前　　　　　　　　　　（b）添加后

图6.62 添加装配特征

步骤1 打开文件D:\CATIA2019\work\ch06.05\03\tianjiazhuangpeitezheng-ex。

步骤2 选择命令。选择"装配特征"工具条"装配特征"节点下的 ◙ 命令，或者选择下拉菜单 插入 → 装配特征 → ◙ 孔 命令。

步骤3 定义打孔平面。在系统提示下选取如图6.62（a）所示的平面作为打孔平面，系统会弹出如图6.63所示的"定义孔"对话框与如图6.64所示的"定义装配特征"对话框。

步骤4 定义受影响零件。在"定义装配特征"对话框 可能受影响的零件 区域选中"下板"零件，然后单击 ☑ 按钮将其加入受影响零件中。

步骤5 定义孔类型。在"定义孔"对话框 类型 选项卡的下拉列表中选择 沉头孔 类型。

步骤6 定义孔参数。在 类型 选项卡 参数 区域的 直径: 文本框中输入24（沉头直径），在 深度: 文本框中输入9（沉头深度），在 扩展 选项卡的 直径: 文本框中输入15.5（孔的直径），在"深度"下拉列表中选择 直到最后 （孔的深度类型），单击 确定 按钮完成孔的初步创建。

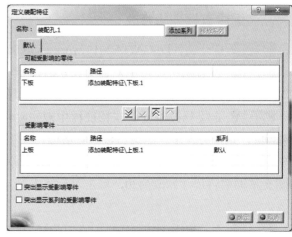

图6.63　"定义孔"对话框　　　　图6.64　　"定义装配特征"对话框

步骤7 精确定义孔位置。在特征树中双击 定位草图 - 装配孔.1，系统进入草图环境，将约束添加至如图6.65所示的位置，单击 按钮完成定位。

步骤8 参考步骤2～步骤7，创建另外一侧的沉头孔特征，定位草图如图6.66所示。

图6.65　定义孔1的位置　　　　图6.66　定义孔2的位置

6.5.4　添加零部件

下面以如图6.67所示的装配体模型为例，介绍添加零部件的一般操作过程。

步骤1 打开文件D:\CATIA2019\work\ch06.05\04\ tianjialingbujian-ex。

步骤2 选择命令。选中特征树中的 添加零部件 节点，选择"产品结构工具"工具条中的 命令，或者选择下拉菜单 插入 → 新建零件 命令，系统会弹出如图6.68所示的"新零件：原点"对话框。

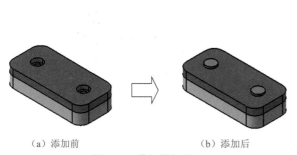

（a）添加前　　　　　　　　（b）添加后

图6.67　添加零部件

图6.68　"新零件：原点"对话框

步骤3 单击 是(Y) 按钮完成零件的新建，如图6.69所示。

步骤4 修改新建零件的名称。在特征树右击 Part1 (Part1.1)，在弹出的快捷菜单中选择 属性 命令，系统会弹出"属性"对话框，在 产品 节点的 零件编号 文本框中输入新的名称"螺栓"，设计树如图6.70所示。

步骤5 编辑零部件。在特征树中双击如图6.71所示的螺栓节点，此时进入零件设计工作台。

步骤6 创建旋转特征。选择"基于草图的特征"工具条中的 ▥（旋转体）命令，选择"定义旋转体"对话框 轮廓/曲面 区域中的 ☑（草绘）按钮，在系统 选择草图平面 的提示下选取螺栓零件中的*YZ*平面作为草图平面，绘制如图6.72所示的草图，在"旋转体"对话框的 第一限制 区域的下拉列表中选择 第一角度 ，在"角度"文本框中输入旋转角度360，单击 ● 确定 按钮，完成特征的创建，如图6.73所示。

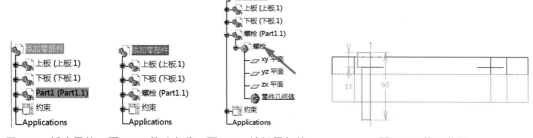

图6.69　新建零件　　图6.70　修改名称　　图6.71　编辑零部件　　　　图6.72　截面草图

步骤7 在特征树中双击 添加零部件 节点，此时进入装配设计工作台。

步骤8 镜像零部件。选择"装配特征"工具条中的 ▥ 命令，在系统 选择对称平面 的提示下选取上板零件中的*ZX*平面作为镜像中心平面，在系统 选择要变换的部件 的提示下选取螺栓零件作为要镜像的零件，在"装配对称向导"对话框 选择部件的对称类型： 区域选中 ● 镜像，新部件 单选项，在 要在新零件中进行镜像的几何图形： 区域选中 ▢ 零件几何体 复选框，选中 ▢ 将链接保留在原位置 与 ▢ 保持与几何图形的链接 复选框，依次单击 完成 与 关闭 按钮完成对称复制，如图6.74所示。

图6.73 旋转特征

图6.74 旋转零部件

6.5.5 替换零部件

3min

下面以如图6.75所示的装配体模型为例，介绍替换零部件的一般操作过程。

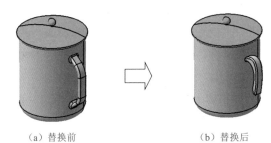

（a）替换前 （b）替换后

图6.75 替换零部件

步骤1 打开文件D:\CATIA2019\work\ch06.05\05\tihuanlingbujian-ex。

步骤2 选择命令。在特征树中右击 水杯(水杯.1)，在弹出的快捷菜单中选择 部件 → 替换部件... 命令，系统会弹出"选择文件"对话框。

步骤3 选择替换件。在"选择文件"对话框中选择D:\CATIA2019\work\ch06.05\05中的beishen02零件，然后单击 打开(O) 按钮。

步骤4 在系统弹出的如图6.76所示的"对替换的影响"对话框中单击 确定 按钮即可完成替换。

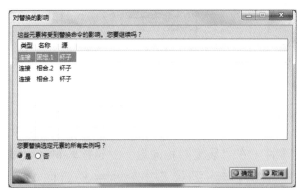

图6.76 "对替换的影响"对话框

6.6 装配中的其他高级功能

6.6.1 具有定位的现有组件

8min

一般的装配是通过 插入 → ⬚现有部件... 命令来完成的,当装配零部件的大小差异较大时,约束对象的选取就会比较麻烦,此时就可以通过具有定位的现有组件功能,将需要组装的元件在单独窗口中打开并选取参照。

步骤1 打开文件D:\CATIA2019\work\ch06.06\01\juyoudingweizujian-ex。

步骤2 选择命令。选择"产品结构工具"工具条中的⬚命令,或者选择下拉菜单 插入 → ⬚具有定位的现有部件... 命令。

步骤3 在系统弹出的"选择文件"对话框中选择D:\CATIA2019\work\ch06.06\01中的fixing_bolt文件并打开。

步骤4 在如图6.77所示的"智能移动"对话框可以选取fixing_bolt零件的参考,在图形区可以选取body零件的参考。

步骤5 选取一次后系统会自动关闭"智能移动"对话框,如果用户需要继续通过"智能移动"对话框选取其他参考,则可以在选中要装配的零件后选择下拉菜单 编辑 → 移动 → ⬚智能移动命令。

图6.77 "智能移动"对话框

6.6.2 通过列表选取参考对象

当模型上的面或边线比较多时,此时想选取其中的一个面或一条边线,在选取时就会非常困难,并且容易选错,那么这时就可以采用CATIA向我们提供的一种非常准确的选择方法,这就是从列表中拾取对象。鼠标指针移动到要选择的位置,按一下键盘上的方向键,结果如图6.78所示。

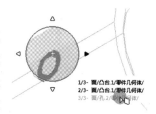

图6.78 列表选取对象

6.6.3 使用标准件库进行装配

6min

CATIA为用户提供了一个标准件库,库中有大量已经完成的标准件。在装配设计中可以直接把这些标准件调出来使用。

步骤1 打开文件D:\CATIA2019\work\ch06.06\03\ shiyongku-ex。

步骤2 选择命令。选择"目录"工具条中的⬚命令,或者选择下拉菜单 工具 → ⬚目录浏览器 命令。

步骤3 选择标准件。在如图6.79所示的"目录浏览器"对话框中依次双击 V5 Fastener Catalog Metric R1 SW → Screws → Screws...Head → Screws...oint → M10_SC...T_PT ，系统会弹出如图6.80所示的"目录对话框"，依次单击 确定 与 关闭 按钮完成操作。

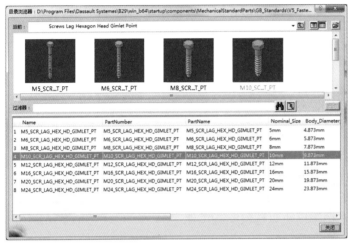

图6.79　"目录浏览器"对话框　　　　图6.80　"目录"对话框

步骤4 调整标准件的位置。选择"移动"工具条中的"操作"命令，将连接轴零件调整至如图6.81所示的位置。

步骤5 添加装配约束。

（1）定义同轴心配合。选择"约束"工具条中的 命令，在系统 选择相合约束的第一个几何元素：点、直线或平面 的提示下选取如图6.82所示的面1与面2作为约束面，完成后如图6.83所示。

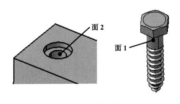

图6.81　调整标准件位置　　　图6.82　约束面　　　图6.83　同轴心约束

（2）定义重合配合。选择"约束"工具条中的 命令，在系统 选择相合约束的第一个几何元素：点、直线或平面 的提示下选取如图6.84所示的面1与面2作为约束面，在系统弹出的"约束属性"对话框中将方向设置为 相反 ，单击 确定 按钮完成重合约束，完成后如图6.85所示。

步骤6 阵列复制标准件。选择"产品结构工具"工具条中的 命令，在特征树中选取"标准件"作为实例化的部件，在"多实例化"对话框 参考方向 区域选中 ，然后单击 反向 按钮，在"多实例化"对话框 参数 下拉列表中选择 实例和间距 类型，在 新实例 文本框中输入3，在 间距 文本框中输入50，单击 确定 按钮完成阵列的创建，如图6.86所示。

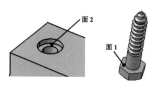
图6.84　约束面

图6.85　重合约束

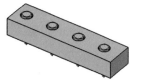
图6.86　阵列标准件

6.6.4　装配中的布尔操作

▶ 4min

在一些特殊的装配设计及零件设计中，可以使用装配布尔操作对装配中的零件进行特殊处理，得到需要的特殊零件或装配结构。

下面以如图6.87所示的装配布尔求差为例，介绍装配布尔的一般操作过程。

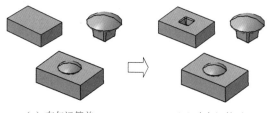

（a）布尔运算前　　　　　　　（b）布尔运算后

图6.87　装配布尔运算

步骤1　打开文件D:\CATIA2019\work\ch06.06\04\tihuanlingbujian-ex。

步骤2　隐藏rotate零件。在特征树中右击 🔩rotate (Part2.1)，在系统弹出的快捷菜单中选择 🔲隐藏/显示 命令将rotate隐藏，此时block如图6.88所示（中间没有槽）。

步骤3　显示rotate零件。在特征树中右击 🔩rotate (Part2.1)，在系统弹出的快捷菜单中选择 🔲隐藏/显示 命令将rotate显示。

步骤4　选择命令。选择"装配特征"工具条"装配特征"节点下的 🔳命令，或者选择下拉菜单 插入 → 装配特征 → 🔳移除 命令。

步骤5　选择刀具实体。在系统 选择要移除的几何体或现有移除几何体。 的提示下选取如图6.89所示的刀具零件。

图6.88　block 零件

图6.89　选择刀具零件

步骤6　选择受影响零件。在如图 6.90所示的"定义装配特征" 可能受影响的零件 区域选中block零件，单击 ⌄ 按钮将其加入 受影响零件 区域，系统会弹出如图6.91所示的"移除"对话框。

步骤7　单击"移除"对话框中的 ⬤确定 按钮完成布尔操作。

步骤8 隐藏rotate零件。在特征树中右击 rotate (Part2.1)，在系统弹出的快捷菜单中选择 隐藏/显示 命令将rotate隐藏，此时block如图6.92所示（中间有槽）。

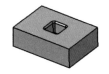

图6.90 "定义装配特征"对话框　　图6.91 "移除"对话框　　图6.92 隐藏rotate零件

步骤9 显示rotate零件。在特征树中右击 rotate (Part2.1)，在系统弹出的快捷菜单中选择 隐藏/显示 命令将rotate显示。

6min

6.6.5 装配分解视图

装配体中的分解视图就是将装配体中的各零部件沿着直线或坐标轴移动，使各个零件从装配体中分解出来。爆炸视图对于表达装配体中所包含的零部件，以及各零部件之间的相对位置关系是非常有帮助的，实际中的装配工艺卡片就可以通过爆炸视图来具体制作。在CATIA中用户可以通过增强型场景对分解视图进行手动创建。

下面以如图6.93所示的分解视图为例，介绍制作分解视图的一般操作过程。

步骤1 打开文件D:\CATIA2019\work\ch06.06\05\fenjieshitu-ex。

步骤2 进入DMU浏览器工作台。选择下拉菜单 开始 → ⬤ 数字化装配 → 🔧 DMU Navigator 命令。

步骤3 选择命令。在"DMU审查创建"工具栏中单击 按钮，或选择 插入 → 增强型场景 命令，此时系统会弹出如图6.94所示的"增强型场景"对话框。

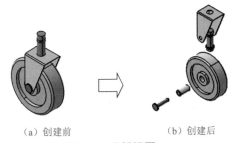

（a）创建前　　　　（b）创建后

图6.93 分解视图　　　　图6.94 "增强型场景"对话框

步骤4 定义名称与模式。在"增强型场景"对话框中取消选中☐自动命名复选框，在名称:文本框中输入"分解爆炸"，选中过载模式:区域选中⦿部分单选项，单击⬤确定按钮完成名称和模式设置。

步骤5　创建分解步骤1。

（1）选择命令。在"DMU移动"工具条中选择 命令，或者选择下拉菜单 工具 → 移动 → 平移或旋转 命令，系统会弹出如图6.95所示的"移动"对话框。

（2）定义要移动的零件。在特征树中选取固定螺钉作为要移动的零件。

（3）定义移动距离。在"移动"对话框 平移 区域的 偏移X 文本框中输入100。

（4）完成分解步骤1。在"移动"对话框中单击 应用 按钮，如图6.96所示。

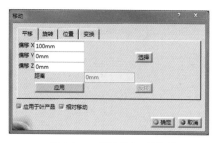

图6.95　"移动"对话框

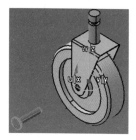

图6.96　分解步骤1

步骤6　创建分解步骤2。

（1）定义要移动的零件。在特征树中选取连接轴与支架作为要移动的零件。

（2）定义移动距离。在"移动"对话框 平移 区域的 偏移Z 文本框中输入85。

（3）完成分解步骤2。在"移动"对话框中单击 应用 按钮，如图6.97所示。

步骤7　创建分解步骤3。

（1）定义要移动的零件。在特征树中选取连接轴作为要移动的零件。

（2）定义移动距离。在"移动"对话框 平移 区域的 偏移Z 文本框中输入-70。

（3）完成分解步骤3。在"移动"对话框中单击 应用 按钮，如图6.98所示。

步骤8　创建分解步骤4。

（1）定义要移动的零件。在特征树中选取定位销作为要移动的零件。

（2）定义移动距离。在"移动"对话框 平移 区域的 偏移X 文本框中输入50。

（3）完成分解步骤4。在"移动"对话框中单击 应用 按钮，如图6.99所示。

（4）单击 确定 按钮完成分解创建。

图6.97　分解步骤2

图6.98　分解步骤3

图6.99　分解步骤4

第 7 章　CATIA模型的测量与分析

7.1　模型的测量

7.1.1　基本概述

产品的设计离不开模型的测量与分析，本节主要介绍空间点、线、面距离的测量、角度的测量、曲线长度的测量、面积的测量等，这些测量工具在产品零件设计及装配设计中经常用到。

7.1.2　测量距离

CATIA中可以测量的距离包括点到点的距离、点到线的距离、点到面的距离、线到线的距离、面到面的距离等。下面以如图7.1所示的模型为例，介绍测量距离的一般操作过程。

步骤1　打开文件D:\CATIA2019\work\ch07.01\ moxingceliang01。

步骤2　选择命令。选择"测量"工具条中的 命令，系统会弹出如图7.2所示的"测量间距"对话框。

步骤3　定义测量类型与选择模式。在"测量间距"对话框 定义 区域选中 类型，在 选择模式 1： 与 选择模式 2： 下拉菜单中均选择 任何几何图形，无限 选项。

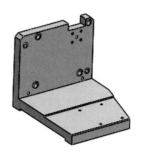

图7.1　测量距离

步骤4　测量面到面的距离。依次选取如图7.3所示的面1与面2，在图形区及"测量间距"对话框结果区域均会显示测量结果。

步骤5　测量点到面的距离，如图7.4所示。

图7.2　"测量间距"对话框

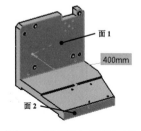

图7.3　测量面与面的间距

图7.4　测量点到面的距离

步骤6 测量点到线的距离，如图7.5所示。

步骤7 测量点到点的距离，如图7.6所示。

步骤8 测量线到线的距离，如图7.7所示。

步骤9 测量线到面的距离，如图7.8所示。

图7.5　测量点到线的距离

图7.6　测量点到点的距离

图7.7　测量线到线的距离

如图7.2所示的"测量间距"对话框部分选项的说明如下。

（1）🔲：用于测量两对象之间的间距。

（2）🔲：用于快速测量多个对象之间的间距，上一次测量的第二测量对象将成为当前测量的第一测量对象，如图7.9所示。

图7.8　测量线到面的距离

图7.9　链式测量

（3）▦：用于快速测量多个对象之间的间距，它与链式尺寸的区别为它的测量基准始终都是以第1次选定的参照作为基准，如图7.10所示。

（4）选择模式下拉列表：用于定义所选对象的类型；"任何几何图形"所选的对象大小作为图形的实际大小，如图7.11所示，"任何几何图形，无限"所选的对象大小作为无限放大的图形，如图7.12所示。

图7.10　扇形测量

图7.11　任何几何图形

图7.12　任何几何图形，无限

（5）□ 保持测量 复选框：用于在测量后将测量结果保存在图形区及特征树中的测量节点下，如图7.13所示。

（6）自定义... 按钮：用于在如图7.14所示的"测量间距自定义"对话框中设置测量结果的显示内容。

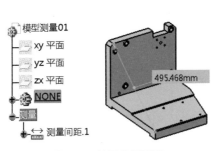
图7.13　任何几何图形

图7.14　"测量间距自定义"对话框

7.1.3　测量角度

CATIA中可以测量的角度包括线与线的角度、线与面的角度、面与面的角度等。下面以如图7.15所示的模型为例，介绍测量角度的一般操作过程。

步骤1　打开文件D:\CATIA2019\work\ch07.01\ moxingceliang02。

步骤2　选择命令。选择"测量"工具条中的▤命令，系统会弹出如图7.2所示的"测量间距"对话框。

步骤3　定义测量类型与选择模式。在"测量间距"对话框 定义 区域选中▤ 类型， 在 选择模式1: 与 选择模式2: 下拉菜单中均选择 任何几何图形,无限 选项。

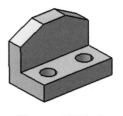

图7.15　测量角度

步骤4　测量面与面的角度。依次选取如图7.16所示的面1与面2，在图形区及"测量间距"对话框的结果区域均会显示测量结果。

> **说明**　用户需要在自定义对话框中选中 角度 后的 3D 选项才可以在图形区查看角度。

步骤5　测量线与面的角度。依次选取如图7.17所示的直线1与面1，在图形区及"测量间距"对话框的结果区域均会显示测量结果。

步骤6　测量线与线的角度。依次选取如图7.18所示的直线1与直线2，在图形区及"测量间距"对话框的结果区域均会显示测量结果。

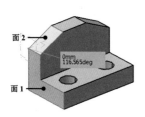
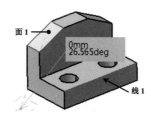
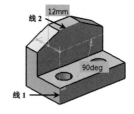

图7.16　测量面与面的角度　　图7.17　测量线与面的角度　　图7.18　测量线与线的角度

7.1.4　测量曲线长度

下面以如图7.19所示的模型为例，介绍测量曲线长度的一般操作过程。

步骤1　打开文件D:\CATIA2019\work\ch07.01\ moxingceliang03。

步骤2　选择命令。选择"测量"工具条中的▤命令，系统会弹出如图7.20所示的"测量项"对话框。

步骤3　测量曲线的长度。在绘图区选取如图7.21所示的样条曲线，在图形区及"测量项"对话框中会显示测量的结果。

步骤4　测量圆弧的长度。在绘图区选取如图7.22所示的圆弧，在图形区及"测量项"对话框中会显示测量的结果。

▶3min

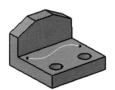
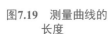

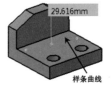
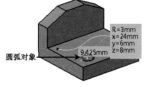

图7.19　测量曲线的长度	图7.20　"测量项"对话框	图7.21　测量曲线的长度	图7.22　测量圆弧的长度

> **说明**　　用户需要在自定义对话框中选中 弧 区域中的 □长度 选项才可以在图形区查看圆弧的长度。

7.1.5　测量面积与周长

▶ 4min

下面以如图7.23所示的模型为例，介绍测量面积与周长的一般操作过程。

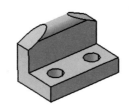

图7.23　测量面积与周长

步骤1　打开文件D:\CATIA2019\work\ch07.01\ moxingceliang04。

步骤2　选择命令。选择"测量"工具条中的 🔲 命令，系统会弹出"测量项"对话框。

步骤3　测量平面面积与周长。在绘图区选取如图7.24所示的平面，在图形区可以查看平面的面积信息，在"测量项"对话框会显示面积与周长信息。

图7.24　平面面积与周长

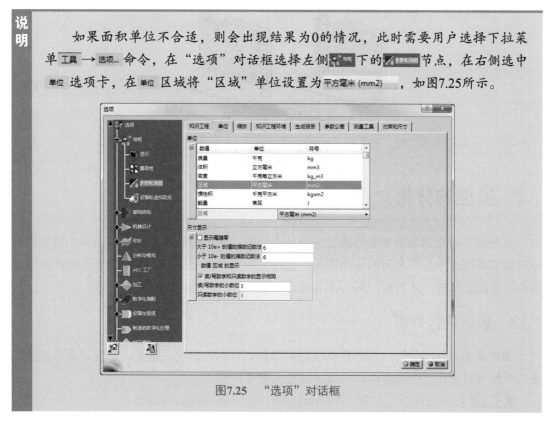

说明　如果面积单位不合适，则会出现结果为0的情况，此时需要用户选择下拉菜单 工具 → 选项... 命令，在"选项"对话框选择左侧 常规 下的 参数和测量 节点，在右侧选中 单位 选项卡，在 单位 区域将"区域"单位设置为 平方毫米 (mm2) ，如图7.25所示。

图7.25　"选项"对话框

步骤4　测量曲面面积与周长。在绘图区选取如图7.26所示的曲面，在图形区可以查看平面的面积信息，在"测量项"对话框会显示面积与周长信息。

图7.26　曲面面积与周长

7.1.6　测量厚度

下面以如图7.27所示的模型为例，介绍测量厚度的一般操作过程。

步骤1　打开文件D:\CATIA2019\work\ch07.01\ moxingceliang01。

步骤2　选择命令。选择"测量"工具条中的 命令，在"测量项"对话框中选中 单选按钮。

步骤3　将鼠标移动到需要测量厚度的表面上，此时将显示该面的厚度，如图7.27所示。

2min

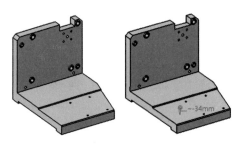

图7.27　测量厚度

7.2　模型的分析

这里的分析指的是单个零件或组件的基本分析，获得的基本信息主要是单个模型的物理数据或装配体中元件之间的干涉情况。这些分析都是静态的，如果需要对某些产品或者机构进行动态分析，就需要用到CATIA的运动仿真这个高级模块。

7.2.1　质量属性分析

通过质量属性的分析，可以获得模型的体积、总的表面积、质量、密度、重心位置和重心惯性等数据，这些数据对产品设计有很大参考价值。

步骤1　打开文件D:\CATIA2019\work\ch07.02\01\moxingceliang03。

步骤2　设置材料属性。选中"应用材料"工具条中的 🔳 命令，在系统弹出的"库"对话框中选择如图7.28所示的"黄铜"材料，将其拖动至实体模型上后单击 🔘 确定 按钮。

步骤3　选择命令。选择"测量"工具条中的 🔳 命令，系统会弹出如图7.29所示的"测量惯量"对话框。

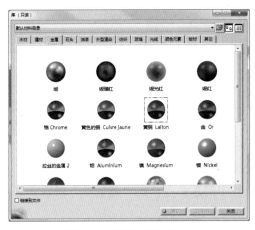

图7.28　"库"对话框

图7.29　"测量惯量"对话框

步骤4 选择测量对象。在特征树中选取 NONE 作为测量对象，此时在"测量惯量"对话框即可查看测量结果。

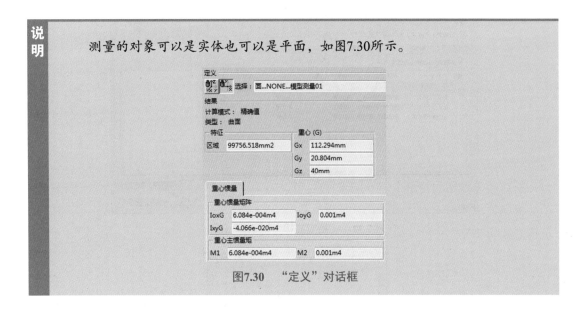

说明 测量的对象可以是实体也可以是平面，如图7.30所示。

图7.30 "定义"对话框

7.2.2 干涉检查

▶5min

在产品设计过程中，当各零部件组装完成后，设计者最关心的是各个零部件之间的干涉情况，碰撞检测和装配分析功能可以帮助用户了解这些信息。

步骤1 打开文件D:\CATIA2019\work\ch07.02\02\chelun。

步骤2 选择命令。选择"空间分析"工具条中的 命令，或者选择下拉菜单 分析 → 碰撞...，系统会弹出如图7.31所示的"检查碰撞"对话框。

步骤3 定义碰撞对象。在"检查碰撞"对话框 类型:下拉列表中选择 接触+碰撞 与 在所有部件之间 ，在 名称:文本框中输入分析名称，单击 应用 按钮进行碰撞计算。

图7.31 "检查碰撞"对话框（1）

步骤4 计算完成后"检查碰撞"对话框将被调整为如图7.32所示，同时系统还会弹出如图7.33所示的"预览"对话框。

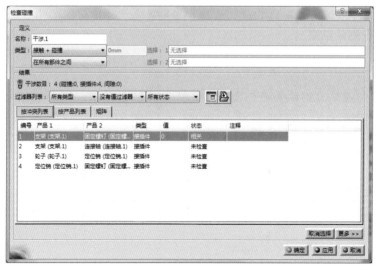

图7.32　"检查碰撞"对话框（2）

图7.33　"预览"对话框

说明

（1）在"检查碰撞"对话框（2）的 结果 区域中会显示干涉数及其中不同位置的干涉类型，但除编号1表示的位置外，其他各位置显示的状态均为 未检查 ，只有选择列表中的编号选项，系统才会计算干涉数值，并提供相应位置的预览图。

（2）在"检查碰撞"对话框（2）中如果数字为0，则代表重合，一般不属于干涉，如果数字为一个正值，则说明有实际的碰撞干涉。

第 8 章　CATIA工程图设计

8.1　工程图概述

工程图是指以投影原理为基础，用多个视图清晰详尽地表达出设计产品的几何形状、结构及加工参数的图纸。工程图严格遵守国标的要求，它实现了设计者与制造者之间的有效沟通，使设计者的设计意图能够简单明了地展现在图样上。从某种意义上讲，工程图是一门沟通了设计者与制造者之间的语言，在现代制造业中占据着极其重要的位置。

8.1.1　工程图的重要性

（1）立体模型（三维"图纸"）无法像二维工程图那样可以标注完整的加工参数，如尺寸、几何公差、加工精度、基准、表面粗糙度符号和焊缝符号等。

（2）不是所有零件都需要采用CNC或NC等数控机床加工，因而需要出示工程图，以便在普通机床上进行传统加工。

（3）立体模型（三维"图纸"）仍然存在无法表达清楚的局部结构，如零件中的斜槽和凹孔等，这时可以在二维工程图中通过不同方位的视图来表达局部细节。

通常把零件交给第三方厂家加工生产时，需要出示工程图。

8.1.2　CATIA工程图的特点

使用CATIA工程图环境中的工具可创建三维模型的工程图，并且视图与模型相关联，因此，工程图视图能够反映模型在设计阶段中的更改，可以使工程图视图与装配模型或单个零部件保持同步，其主要特点如下：

（1）可以方便地创建CATIA零件模型的工程图。

（2）可以创建各种各样的工程图视图。与CATIA零件模块交互使用，可以方便地创建视图方位、剖面、分解视图等。

（3）可以灵活地控制视图的显示模式与视图中各边线的显示模式。

（4）可以通过草绘的方式添加图元，以填补视图表达的不足。

（5）可以自动创建尺寸，也可以手动添加尺寸。自动创建的尺寸为零件模型里包含的尺寸，为驱动尺寸。修改驱动尺寸可以驱动零件模型做出相应的修改。尺寸的编辑与整理也十分容易，可以统一编辑整理。

（6）可以通过各种方式添加注释文本，文本样式可以自定义。

（7）可以添加基准、尺寸公差及几何公差，可以通过符号库添加符合标准与要求的表面粗糙度符号与焊缝符号。

（8）可以创建普通表格、零件族表、孔表及材料清单，并可以自定义工程图的格式。

（9）可以利用图层控制工程图的图元及细节。极大地方便了用户对图元的选取与操作，提高工作效率。

（10）用户可以自定义绘图模板，并定制文本样式、线型样式与符号。利用模板创建工程图可以节省大量的重复劳动。

（11）可从外部插入工程图文件，也可以导出不同类型的工程图文件，实现对其他软件的兼容。

（12）用户可以自定义CATIA的配置文件，以使制图符合不同标准的要求。

（13）可以打印输出工程图。

8.1.3　工程图的组成

工程图主要由3部分组成，如图8.1所示。

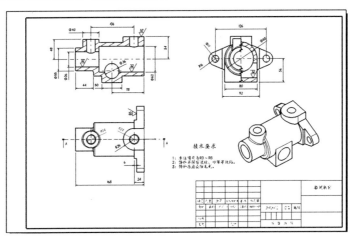

图8.1　工程图组成

（1）图框、标题栏。

（2）视图：包括基本视图（前视图、后视图、左视图、右视图、仰视图、俯视图和轴测图）、各种剖视图、局部放大图、折断视图等。在制作工程图时，根据实际零件的特点，选择不同的视图组合，以便简单清楚地把各个设计参数表达清楚。

（3）尺寸、公差、表面粗糙度及注释文本：包括形状尺寸、位置尺寸、尺寸公差、基准符号、形状公差、位置公差、零件的表面粗糙度及注释文本。

8.2　新建工程图

下面介绍新建工程图的一般操作步骤。

步骤1 选择命令。选择"标准"工具条中的 □ （新建）命令，或者选择下拉菜单 文件 → □ 新建... 命令，系统会弹出"新建"对话框。

步骤2 在"新建"对话框"类型列表"区域选中 Drawing 类型，然后单击 确定 按钮。

步骤3 设置标准与样式。在如图8.2所示的"新建工程图"对话框 标准 下拉列表中选择 ISO ，在 图纸样式 下拉列表中选择 A3 ISO ，选中 横向 单选项，单击 确定 按钮完成工程图的新建，如图8.3所示。

图8.2　"新建工程图"对话框

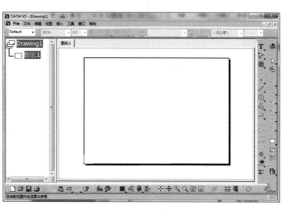

图8.3　工程图环境

如图8.2所示的"新建工程图"对话框中部分选项的说明如下。

（1） 标准 下拉列表：该下拉列表中列出了目前国际上比较权威的几种标准。

（2） ANSI ：美国国家标准化组织的标准。

（3） ASME ：美国机械工程师协会的标准。

（4） ISO ：国际标准化组织的标准。

（5） JIS ：日本工业标准。

（6） GB ：中国国家标准（此标准的配置文件需要将配套的GB文件复制到默认的安装目录之下）。

（7）图纸样式下拉列表：包括几种常用的图纸页样式。

（8）A0 ISO：国际标准中的A0号图纸，纸张大小为841×1189 mm²。

（9）A1 ISO：国际标准中的A1号图纸，纸张大小为594×841 mm²。

（10）A2 ISO：国际标准中的A2号图纸，纸张大小为420×594 mm²。

（11）A3 ISO：国际标准中的A3号图纸，纸张大小为297×420 mm²。

（12）A4 ISO：国际标准中的A4号图纸，纸张大小为210×297 mm²。

（13）B4 ISO：国际标准中的B4号图纸，纸张大小为250×354 mm²。

（14）B5 ISO：国际标准中的B5号图纸，纸张大小为182×257 mm²。

（15）C5 ISO：国际标准中的C5号图纸，纸张大小为162×229 mm²。

（16）○纵向：选中该单选项，表示纵向放置图纸，如图8.4所示。

（17）◉横向：选中该单选项，表示横向放置图纸，如图8.5所示。

图8.4　纵向

图8.5　横向

说明　　在特征树中右击 □图纸1，在弹出的快捷菜单中选择 属性 命令，在系统弹出的如图8.6所示的"属性"对话框中可以调整图纸的一般属性。

图8.6　"属性"对话框

（1）名称：文本框：设置当前图纸页的名称。

（2）标度：文本框：设置图纸比例。

（3）格式 区域：在该区域中可进行图纸格式的设置。在该区域的下拉列表中可设置图纸的幅面大小；如果选中 显示 复选框，则在图形区显示图纸界线，如图8.7所示，如果取消选中，则不显示，如图8.8所示。

（4）宽度：文本框：显示当前图纸的宽度，不可编辑。

（5）高度：文本框：显示当前图纸的高度，不可编辑。

（6）○纵向 单选项：纵向放置图纸。

（7）●横向 单选项：横向放置图纸。

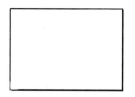

图8.7　显示图纸界线　　　图8.8　隐藏图纸界线

（8）投影方法 区域：该区域可设置投影视角的类型，包括● 第一个角度标准 单选项和○第三个角度标准 单选项。

（9）● 第一个角度标准 单选项：用第一角度投影方式排列各个视图，即以主视图为中心，俯视图在其下方，仰视图在其上方，左视图在其右侧，右视图在其左侧，后视图在其左侧或右侧；我国及欧洲采用此标准，如图8.9所示。

（10）○第三个角度标准 单选项：用第三角度投影方式排列各个视图，即以主视图为中心，俯视图在其上方，仰视图在其下方，左视图在其左侧，右视图在其右侧，后视图在其左侧或右侧；美国常采用此标准，如图8.10所示。

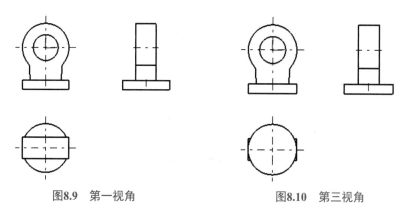

图8.9　第一视角　　　　　图8.10　第三视角

（11）<mark>创成式视图定位模式</mark>区域：该区域包括<mark>●零部件边框中心</mark>单选项和<mark>○零部件 3D 轴</mark>单选项。

（12）<mark>●零部件边界框中心</mark>单选项：选中该单选项，表示根据零部件边界框中心来对齐视图。

（13）<mark>○零部件 3D 轴</mark>单选项：选中该单选项，表示根据零部件3D轴来对齐视图。

（14）<mark>打印区域</mark>区域：用于设置打印区域。如果选中<mark>☑激活</mark>复选框，则后面的各选项显示为可用；在<mark>应用格式</mark>下拉列表中可选择一种图纸规格，此时在<mark>宽度：</mark>和<mark>高度：</mark>文本框会显示出当前选择图纸规格的尺寸。

8.3 工程图视图

工程图视图是按照三维模型的投影关系生成的，主要用来表达部件模型的外部结构及形状。在CATIA的工程图模块中，视图包括基本视图、各种剖视图、局部放大图和折断视图等。

8.3.1 基本工程图视图

通过投影法可以直接投影得到的视图就是基本视图，基本视图在CATIA中主要包括主视图（正视图）、投影视图和轴测图等，下面分别进行介绍。

1. 创建主视图（正视图）

正视图是工程图中的最主要的视图，在CATIA中，使用正视图命令可在工程图文件中放置第1个视图，该视图常被用作主视图或剖视图的参考视图。

下面以创建如图8.11所示的主视图为例，介绍创建主视图的一般操作过程。

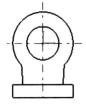

图8.11　主视图

<mark>步骤1</mark> 打开文件D:\CATIA2019\work\ch08.03\01\jibenshitu。

<mark>步骤2</mark> 新建工程图文件。选择"标准"工具条中的<mark>□</mark>（新建）命令，在"新建"对话框"类型列表"区域选中<mark>Drawing</mark>类型，然后单击<mark>●确定</mark>按钮，在"新建工程图"对话框<mark>标准</mark>下拉列表中选择<mark>GB</mark>，在<mark>图纸样式</mark>下拉列表中选择<mark>A3 ISO</mark>，选中<mark>●横向</mark>单选项，单击<mark>●确定</mark>按钮完成工程图的新建。

<mark>步骤3</mark> 选择命令。选择"视图"工具条中的<mark>🔓</mark>命令，或者选择下拉菜单<mark>插入</mark> → <mark>视图</mark> → <mark>投影</mark> → <mark>🔓 正视图</mark>命令。

<mark>步骤4</mark> 选择参考平面。在系统<mark>在 3D 几何图形上选择参考平面</mark>的提示下将窗口切换至<mark>1 jibenshitu.CATPart</mark>，选取如图8.12所示的面作为参考面，系统会自动返回工程图窗口。

<mark>步骤5</mark> 调整视图方位角度。采用如图8.13所示的默认方位。

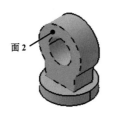

图8.12　参考面

图8.13　视图方位

说明

　　如果方位不合适，用户则可以通过单击箭头进行调整，单击 ↘ 可以顺时针旋转角度，单击一次旋转30°，如图8.14所示；单击 ↗ 可以逆时针旋转角度，单击一次旋转30°，如图8.15所示；单击 ◁ 可以将视图绕竖直轴顺时针旋转90°，如图8.16所示；单击 ▷ 可以将视图绕竖直轴逆时针旋转90°，如图8.17所示；单击 ▽ 可以将视图绕水平轴顺时针旋转90°，如图8.18所示；单击 △ 可以将视图绕水平轴逆时针旋转90°，如图8.19所示。

图8.14　方位1

图8.15　方位2

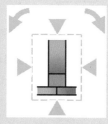

图8.16　方位3

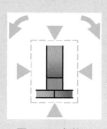

图8.17　方位4

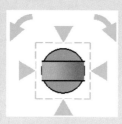

图8.18　方位5

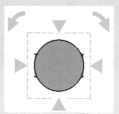

图8.19　方位6

　　步骤6　放置视图。拖动绿色边框以调整视图的位置，然后在图纸的空白处上单击，完成主视图的初步创建。

　　步骤7　调整图纸视图比例。在特征树中右击□ 图纸1，在系统弹出的快捷菜单中选择 🖰 属性命令，在系统弹出的"属性"对话框 标度:文本框中输入1:2，单击 ⊙ 确定按钮完成比例的设置。

2. 创建投影视图

投影视图包括仰视图、俯视图、右视图和左视图。下面以如图8.20所示的视图为例，说明创建投影视图的一般操作过程。

步骤1 打开文件D:\CATIA2019\work\ch08.03\01\touyingshitu-ex。

步骤2 选择命令。选择"视图"工具条中"投影"节点下的 ▤ 命令，或者选择下拉菜单 插入 → 视图 → 投影 → 图口投影 命令。

步骤3 放置视图。在主视图右侧单击，生成左视图，如图8.21所示。

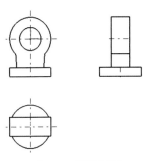

图8.20 投影视图

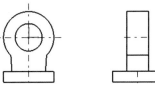

图8.21 左视图

步骤4 选择命令。选择"视图"工具条中"投影"节点下的 ▤ 命令。

步骤5 放置视图。在主视图下侧单击，生成俯视图，如图8.20所示。

> **说明**
>
> 在创建左视图、右视图、仰视图和俯视图时都是以当前被激活的主视图作为参考对象，被激活的视图的视图边框为红色，如图8.22所示。若在特征树中双击 图口俯视图 使其激活，然后选择 ▤ 命令，将鼠标指针放在俯视图的右侧，即可生成以俯视图方向观察的右视图，如图8.23所示。
>
>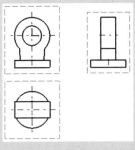
>
> 图8.22 激活视图
>
>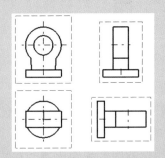
>
> 图8.23 右视图（俯视图观察）

3. 等轴测视图

下面以如图8.24所示的等轴测视图为例，说明创建等轴测视图的一般操作过程。

步骤1　打开文件D:\CATIA2019\work\ch08.03\01\jibenshitu。

步骤2　打开文件D:\CATIA2019\work\ch08.03\01\zhouceshitu-ex。

步骤3　选择命令。选择"视图"工具条中"投影"节点下的 命令，或者选择下拉菜单 插入 → 视图 → 投影 → 等轴测视图 命令。

步骤4　选择参考平面。在系统 在3D几何图形上选择参考平面 的提示下将窗口切换至 jibenshitu.CATPart ，将视图调整至如图8.25所示的方位，选取模型的任意位置，系统会自动返回工程图窗口。

步骤5　调整视图方位角度。采用系统默认方位。

步骤6　放置视图。拖动绿色边框以调整视图的位置，然后在图纸的空白处上单击，完成等轴测视图的创建。

图8.24　等轴测视图

图8.25　视图方位

8.3.2　视图常用编辑

1. 移动视图

在创建完主视图和投影视图后，如果它们在图纸上的位置不合适、视图间距太小或太大，用户则可以根据自己的需要移动视图，具体方法为将鼠标停放在视图的框架上，此时光标会变成 ，按住鼠标左键并移动至合适的位置后放开。

> 说明　如果视图框架未显示，则单击"工具"工具条中的 按钮即可显示视图框架，如图8.26所示。

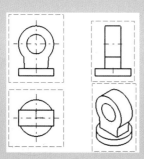

（a）显示

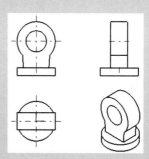

（b）不显示

图8.26　框架显示

由于系统默认为"根据参考视图定位"，遵循"长对正、高平齐、宽相等"的原则（正视图与俯视图长对正，正视图与左视图高平齐、仰视图与左视图宽相等），故用户移动投影视图时只能横向或纵向移动。当移动主视图时，由主视图生成的第一级子视图也会随着主视图的移动而移动，但移动子视图时父视图不会随着移动。

在特征树中选中要移动的视图并右击（或者在图纸中选中视图并右击），在弹出的快捷菜单中依次选择 视图定位 → 不根据参考视图定位 命令，可将视图移动至任意位置，如图8.27所示。当用户再次右击并选择 视图定位 → 根据参考视图定位 命令时，被移动的视图又会自动与主视图默认对齐。

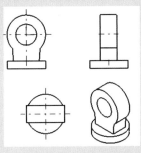

图8.27 任意移动位置

2. 旋转视图

右击要旋转的视图，在弹出的快捷菜单中选择 属性 命令，在系统弹出的"属性"对话框 角度: 文本框中输入旋转角度即可，完成后如图8.28所示。

> **说明**　当输入的角度为正值时，视图将逆时针旋转，如图8.28所示。如果用户需要顺时针旋转视图，则可以输入负值，如图8.29所示。

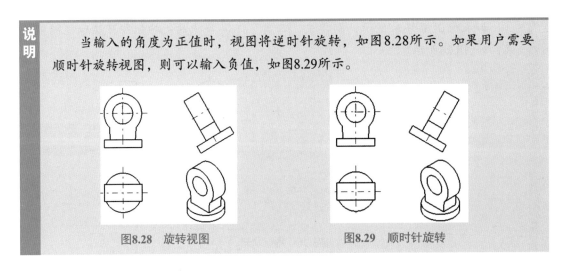

图8.28 旋转视图　　　　图8.29 顺时针旋转

3. 隐藏显示视图

在特征树中右击需要隐藏的视图（例如左视图），在系统弹出的快捷菜单中选择 隐藏/显示 命令，即可隐藏视图，如图8.30所示。

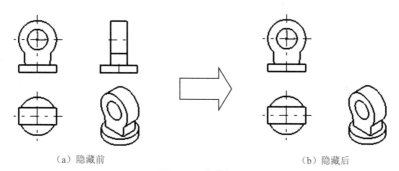

（a）隐藏前　　　　　　　　　　　　　　　　（b）隐藏后

图8.30　隐藏视图

> **说明**　　也可以在图形区右击视图框架，在弹出的快捷菜单中选择 隐藏/显示 命令来隐藏视图。

在特征树中被隐藏的左视图上右击，在系统弹出的快捷菜单中选择 隐藏/显示 命令，即可重新显示该视图。

4. 删除视图

如果要将某个视图删除，则可先选中该视图并右击，然后在弹出的快捷菜单中选择 删除 命令或直接按Delete键，即可删除该视图。

5. 添加图纸页

在工程实践中，用户可以根据实际需要，在一个工程图中增加一页及多页图纸，新增加的图纸默认使用原有图纸的格式。在"工程图"工具条中选择 命令，或者选择下拉菜单 插入 → 工程图 → 图纸 → 新建图纸 命令，系统会自动在特征树中显示新增加的图纸页，如图8.31所示。

6. 切边显示

切边是两个面在相切处所形成的过渡边线，最常见的切边是圆角过渡形成的边线。在工程视图中，一般轴测视图需要显示切边，而在正交视图中则需要隐藏切边。

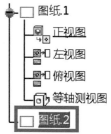

图8.31　添加图纸页

系统默认的切边为边界形式可见，如图8.32所示。在图形区选中视图后右击，在弹出的快捷菜单中选择 🖅 属性 命令，在"属性"对话框 修饰 区域选中 ● 符号 即可使用符号显示圆角，如图8.33所示，选中 ● 近似原始边线 即可使用近似原始边线显示圆角，如图8.34所示，如果取消选中 □ 圆角 ，则可取消切边的显示，如图8.35所示。

图8.32 边界切边　图8.33 符号切边　图8.34 近似原始边线切边　图8.35 取消切边显示

8.3.3 视图的显示模式

6min

在CATIA的工程制图工作台中，在特征树中右击某一视图，在弹出的快捷菜单中选择 🖅 属性 命令，系统会弹出"属性"对话框，通过该对话框可以设置视图的显示模式，下面介绍几种常用的显示模式：

（1）■ 隐藏线 ：选中该复选框，视图中的不可见边线将以虚线显示，如图8.36所示。

（2）■ 中心线 ：选中该复选框，视图中将显示中心线，如图8.37所示。

 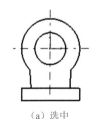 

（a）选中　　　　　　　　　　　　　　（b）不选中

图8.36 隐藏线　　　　图8.37 中心线

（3）■ 3D 颜色 ：选中该复选框，视图中的线条颜色将显示为三维模型的颜色，如图8.38所示。

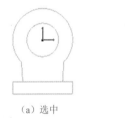 

（a）选中　　　　　　　　　　　　　　（b）不选中

图8.38 三维模型的颜色

（4）■ 轴 ：选中该复选框，视图中将显示轴线，如图8.39所示。

（5）■螺纹 选中该复选框，视图中将显示螺纹，如图8.40所示。

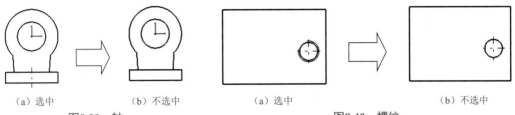

（a）选中　　　　　　（b）不选中　　　　　　（a）选中　　　　　　　　　　　　（b）不选中

图8.39　轴　　　　　　　　　　图8.40　螺纹

8.3.4　全剖视图

全剖视图是用剖切面完全地剖开零件得到的剖视图。全剖视图主要用于表达内部形状比较复杂的不对称机件。下面以创建如图8.41所示的全剖视图为例，介绍创建全剖视图的一般操作过程。

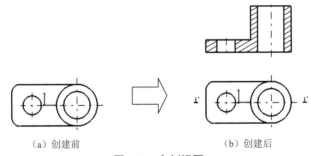

（a）创建前　　　　　　　　　　（b）创建后

图8.41　全剖视图

步骤1　打开文件D:\CATIA2019\work\ch08.03\04\ quanpoushitu-ex。

步骤2　选择命令。选择"视图"工具条中"剖视图"节点下的 命令，或者选择下拉菜单 插入 → 视图 → 截面 → 偏移剖视图 命令。

步骤3　绘制剖切线。在系统 选择起点、圆弧边或轴线 的提示下，绘制如图8.42所示的剖切线（绘制剖切线时，根据系统的提示，双击鼠标左键可以结束剖切线的绘制），将鼠标指针移动到正视图上方，系统会显示图示的全剖视图预览图。

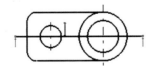

图8.42　剖切线

步骤4　放置视图。在正视图上方的合适位置单击便可放置全剖视图，完成全剖视图的创建。

说明

（1）双击全剖视图中的剖面线，系统会弹出如图8.43所示的"属性"对话框，利用该对话框可以修改剖面线的类型、角度、颜色、间距、线型、偏移量、厚度等属性。

（2）在剖切箭头上右击，在系统弹出的快捷菜单中选择"属性"命令，在系统弹出的如图8.44所示的"属性"对话框中可以设置箭头的一些相关参数。

图8.43　剖面线的"属性"对话框

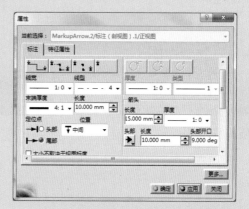

图8.44　剖切箭头的"属性"对话框

8.3.5　半剖视图

3min

当机件具有对称平面时，以对称平面为界，在垂直于对称平面的投影面上投影得到的，由半个剖视图和半个视图合并组成的图形称为半剖视图。半剖视图既充分地表达了机件的内部结构，又保留了机件的外部形状，因此它具有内外兼顾的特点。半剖视图只适宜于表达对称的或基本对称的机件。下面以创建如图8.45所示的半剖视图为例，介绍创建半剖视图的一般操作过程。

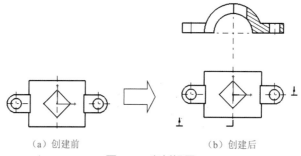

（a）创建前　　　　　　　　　（b）创建后

图8.45　半剖视图

步骤1　打开文件D:\CATIA2019\work\ch08.03\05\ banpoushitu-ex。

步骤2　选择命令。选择"视图"工具条中"剖视图"节点下的⬛命令，或者选择下

拉菜单 插入 → 视图 → 截面 → 偏移剖视图 命令。

步骤3 绘制剖切线。在系统 选择起点、圆弧边或轴线 的提示下，绘制如图8.46所示的剖切线
（绘制剖切线时，根据系统的提示，双击鼠标左键可以结束剖切
线的绘制），将鼠标指针移动到正视图的上方，系统会显示图示
的半剖视图预览图。

步骤4 放置视图。在正视图上方的合适位置单击来放置半
剖视图，完成半剖视图的创建。

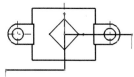

图8.46　剖切线

8.3.6　阶梯剖视图

用两个或多个互相平行的剖切平面把机件剖开的方法称为阶梯剖，所画出的剖视图称为
阶梯剖视图。它适宜于表达机件内部结构的中心线排列在两个或多个互相平行的平面内的情
况。下面以创建如图8.47所示的阶梯剖视图为例，介绍创建阶梯剖视图的一般操作过程。

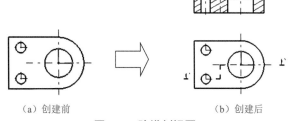

（a）创建前　　　　　　　　（b）创建后

图8.47　阶梯剖视图

步骤1 打开文件D:\CATIA2019\work\ch08.03\06\jietipoushitu-ex。

步骤2 选择命令。选择"视图"工具条中"剖视图"节点下的 命令，或者选择下
拉菜单 插入 → 视图 → 截面 → 偏移剖视图 命令。

步骤3 绘制剖切线。在系统 选择起点、圆弧边或轴线 的提示下，绘制如图8.48所示的剖切线
（绘制剖切线时，根据系统的提示，双击鼠标左键可以结束剖切
线的绘制），将鼠标指针移动到正视图的上方，系统会显示图示的阶
梯剖视图预览图。

步骤4 放置视图。在正视图上方的合适位置单击来放置阶梯
剖视图，完成阶梯剖视图的创建。

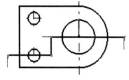

图 8.48　剖切线

8.3.7　旋转剖视图

用两个相交的剖切平面（交线垂直于某一基本投影面）剖开机件的方法称为旋转剖，
所画出的剖视图称为旋转剖视图。下面以创建如图8.49所示的旋转剖视图为例，介绍创建
旋转剖视图的一般操作过程。

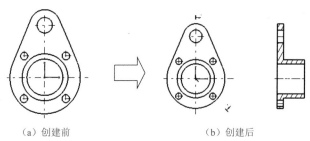

（a）创建前　　　　　　　　　　　　　　（b）创建后

图8.49　旋转剖视图

步骤1　打开文件D:\CATIA2019\work\ch08.03\07\jietipoushitu-ex。

步骤2　选择命令。选择"视图"工具条中"剖视图"节点下的 ▨ 命令，或者选择下拉菜单 插入 → 视图 → 截面 → ▨ 对齐剖视图 命令。

步骤3　绘制剖切线。在系统 选择起点、圆弧边或轴线 的提示下，绘制如图8.50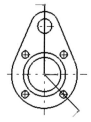
所示的剖切线（绘制剖切线时，根据系统的提示，双击鼠标左键可以结束剖切线的绘制），将鼠标指针移动到正视图的右侧，系统会显示图示的阶梯剖视图预览图。

步骤4　放置视图。在正视图右侧的合适位置单击来放置旋转剖视
图，完成旋转剖视图的创建。

图8.50　剖切线

8.3.8　局部剖视图

将机件局部剖开后进行投影得到的剖视图称为局部剖视图。局部剖视图也是在同一视图上同时表达内外形状的方法，并且用波浪线作为剖视图与视图的界线。局部剖视是一种比较灵活的表达方法，剖切范围根据实际需要决定，但使用时要考虑到看图方便，剖切不要过于零碎。它常用于下列两种情况：第1种情况，机件只有局部内形要表达，而又不必或不宜采用全剖视图；第2种情况，不对称机件需要同时表达其内、外形状时，宜采用局部剖视图。下面以创建如图8.51所示的局部剖视图为例，介绍创建局部剖视图的一般操作过程。

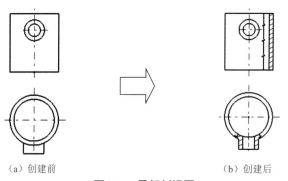

（a）创建前　　　　　　　　　　　　　　（b）创建后

图8.51　局部剖视图

步骤1　打开文件D:\CATIA2019\work\ch08.03\08\jubupoushitu-ex。

步骤2　选择命令。选择"视图"工具条中"断开视图"节点下的⬛命令，或者选择下拉菜单 插入 → 视图 → 断开视图 →⬛剖面视图 命令。

步骤3　绘制剖切范围。在主视图绘制如图8.52所示的剖切范围，绘制完成后系统会弹出如图8.53所示的"3D查看器"对话框。

步骤4　绘制剖切位置。在"3D查看器"对话框激活 参考元素: 对话框，选取如图8.54所示的圆作为参考。

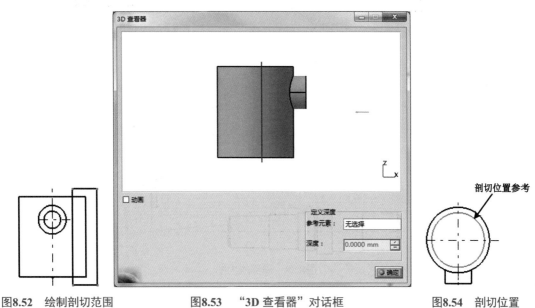

图8.52　绘制剖切范围　　图8.53　"3D 查看器"对话框　　图8.54　剖切位置

步骤5　完成操作，单击"3D查看器"对话框中的 确定 按钮完成局部剖视图的创建，如图8.55所示。

步骤6　激活俯视图。在特征树右击俯视图，在弹出的快捷菜单中选择 激活视图 命令将视图激活。

步骤7　选择命令。选择"视图"工具条中"断开视图"节点下的⬛命令，或者选择下拉菜单 插入 → 视图 → 断开视图 →⬛剖面视图 命令。

步骤8　绘制剖切范围。在主视图绘制如图8.56所示的剖切范围，绘制完成后系统会弹出"3D查看器"对话框。

步骤9　绘制剖切位置。在"3D查看器"对话框激活 参考元素: 对话框，选取如图8.57所示的圆作为参考。

步骤10　完成操作，单击"3D查看器"对话框中的 确定 按钮完成局部剖视图的创建，如图8.51（b）所示。

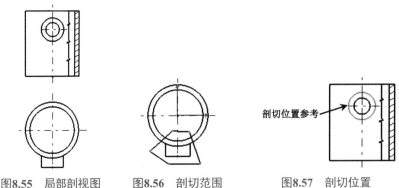

图8.55 局部剖视图   图8.56 剖切范围   图8.57 剖切位置

8.3.9 局部放大图

7min

当机件上某些较小的结构在视图中表达得还不够清楚或不便于标注尺寸时，可将这些部分用大于原图形所采用的比例画出，这种图称为局部放大图。下面以创建如图8.58所示的局部放大图为例，介绍创建局部放大图的一般操作过程。

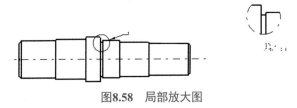

图8.58 局部放大图

步骤1 打开文件D:\CATIA2019\work\ch08.03\09\jubufangda-ex。

步骤2 选择命令。选择"视图"工具条中"详细信息"节点下的 命令，或者选择下拉菜单 插入 → 视图 → 详细信息 → 详细视图 命令。

步骤3 定义放大视图区域。在系统 选择一点或单击以定义圆心 的提示下，绘制如图8.59所示的圆。

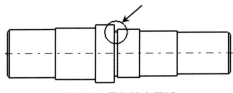

图8.59 局部放大区域

步骤4 放置放大视图。在主视图右上角的合适位置单击，以便放置放大视图。

步骤5 修改放大视图的标识与比例。在特征树中右击 详图A，在系统弹出的快捷菜单中选择 属性 命令，系统会弹出如图8.60所示的"属性"对话框，在 缩放: 文本框中可以输入放大视图的视图比例2∶1，在 ID 文本框中输入标识符I，如图8.61所示。

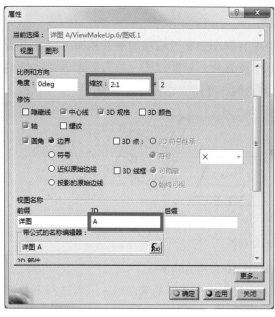

图8.60　"属性"对话框

图8.61　标识符

注意

缩放比例是指放大视图的比例，而不是放大的比例。

说明

（1）在创建放大视图时，用户也可以通过选择下拉菜单 插入 → 视图 → 详细信息 → 快速详细视图 命令放大视图，如图8.62所示，它与详细视图的区别为详细视图的边界是机件的一部分，而快速详细视图的边界为机件的整体。

（2）用户如果需要自定义放大视图的边界，则可以通过 详细视图轮廓 （如图8.63所示）与 快速详细视图轮廓 （如图8.64所示）得到。

图8.62　快速详细视图

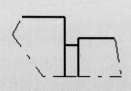

图8.63　详细视图轮廓

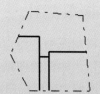

图8.64　快速详细视图轮廓

8.3.10 辅助视图

辅助视图类似于投影视图，但它是垂直于现有视图中参考边线的展开视图，该参考边线可以是模型的一条边、侧影轮廓线、轴线或草图直线。辅助视图一般只要求表达出倾斜面的形状。下面以创建如图 8.65所示的辅助视图为例，介绍创建辅助视图的一般操作过程。

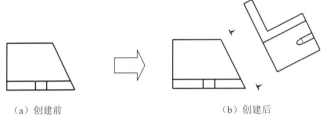

（a）创建前　　　　　　　　　　　（b）创建后

图8.65　辅助视图

步骤1 打开文件D:\CATIA2019\work\ch08.03\10\fuzhushitu-ex。

步骤2 选择命令。选择"视图"工具条中"投影"节点下的 █ 命令，或者选择下拉菜单 插入 → 视图 → 投影 → █ 辅助 命令。

步骤3 选择方向参考线。在系统 选择起点或线性边线以定义方向 的提示下，选取如图 8.66所示的直线作为参考，在系统 单击结束. 的提示下，在参考直线右上方的合适位置单击放置剖切箭头。

图 8.66　定义方向参考线

> **说明**
>
> 在创建辅助视图时，如果在视图中找不到合适的参考边线，则可以手动绘制1条作为参考边线。

步骤4 放置视图。在系统 单击视图位置 的提示下，在参考直线右上方的合适位置单击放置。

8.3.11 断裂视图

在机械制图中，经常会遇到一些又长又细形的零部件，若要反映整个零件的尺寸形状，则需用大幅面的图纸来绘制。为了既节省图纸幅面，又可以反映零件形状的尺寸，在实际绘图中常采用断裂视图。断裂视图指的是从零件视图中删除选定两点之间的视图部分，将余下的两部分合并成一个带折断线的视图。下面以创建如图8.67所示的断裂视图为例，介绍创建断裂视图的一般操作过程。

步骤1 打开文件D:\CATIA2019\work\ch08.03\11\duanlieshitu-ex，如图8.68所示。

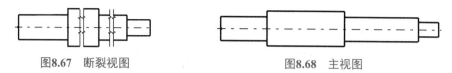

图8.67 断裂视图   图8.68 主视图

步骤2 选择命令。选择"视图"工具条中"断开视图"节点下的 命令，或者选择下拉菜单 插入 → 视图 → 断开视图 → 局部视图 命令。

步骤3 在系统 在视图中选择一个点以指示第一条剖面线的位置。 的提示下，单击如图8.69所示的中心线，确定左侧的折断位置。

步骤4 在系统 单击所需的区域以获取垂直剖面或水平剖面。 的提示下，移动鼠标指针，使绿色实线变为竖直方向，单击左键，确定剖面为竖直，结果如图8.70所示。

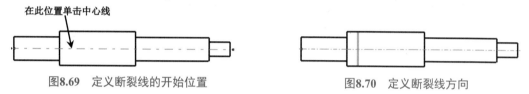

图8.69 定义断裂线的开始位置   图8.70 定义断裂线方向

步骤5 在系统 在视图中选择一个点以指示第二剖面线的位置。 的提示下，移动鼠标指针，在如图8.71所示的位置单击以确定终止位置。

步骤6 在图纸的空白位置单击，完成折断视图的创建，如图8.72所示。

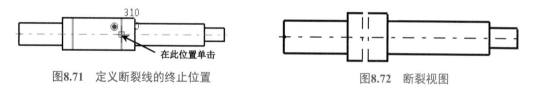

图8.71 定义断裂线的终止位置   图8.72 断裂视图

步骤7 在视图中右击断裂符号竖直线，在弹出的快捷菜单中选择"属性"命令，在"属性"对话框 直线和曲线 区域的 线型 下拉列表中选择 ∿∿∿ 8 ，单击 确定 按钮完成设置，如图8.73所示。

步骤8 选择命令。选择"视图"工具条中"断开视图"节点下的 命令。

步骤9 在系统 在视图中选择一个点以指示第一条剖面线的位置。 的提示下，单击如图8.74所示的中心线，确定左侧的折断位置。

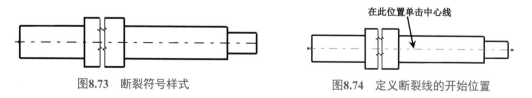

图8.73 断裂符号样式   图8.74 定义断裂线的开始位置

步骤10 在系统 在视图中选择一个点以指示第二剖面线的位置. 的提示下，移动鼠标指针，在如图8.75所示的位置单击以确定终止位置。

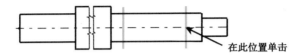

在此位置单击

图8.75　定义断裂线的终止位置

步骤11 在图纸的空白位置单击，完成折断视图的创建，如图8.76所示。

步骤12 在视图中右击上一步创建的断裂符号竖直线，在弹出的快捷菜单中选择"属性"命令，在"属性"对话框 直线和曲线 区域的 线型 下拉列表中选择 〜〜〜 8，单击 确定 按钮完成设置，如图8.77所示。

图8.76　断裂视图

图8.77　断裂符号样式

8.3.12　加强筋的剖切

下面以创建如图8.78所示的剖视图为例，介绍创建加强筋的剖视图的一般操作过程。

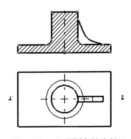

图8.78　加强筋的剖切

> **说明**　在国家标准中规定，当剖切到加强筋结构时，需要按照不剖处理。

步骤1 打开文件D:\CATIA2019\work\ch08.03\12\jiaqiangjin-ex，如图8.79所示。

步骤2 选择命令。选择"视图"工具条中"剖视图"节点下的 命令，或者选择下拉菜单 插入 → 视图 → 截面 → 偏移剖视图 命令。

步骤3 绘制剖切线。在系统 选择起点、圆弧边或轴线 的提示下，绘制如图8.80所示的剖切线（绘制剖切线时，根据系统的提示，双击鼠标左键可以结束剖切线的绘制），将鼠标指针移动到正视图的上方，系统会显示图示的全剖视图预览图。

步骤4　放置视图。在正视图上方的合适位置单击来放置全剖视图，完成全剖视图的创建，如图8.81所示。

步骤5　隐藏剖面线。在剖视图剖面线上右击，在系统弹出的快捷菜单中选择 隐藏/显示 命令，即可隐藏剖面线，如图8.82所示。

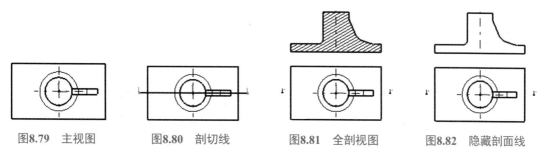

图8.79　主视图　　　　图8.80　剖切线　　　　图8.81　全剖视图　　　图8.82　隐藏剖面线

步骤6　补画视图边线。在特征树中右击 剖视图 A-A，在系统弹出的快捷菜单中选择 激活视图 将其激活，选取如图8.83所示的两条直线与一段圆弧作为镜像对象，选择"几何图形修改"工具条中选择 命令，选取中间竖直轴线作为参考，完成后如图8.84所示。

步骤7　填充剖面线。在"修饰"工具条中选择 （创建区域填充）命令，在如图8.85所示的位置单击即可完成填充。

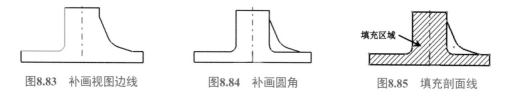

填充区域

图8.83　补画视图边线　　　　图8.84　补画圆角　　　　图8.85　填充剖面线

8.3.13　断面图

3min

断面图是假想用剖切面将物体的某处切断，仅画出该剖切面与物体接触部分的图形，简称为断面。通常用在只需表达零件断面的场合下，这样可以使图形清晰、简洁，同时便于标注尺寸。

下面以创建如图8.86所示的断面图为例，介绍创建断面图的一般操作过程。

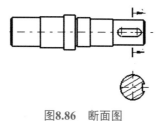

图8.86　断面图

步骤1 打开文件D:\CATIA2019\work\ch08.03\13\duanmiantu-ex。

步骤2 选择命令。选择"视图"工具条中"剖视图"节点下的 ▨▨ 命令，或者选择下拉菜单 插入 → 视图 → 截面 → ▨▨ 偏移截面分割 命令。

步骤3 绘制剖切线。在系统 选择起点、圆弧边或轴线 的提示下，绘制如图8.87所示的剖切线（绘制剖切线时，根据系统的提示，双击鼠标左键可以结束剖切线的绘制），将鼠标指针移动到正视图的右侧，系统会显示剖视图预览图。

步骤4 放置视图。在正视图右侧的合适位置单击来放置断面图，完成断面图的创建，如图8.88所示。

图8.87 剖切线　　　　　　　　　　图8.88 放置断面图

步骤5 调整视图位置。在特征树中右击 ▨▨ 截面分割 A-A，在系统弹出的快捷菜单中选择 视图定位 → 不根据参考视图定位 命令，断开与主视图之间的对正关联，然后将鼠标移动至断面图框架上，将视图移动至主视图下方的合适位置。

4min

8.3.14　装配体的剖切视图

装配体工程图视图的创建与零件工程图视图相似，但是在国家标准中针对装配体出工程图也有两点不同之处：一是装配体工程图中不同的零件在剖切时需要有不同的剖面线；二是装配体中有一些零件（例如标准件）是不可参与剖切的。下面以创建如图8.89所示的装配体全剖视图为例，介绍创建装配体剖切视图的一般操作过程。

步骤1 打开文件D:\CATIA2019\work\ch08.03\14\chelun。

步骤2 设置非剖切件。在特征树中右击 🔩固定螺钉 (固定螺钉.1)，在系统弹出的快捷菜单中选择 📄 属性 命令，在系统弹出的如图8.90所示的"属性"对话框选择 工程制图 节点，选中 ☑ 请勿在剖视图中切除 复选框，单击 ⚫ 确定 按钮完成非剖切件的设置。

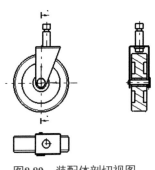

图8.89 装配体剖切视图

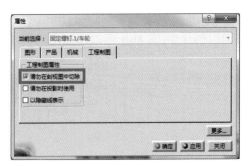

图8.90 "属性"对话框

步骤3 打开文件D:\CATIA2019\work\ch08.03\13\ zhuangpeipouqie-ex。

步骤4 选择命令。选择"视图"工具条中"剖视图"节点下的▣命令。

步骤5 绘制剖切线。在系统 选择起点、圆弧边或轴线 的提示下，绘制如图8.91
所示的剖切线（绘制剖切线时，根据系统的提示，双击鼠标左键可以结束
剖切线的绘制），将鼠标指针移动到正视图的右侧，系统会显示全剖视图
预览图。

图 8.91　剖切线

步骤6 放置视图。在正视图右侧的合适位置单击来放置全剖视图，完成全剖视图的
创建。

8.3.15　爆炸视图

为了全面地反映装配体的零件组成，可以通过创建其爆炸视图来达到目的。下面以创
建如图8.92所示的爆炸视图为例，介绍创建装配体爆炸视图的一般操作过程。

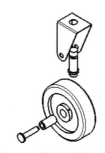

图8.92　装配体爆炸视图

步骤1 打开文件D:\CATIA2019\work\ch08.03\15\chelun。

步骤2 选择命令。选择"移动"工具条中的🔧（操作）命令，系统会弹出如图8.93
所示的"操作参数"对话框。

步骤3 在"操作参数"对话框取消选中□ 通信约束 复选框，选中▣后将固定螺钉移动至
如图8.94所示的大概位置。

步骤4 选中▣后将支架零件移动至如图8.95所示的大概位置。

步骤5 选中▣后将连接轴零件移动至如图8.96所示的大概位置。

步骤6 选中▣后将定位销零件移动至如图8.97所示的大概位置。

步骤7 打开文件D:\CATIA2019\work\ch08.03\15\baozhashitu-ex。

步骤8 选择命令。选择"视图"工具条中"投影"节点下的▣命令。

步骤9 选择参考平面。在系统 在 3D 几何图形上选择参考平面 的提示下将窗口切换至
1 jibenshitu.CATPart，选取模型的任意位置，系统会自动返回工程图窗口。

步骤10 调整视图方位角度。采用系统默认方位。

步骤11 放置视图。拖动绿色边框以调整视图的位置，然后在图纸的空白处上单击，完成爆炸视图的创建。

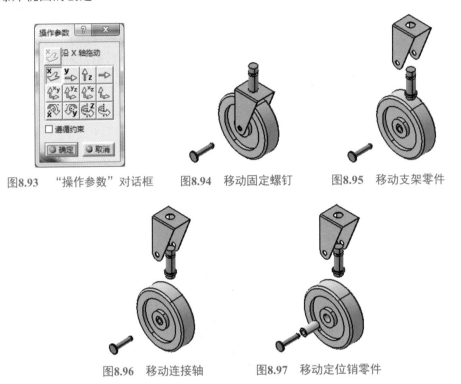

图8.93 "操作参数"对话框　　图8.94 移动固定螺钉　　图8.95 移动支架零件

图8.96 移动连接轴　　　　　图8.97 移动定位销零件

8.4 工程图标注

在工程图中，标注的重要性是不言而喻的。工程图作为设计者与制造者之间交流的语言，重在向其用户反映零部件的各种信息，这些信息中的绝大部分是通过工程图中的标注来反映的，因此一张高质量的工程图必须具备完整、合理的标注。

工程图中的标注种类很多，如尺寸标注、注释标注、基准标注、公差标注、表面粗糙度标注、焊缝符号标注等。

（1）尺寸标注：对于刚创建完视图的工程图，习惯上先添加尺寸标注。在标注尺寸的过程中，要注意国家制图标准中关于尺寸标注的具体规定，以免所标注出的尺寸不符合国标的要求。

（2）注释标注：作为加工图样的工程图很多情况下需要使用文本方式来指引性地说明零部件的加工、装配体的技术要求，这可通过添加注释实现。CATIA系统提供了多种不同的注释标注方式，可根据具体情况加以选择。

（3）基准标注：在CATIA系统中，通过选择下拉菜单 插入 → 尺寸标注 → 公差 → 基准特征 命令，可创建基准特征符号，所创建的基准特征符号主要用于创建几何公差时公差的参照。

（4）公差标注：公差标注主要用于对加工所需要达到的要求作相应的规定。公差包括尺寸公差和几何公差两部分；其中，尺寸公差可通过尺寸编辑进行显示。

（5）表面粗糙度标注：对零件表面有特殊要求的零件需标注表面粗糙度。在CATIA系统中，表面粗糙度有各种不同的符号，应根据要求选取。

（6）焊接符号标注：对于有焊接要求的零件或装配体，还需要添加焊接符号。由于有不同的焊接形式，所以具体的焊接符号也不一样，因此在添加焊接符号时需要用户自己先选取一种标准，再添加到工程图中。

8.4.1　尺寸标注

在工程图的各种标注中，尺寸标注是最重要的一种，它有着自身的特点与要求。首先，尺寸是反映零件几何形状的重要信息（对于装配体，尺寸是反映连接配合部分、关键零部件尺寸等的重要信息）。在具体的工程图尺寸标注中，应力求尺寸能全面地反映零件的几何形状，不能有遗漏的尺寸，也不能有重复的尺寸（在本书中，为了便于介绍某些尺寸的操作，并未标注出能全面反映零件几何形状的全部尺寸）；其次，工程图中的尺寸标注是与模型相关联的，而且模型中的变更会反映到工程图中，在工程图中改变尺寸也会改变模型。最后，由于尺寸标注属于机械制图的一个必不可少的部分，因此标注应符合制图标准中的相关要求。

在使用CATIA软件创建工程图时，工程图中的尺寸被分为两种类型：一是存在于系统内部数据库中的尺寸信息，它们是来源于零件的三维模型的尺寸；二是用户根据具体的标注需要手动创建的尺寸。这两类尺寸的标注方法不同，功能与应用也不同。通常先显示出存在于系统内部数据库中的某些重要的尺寸信息，再根据需要手动添加某些尺寸。

在具体标注尺寸时，应结合制图标准中的相关规定，注意相应的尺寸标注要求，以使尺寸能充分合理地反映零件的各种信息，下面简要介绍一些常见的尺寸标注的要求。

（1）合理选择尺寸基准。

在标注尺寸时，为了满足加工的需要，常以工件的某个加工面为基准，将各尺寸以此基准面作为基准标注（便于实现设计基准和工序基准的重合，便于安排加工工艺规程），但要注意在同一方向内，同一加工表面不能作为两个或两个以上非加工表面的基准。

对于孔等具有轴线的位置标注，应以轴线为基准标注出轴线之间的距离。

对于具有对称结构的尺寸标注，应以对称中心平面或中心线为基准标注出对称尺寸（若对称度要求高，则还应注出对称度公差）。

（2）避免出现封闭的尺寸链。标注尺寸时，不能出现封闭的尺寸链，应留出其中某个封闭环。对于有参考价值的封闭环尺寸，可将其作为"参照尺寸"标注出。

（3）标注的尺寸应是便于测量的尺寸。在标注尺寸时，应考虑到其便于直接测量，即便于使用已有的通用测量工具进行测量。

（4）标注尺寸要考虑加工所使用的工具及加工可能性。

在标注尺寸时，要考虑加工所使用的工具。例如，在用端面铣刀铣端面时，在边与边的过渡处应标注出铣刀直径。

所标注的尺寸应是加工时用于定位等直接可以读取的尺寸数值。

（5）尺寸布局要合理。当在视图中有较多的尺寸时，其布局应做到清晰合理并力求美观。在标注有内孔的尺寸时，应尽量将尺寸布置在图形之外，在有几个平行的尺寸线时，应使小尺寸在内，大尺寸在外，内外形尺寸尽可能分开标注。

1. 自动标注尺寸

▶5min

自动生成尺寸是将三维模型中已有的约束条件自动转换为尺寸标注。草图中存在的全部尺寸约束都可以转换为尺寸标注；零件之间存在的角度、距离约束也可以转换为尺寸标注；部件中的凸台特征转换为长度约束，旋转特征中的旋转角度转换为角度约束，简单孔和螺纹孔转换为长度和角度约束，倒圆角特征转换为半径约束，薄壁、筋板转换为长度约束；装配件中的约束关系转换为装配尺寸。

下面以标注如图8.98所示的尺寸为例，介绍自动生成尺寸的一般操作过程。

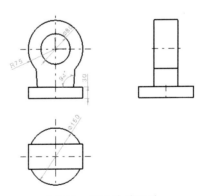

图8.98　自动生成尺寸

步骤1　打开文件D:\CATIA2019\work\ch08.04\01\zidongshengcheng-ex。

步骤2　选择命令。选择"生成"工具条中的 （生成尺寸）命令，或者选择下拉菜单 插入 → 生成 → 生成尺寸 命令。

步骤3　设置生成基本参数。在系统弹出的如图8.99所示的"生成的尺寸分析"对话框中全部采用系统默认。

步骤4 单击"生成的尺寸分析"对话框中的 ● 确定 按钮，完成尺寸的自动生成，如图8.100所示。

步骤5 调整尺寸位置。将鼠标移动至要调整位置的尺寸上，按住鼠标左键将尺寸调整至如图8.101所示的位置。

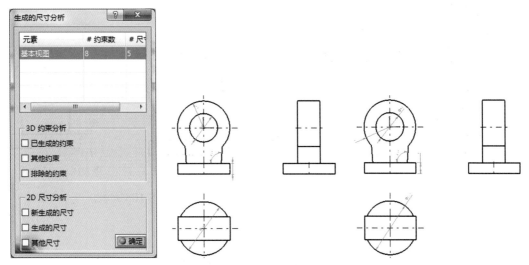

图8.99 "生成的尺寸分析"对话框　　图8.100 自动生成尺寸　　图8.101 调整尺寸位置

步骤6 调整尺寸字体与大小。选中图纸中所有的尺寸，在"文本属性"工具条字体下拉列表中选择 Arial (TrueType)，在大小文本框中输入5。

2. 手动标注尺寸

当自动生成尺寸不能全面地表达零件的结构或在工程图中需要增加一些特定的标注时，就需要手动标注尺寸。这类尺寸受零件模型所驱动，所以又常被称为"从动尺寸"（参考尺寸）。手动标注尺寸与零件或装配体具有单向关联性，即这些尺寸受零件模型所驱动，当零件模型的尺寸改变时，工程图中的尺寸也随之改变，但这些尺寸的值在工程图中不能被修改。

下面将详细介绍标注普通尺寸、链式尺寸、累积尺寸、栈式尺寸、螺纹尺寸、坐标尺寸和倒角尺寸的方法。

1）标注普通尺寸

下面以标注如图8.102所示的尺寸为例，介绍标注普通尺寸的一般操作过程。

步骤1 打开文件D:\CATIA2019\work\ch08.04\02\biaozhuchicun-ex。

步骤2 选择命令。选择"尺寸标注"工具条"尺寸"节点下的 命令，或者选择下拉菜单 插入 → 尺寸标注 → 尺寸 → 长度/距离尺寸 命令。

▶6min

步骤3 标注水平竖直间距。在系统弹出的"工具控制板"工具条中选择 📏，选取如图8.103所示的竖直边线，在左侧合适的位置单击即可放置尺寸，如图8.104所示。

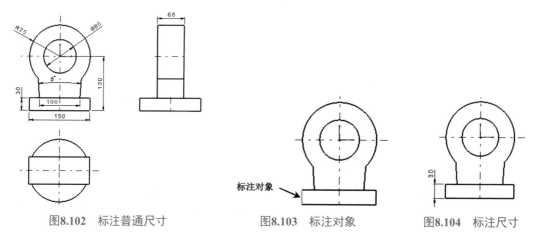

图8.102　标注普通尺寸　　　图8.103　标注对象　　　图8.104　标注尺寸

步骤4 参考步骤3标注其他的水平竖直尺寸，完成后如图8.105所示。

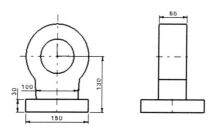

图8.105　其他水平竖直尺寸

步骤5 标注直径尺寸。选择"尺寸标注"工具条"尺寸"节点下的 ⌀ 命令，或者选择下拉菜单 插入 → 尺寸标注 → 尺寸 → ⌀ 直径尺寸 命令。选取如图8.106所示的圆形边线，在合适位置单击即可放置尺寸，如图8.107所示。

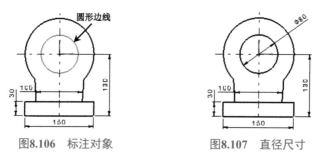

图8.106　标注对象　　　图8.107　直径尺寸

步骤6 标注半径尺寸。选择"尺寸标注"工具条"尺寸"节点下的 R 命令，或者选择下拉菜单 插入 → 尺寸标注 → 尺寸 → R 半径尺寸 命令。选取如图8.108所示的圆形边线，在合适位置单击即可放置尺寸，如图8.109所示。

步骤7 标注角度尺寸。选择"尺寸标注"工具条"尺寸"节点下的 ▦ 命令，或者选择下拉菜单 插入 → 尺寸标注 → 尺寸 → ⬒角度尺寸 命令。选取如图8.110所示的圆形边线，在合适位置单击即可放置尺寸，如图8.111所示。

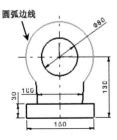

图8.108　标注对象

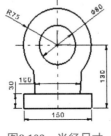

图8.109　半径尺寸

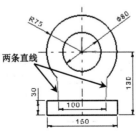

图8.110　标注对象

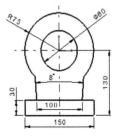

图8.111　角度标注

2）标注链式尺寸

下面以标注如图8.112所示的尺寸为例，介绍标注链式尺寸的一般操作过程。

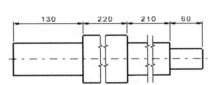

图8.112　标注链式尺寸

步骤1 打开文件D:\CATIA2019\work\ch08.04\03\lianshichicun-ex。

步骤2 选择命令。选择"尺寸标注"工具条"尺寸"节点下的 ▦ 命令，或者选择下拉菜单 插入 → 尺寸标注 → 尺寸 → ▦链式尺寸 命令。

步骤3 选择标注对象。在系统提示下依次选择如图8.113所示的直线1、直线2、直线3、直线4和直线5。

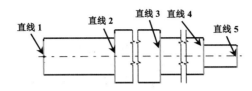

图8.113　标注参考对象

步骤4 在视图上方的合适位置单击放置尺寸。

3）标注堆叠式尺寸

下面以标注如图8.114所示的尺寸为例，介绍标注堆叠式尺寸的一般操作过程。

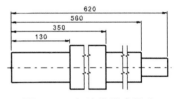

图8.114　标注堆叠式尺寸

步骤1 打开文件D:\CATIA2019\work\ch08.04\04\duidiechicun-ex。

步骤2 选择命令。选择"尺寸标注"工具条"尺寸"节点下的 命令，或者选择下拉菜单 插入 → 尺寸标注 → 尺寸 → 堆叠式尺寸 命令。

步骤3 选择标注对象。在系统提示下依次选择如图8.115所示的直线1、直线2、直线3、直线4和直线5。

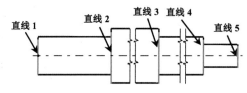

图8.115 标注参考对象

步骤4 在视图上方的合适位置单击放置尺寸。

4）标注累积尺寸

下面以标注如图8.116所示的尺寸为例，介绍标注累积尺寸的一般操作过程。

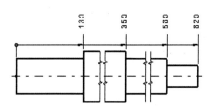

图8.116 标注累积尺寸

步骤1 打开文件D:\CATIA2019\work\ch08.04\05\leijichicun-ex。

步骤2 选择命令。选择"尺寸标注"工具条"尺寸"节点下的 命令，或者选择下拉菜单 插入 → 尺寸标注 → 尺寸 → 累积尺寸 命令。

步骤3 选择标注对象。在系统提示下依次选择如图8.117所示的直线1、直线2、直线3、直线4和直线5。

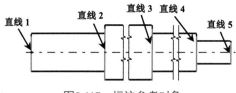

图8.117 标注参考对象

步骤4 在视图上方的合适位置单击放置尺寸。

5）标注螺纹尺寸

下面以标注如图8.118所示的尺寸为例，介绍标注螺纹尺寸的一般操作过程。

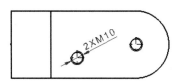

图8.118　标注螺纹尺寸

步骤1　打开文件D:\CATIA2019\work\ch08.04\06\luowenchicun-ex。

步骤2　选择命令。选择"尺寸标注"工具条"尺寸"节点下的 [■] 命令，或者选择下拉菜单 插入 → 尺寸标注 → 尺寸 → [■螺纹尺寸] 命令。

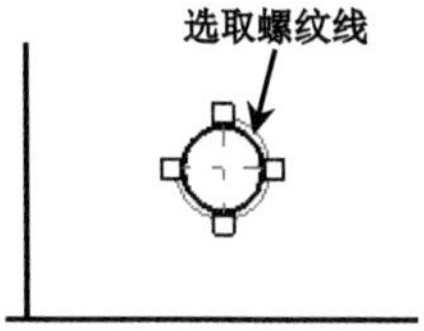

步骤3　选择标注对象。在系统 [选择要标注尺寸的螺纹的展示] 的提示下，选取如图8.119所示的螺纹线，系统会自动完成螺纹的标注。

步骤4　调整标注位置。将鼠标移动至标注的螺纹尺寸上，按住鼠标左键拖动尺寸至如图8.120所示的位置。

图 8.119　标注参考对象

步骤5　添加前缀信息。在标注的"M10"尺寸上右击，在系统弹出的快捷菜单中选择 [■属性] 命令，在如图8.121所示的"属性"对话框 [尺寸文本] 节点 [主值] 前的文本框中输入2X，单击 [●确定] 按钮完成前缀的添加。

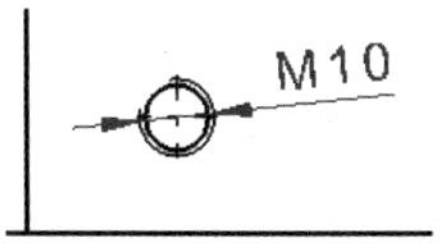

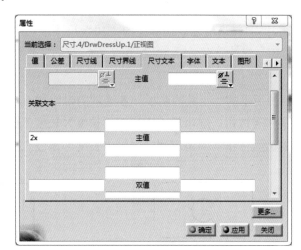

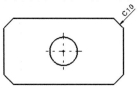

图8.120　调整标注位置

图8.121　"属性"对话框

6）标注倒角尺寸

下面以标注如图8.122所示的尺寸为例，介绍标注倒角尺寸的一般操作过程。

图 8.122　标注倒角尺寸

步骤1 打开文件D:\CATIA2019\work\ch08.04\07\daojiaobiaozhu-ex。

步骤2 选择命令。选择"尺寸标注"工具条"尺寸"节点下的 命令，或者选择下拉菜单 插入 → 尺寸标注 → 尺寸 → 倒角尺寸 命令。

步骤3 定义倒角标注类型。在如图8.123所示的"工具控制板"工具条中选中 长度 与 。

图8.123 "工具控制板"工具条

步骤4 定义倒角对象。选取如图8.124所示的直线作为标注对象。

步骤5 放置尺寸。在视图中选择合适的位置单击以放置尺寸，结果如图8.125所示。

图8.124 标注对象   图8.125 放置尺寸

步骤6 添加前缀信息。在标注的"10"尺寸上右击，在系统弹出的快捷菜单中选择 属性 命令，在"属性"对话框 尺寸文本 节点 主值 前的文本框中输入C，单击 确定 按钮完成前缀的添加。

如图8.123所示的"工具控制板"各选项的说明如下。

（1） 长度×长度 按钮：倒角尺寸样式以"长度×长度"的样式显示，如图8.126所示。

（2） 长度×角度 按钮：倒角尺寸样式以"长度×角度"的样式显示，如图8.127所示。

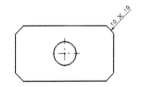

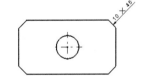

图8.126 长度×长度类型   图8.127 长度×角度类型

（3） 角度×长度 按钮：倒角尺寸样式以"角度×长度"的样式显示，如图8.128所示。

（4） 长度 按钮：倒角尺寸样式以"长度"的样式显示，如图8.129所示。

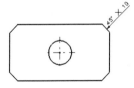

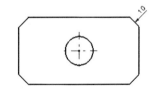

图8.128 角度×长度类型   图8.129 长度类型

（5）：倒角尺寸以单箭头引线的方式标注，如图8.130所示（选中●长度×长度 单选项）。

（6）：倒角尺寸以线性尺寸的方式标注，如图8.131所示（选中●长度×长度 单选项）。

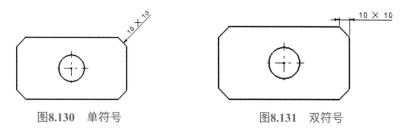

图8.130　单符号　　　　　　　　　图8.131　双符号

7）标注坐标尺寸

下面以标注如图8.132所示的尺寸为例，介绍标注坐标尺寸的一般操作过程。

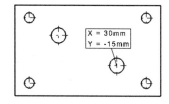

图8.132　标注坐标尺寸

步骤1 打开文件D:\CATIA2019\work\ch08.04\08\zuobiaochicun-ex。

步骤2 确认主视图已经被激活。

步骤3 选择命令。选择"尺寸标注"工具条"尺寸"节点下的 命令，或者选择下拉菜单 插入 → 尺寸标注 → 尺寸 → 坐标尺寸 命令。

步骤4 定义坐标标注类型。在"工具控制板"工具条中选中 （二维坐标）。

步骤5 选择标注对象。在系统 选择一个或著干点 的提示下选取如图8.133所示的中心符号线。

步骤6 放置坐标标注。在系统 指出尺寸位置以结束命令 的提示下在视图中选择合适的位置单击以放置尺寸。

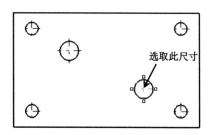

图8.133　选取标注对象

8.4.2 公差标注

在CATIA系统下的工程图模式中，尺寸公差只能在手动标注或在编辑尺寸时添加上公差值。尺寸公差一般以最大极限偏差和最小极限偏差的形式显示尺寸、以公称尺寸并带有一个上偏差和一个下偏差的形式显示尺寸和以公称尺寸之后加上一个正负号显示尺寸等。在默认情况下，系统只显示尺寸的公称值，可以通过编辑来显示尺寸的公差。

下面以标注如图8.134所示的公差为例，介绍标注公差尺寸的一般操作过程。

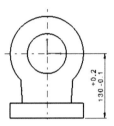

图8.134　公差尺寸标注

步骤1　打开文件D:\CATIA2019\work\ch08.04\09\gongchabiaozhu-ex。

步骤2　选取要添加公差的尺寸。右击如图8.135所示的尺寸"130"，在系统弹出的快捷菜单中选择 属性 命令。系统会弹出"属性"对话框。

步骤3　定义公差。在如图8.136所示的"属性"对话框 公差 节点的"类型"下拉列表中选择 10±¼ TOL_1.0 类型，在 上限值: 文本框中输入0.2，在 下限值: 文本框中输入–0.1，单击 ● 确定 按钮完成公差的定义。

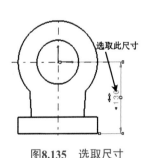

图8.135　选取尺寸　　　　　图8.136　"属性"对话框

如图8.136所示的"属性"对话框"类型"的下拉列表中各选项的说明如下。

（1） 10±¼ TOL_1.0 与 10±¼ TOL_0.7 选项：这两个选项均以上下偏差的形式显示尺寸公差，它们的区别在于，公差值文本高度的不同，分别如图8.137所示。

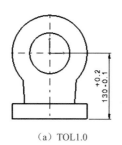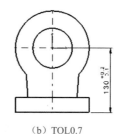

（a）TOL1.0 （b）TOL0.7

图8.137 "上下偏差"样式

（2） ⌯⌯ TOL_ALP2 与 ⌯⌯ TOL_ALP3 选项：这两个选项均是以配合公差带代号的形式显示配合公差，其中 ⌯⌯ TOL_ALP2 选项是以比值的形式显示配合公差，⌯⌯ TOL_ALP3 选项是以分数的形式显示配合公差，分别如图8.138所示。

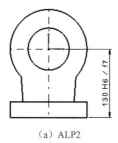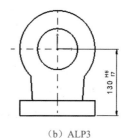

（a）ALP2 （b）ALP3

图8.138 "配合公差"样式

（3） ⌯⌯ TOL_RES1 与 ⌯⌯ TOL_RES2 选项：这两个选项均是以最大极限尺寸和最小极限尺寸的形式显示配合公差，其中 ⌯⌯ TOL_RES1 选项表示水平放置公差， ⌯⌯ TOL_RES2 选项表示竖直放置公差，分别如图8.139所示。

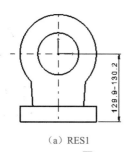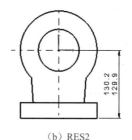

（a）RES1 （b）RES2

图8.139 "最大最小极限"样式

8.4.3 基准标注

在工程图中，基准标注（基准面和基准轴）常被作为几何公差的参照。基准面一般标注在视图的边线上，基准轴标注在中心轴或尺寸上。在CATIA中标注基准面和基准轴都是

 ▶3min

通过"基准特征"命令实现的。下面以标注如图8.140所示的基准标注为例，介绍基准标注的一般操作过程。

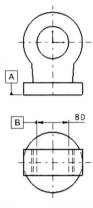

图8.140　基准标注

步骤1 打开文件D:\CATIA2019\work\ch08.04\10\jizhunbiaozhu-ex。

步骤2 选择命令。选择"尺寸标注"工具条"公差"节点下的 Ⓐ 命令，或者选择下拉菜单 插入 → 尺寸标注 → 公差 → Ⓐ基准特征 命令。

步骤3 选择放置参考。在系统 选择元素或单击引出线定位点 的提示下选取如图8.141所示的边线作为参考。

步骤4 定义放置位置。选择合适的放置位置并单击，系统会弹出如图8.142所示的"创建基准特征"对话框。

步骤5 在"创建基准特征"对话框的文本框中输入字母A，再单击 ◉确定 按钮，完成基准符号的标注，结果如图8.143所示。

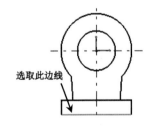

图8.141　放置参考

图8.142　"创建基准特征"对话框

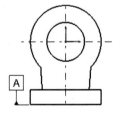

图8.143　基准特征

步骤6 选择命令。选择"尺寸标注"工具条"公差"节点下的 Ⓐ 命令，或者选择下拉菜单 插入 → 尺寸标注 → 公差 → Ⓐ基准特征 命令。

步骤7 选择放置参考。在系统 选择元素或单击引出线定位点 的提示下选取直径80的尺寸作为参考。

步骤8 定义放置位置。选择合适的放置位置并单击，系统会弹出"创建基准特征"对话框。

步骤9 在"创建基准特征"对话框的文本框中输入字母B，再单击 确定 按钮，完成基准符号的标注。

8.4.4 形位公差标注

形状公差和位置公差简称形位公差，也叫几何公差，用来指定零件的尺寸和形状与精确值之间所允许的最大偏差。下面以标注如图8.144所示的形位公差为例，介绍形位公差标注的一般操作过程。

步骤1 打开文件D:\CATIA2019\work\ch08.04\11\xingweigongcha-ex。

步骤2 选择命令。选择"尺寸标注"工具条"公差"节点下的 命令，或者选择下拉菜单 插入 → 尺寸标注 → 公差 → 形位公差 命令。

步骤3 选择放置参考。在系统 选择元素或单击引出线定位点 的提示下选取如图8.145所示的边线作为参考。

步骤4 定义放置位置。选择合适的放置位置并单击，系统会弹出如图8.146所示的"形位公差"对话框。

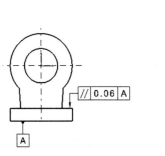

图8.144　形位公差标注

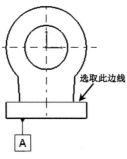

图8.145　选取放置参考

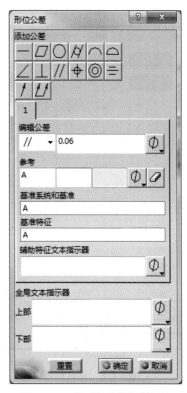

图8.146　"形位公差"对话框

步骤5 定义形位公差参数。在 编辑公差 区域的类型下拉列表中选择 ∥ 类型，在数值文本框中输入0.06，单击 基准系统和基准 文本框中的A，将其自动输入 参考 文本框，单击 ●确定 按钮完成形位公差的参数设置。

步骤6 将鼠标移动至形位公差符号上按住鼠标左键拖动符号至合适位置。

8.4.5　粗糙度符号标注

在机械制造中，任何材料表面经过加工后，加工表面上都会具有较小间距和峰谷的不同起伏，这种微观的几何形状误差叫作表面粗糙度。下面以标注如图8.147所示的粗糙度符号为例，介绍粗糙度符号标注的一般操作过程。

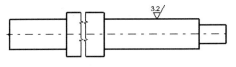

图8.147　粗糙度符号标注

步骤1 打开文件D:\CATIA2019\work\ch08.04\12\cucaodufuhao-ex。

步骤2 选择命令。选择"标注"工具条"符号"节点下的 √ 命令，或者选择下拉菜单 插入 → 标注 → 符号 → √粗糙度符号 命令。

步骤3 选择放置参考。在系统 单击粗糙度定位点 的提示下选取如图8.148所示的边线作为参考。

步骤4 定义粗糙度符号参数。在如图8.149所示的"粗糙度符号"对话框"粗糙度类型"下拉列表中选择 ▽，在"曲面纹理/所有周围曲面"下拉列表中选择 ∕，在粗糙度值文本框中输入3.2，其他参数均采用默认。

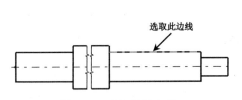

图8.148　选取放置参考

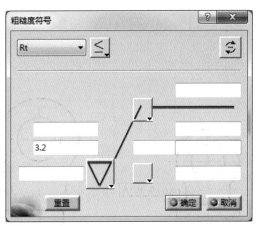

图8.149　"粗糙度符号"对话框

步骤5 单击 ●确定 按钮完成粗糙度符号的标注。

如图8.149所示的"表面粗糙度"对话框中部分选项的说明如下。

（1）"粗糙度类型"下拉列表：该区域用于设置表面粗糙度的类型。表面粗糙度的类型包括▽基本（如图8.150所示）、▽要求切削加工（如图8.151所示）与▽禁止切削加工（如图8.152所示）。

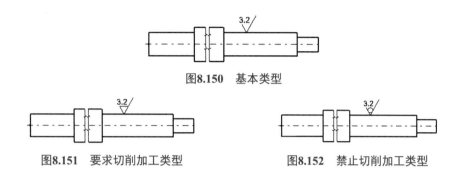

图8.150　基本类型

图8.151　要求切削加工类型　　　　　　图8.152　禁止切削加工类型

（2）"曲面纹理/所有周围曲面"下拉列表：该区域用于设置粗糙度范围与注释参数。类型包括⌐（如图8.153所示）、⌐（如图8.154所示）、⌐（如图8.155所示）与⌐（如图8.156所示）。

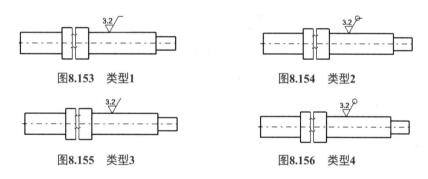

图8.153　类型1　　　　　　　　　　图8.154　类型2

图8.155　类型3　　　　　　　　　　图8.156　类型4

（3）⇕（反转）按钮：用于调整粗糙度符号的方向，如图8.157所示。

（a）反转前　　　　　　　　　　　　（b）反转后

图8.157　"反转"按钮

（4）参数输入区域：该区域用于设置表面粗糙度的有关数值；如图8.158所示，各个字母与该区域的文本框对应，根据需要在对应的文本框中输入参数。

a、b：粗糙高度参数代号及数值。

图8.158　表面粗糙度参数

c：加工余量。

d：加工要求、镀覆、涂覆、表面处理或其他说明。

e：取样长度或波纹度。

f：粗糙度间距参数值或轮廓支承长度率。

g：加工纹理方向符号。

8.4.6 注释文本标注

在工程图中，除了尺寸标注外，还应有相应的文字说明，即技术要求，如工件的热处理要求、表面处理要求等，所以在创建完视图的尺寸标注后，还需要创建相应的注释标注。工程图中的注释主要分为两类，即带引线的注释与不带引线的注释。下面以标注如图8.159所示的注释为例，介绍注释标注的一般操作过程。

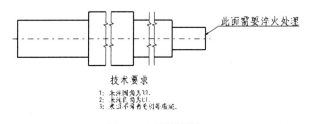

技术要求
1：未注圆角为R2。
2：长注倒角为C1。
3：表面不可有毛刺等缺陷。

图8.159 注释标注

步骤1 打开文件D:\CATIA2019\work\ch08.04\13\zhushibiaozhu-ex。

步骤2 选择命令。选择"标注"工具条"文本"节点下的 **T** 命令，或者选择下拉菜单 插入 → 标注 → 文本 → **T** 文本 命令。

步骤3 选择放置注释文本位置。在绘图区选取一点作为文本放置点，此时系统会弹出"文本编辑器"文本框。

步骤4 设置字体与大小。在"文本属性"工具条中将字体设置为 FangSong_GB，将字高设置为6，其他属性采用默认。

步骤5 创建注释文本。在"文本编辑器"文本框中输入文字"技术要求"，单击"注释"对话框中的 确定 按钮，如图8.160所示。

步骤6 选择命令。选择"标注"工具条"文本"节点下的 **T** 。

步骤7 选择放置注释文本位置。在绘图区选取一点作为文本放置点，此时系统会弹出"文本编辑器"文本框。

步骤8 设置字体与大小。在"文本属性"工具条中将字体设置为 FangSong_GB，将字高设置为4，其他属性采用默认。

步骤9 创建注释文本。在"文本编辑器"文本框中输入文字"1：未注圆角为R2。

2：未注倒角为C1。3：表面不得有毛刺等瑕疵。”，单击“注释”对话框中的 ◎确定 按钮，如图8.161所示。

技术要求

图8.160　注释1

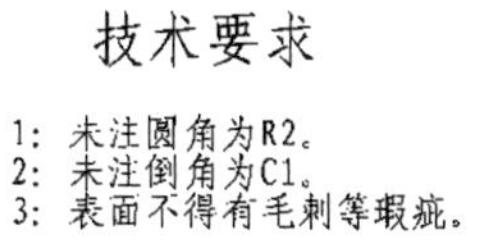

技术要求

1：未注圆角为R2。
2：未注倒角为C1。
3：表面不得有毛刺等瑕疵。

图8.161　注释2

> **说明**　按下Shift+Enter组合键可以实现换行操作。

步骤10 选择命令。选择“标注”工具条“文本”节点下的 ⚲ 命令，或者选择下拉菜单 插入 → 标注 → 文本 → ⚲ 带引出线的文本 命令。

步骤11 选择指引线位置。在系统 选择元素或指示引出线定点 的提示下选取如图8.162所示的边线作为参考，在适当位置单击以放置文本，此时系统会弹出“文本编辑器”对话框。

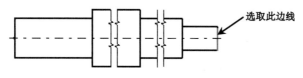

选取此边线

图8.162　参考边线

步骤12 设置字体与大小。在“文本属性”工具条中将字体设置为 FangSong_GB，将字高设置为6，其他属性采用默认。

步骤13 创建注释文本。在“文本编辑器”文本框中输入文字“此面需要淬火处理”，单击“注释”对话框中的 ◎确定 按钮，如图8.163所示。

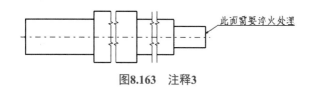

此面需要淬火处理

图8.163　注释3

8.4.7　焊接符号标注

金属焊接指的是采用适当的手段，使两个金属物体产生原子间结合，从而连接成一体的加工方法。这种加工方法可使零组件连接紧密与牢固，而且可以使各种零件永久地连接在一起，因而被广泛应用到机械制造业、建筑业和船舶制造等领域中，焊接符号的标注也

3min

是工程图中的重要内容。要掌握在CATIA里标注焊接符号的技术，首先读者可回顾或熟悉焊接符号标注的有关内容（可参考机械设计手册、材料成形与工艺、加工工艺等书籍）。本节只是简单介绍一些焊接常识，而把重点放在讲解如何使用CATIA提供的工具标注焊接符号上。

焊接符号及数值的标注原则如图8.164所示。

图8.164　焊接符号及数值的标注原则

α：坡度角度	β：坡口面角度	b：根部间隙
c：焊缝宽度	d：熔核直径	e：焊缝间距
R：根部半径	H：坡度深度	h：余高
l：焊缝长度	n：焊缝段数	K：焊脚尺寸
S：焊缝有效厚度	N：相同焊缝数量	p：钝边

下面以标注如图8.165所示的焊接符号为例，介绍焊接符号标注的一般操作过程。

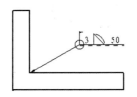

图8.165　焊接符号标注

[步骤1] 打开文件D:\CATIA2019\work\ch08.04\14\hanjiefuhao-ex。

[步骤2] 选择命令。选择"标注"工具条"符号"节点下的 ⤳ 命令，或者选择下拉菜单 插入 → 标注 → 符号 → ⤳ 焊接符号 命令。

[步骤3] 选择焊接符号引出位置。在系统 选择第一元素或指示引出线定位点 的提示下，选取如图8.166所示直线1与直线2作为参考。

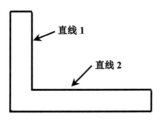

图8.166　焊接符号引出位置

步骤4 放置焊接符号。在合适的位置单击来放置引线，系统会弹出如图8.167所示的"焊接符号"对话框。

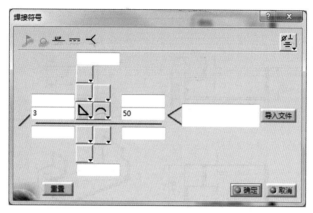

图8.167　"焊接符号"对话框

步骤5 定义焊接符号参数。在"焊接符号"对话框选中▷与○，在焊接大小文本框中输入3，在主要焊接符号下拉列表中选择◺，在主要补充符号下拉列表中选择◠，在焊接长度文本框中输入50，其他参数如图8.167所示。

步骤6 单击 ◉确定 按钮完成焊接符号的标注。

8.5　钣金工程图

9min

8.5.1　基本概述

钣金工程图的创建方法与一般零件的创建方法基本相同，所不同的是钣金件的工程图需要创建平面展开图。展开视图是钣金工程图中非常重要的组成部分，它可以把钣金结构完全地呈现在工程图中。钣金的三视图同样重要，它可以将钣金零件更具体的数据反映出来。

8.5.2　钣金工程图的一般操作过程

下面以创建如图8.168所示的工程图为例，介绍钣金工程图创建的一般操作过程。

步骤1 打开文件D:\CATIA2019\work\ch08.05\banjingongchengtu。

步骤2 新建工程图。选择"标准"工具条中的▯（新建）命令，在"新建"对话框"类型列表"区域选中 Drawing 类型，然后单击 ◉确定 按钮，在"新建工程图"对话框 标准 下拉列表中选择 GB ，在 图纸样式 下拉列表中选择 A3 ISO ，选中 ◉横向 单选项，单击 ◉确定 按钮完成工程图的新建。

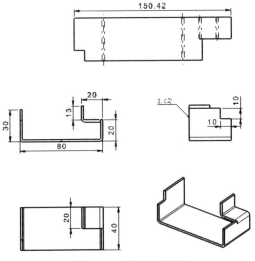

图8.168　钣金工程图

步骤3 创建如图8.169所示的展开视图。

（1）选择命令。选择"视图"工具条中"投影"节点下的 命令，或者选择下拉菜单 插入 → 视图 → 投影 → 展开视图 命令。

（2）选择参考面。在系统 在 3D 几何图形上选择参考平面 的提示下将窗口切换至 1 jibenshitu.CATPart ，选取如图8.170所示的面作为参考面，系统会自动返回工程图窗口。

（3）调整视图方位角度。单击 将视图方位调整至如图8.169所示的方位。

（4）放置视图。拖动绿色边框以调整视图的位置，然后在图纸的空白处上单击，完成展开视图的初步创建。

步骤4 创建如图8.171所示的主视图。

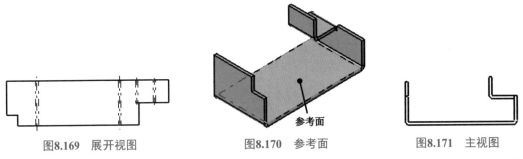

图8.169　展开视图　　　　　图8.170　参考面　　　　　图8.171　主视图

（1）选择命令。选择"视图"工具条中"投影"节点下的 命令，或者选择下拉菜单 插入 → 视图 → 投影 → 正视图 命令。

（2）选择参考面。在系统 在 3D 几何图形上选择参考平面 的提示下将窗口切换至 1 banjingongchengtu.CATPart ，选取ZX平面作为参考面，系统自动返回工程图窗口。

（3）调整视图方位角度。单击 将视图方位调整至如图8.171所示的方位。

（4）放置视图。拖动绿色边框以调整视图的位置，然后在图纸的空白处上单击，完成展开视图的初步创建。

步骤5 创建如图8.172所示的投影视图。

（1）选择命令。选择"视图"工具条中"投影"节点下的 命令。

（2）放置视图。在主视图右侧单击，生成左视图，如图8.173所示。

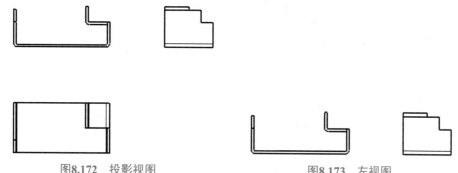

图8.172　投影视图　　　　　　　　　　　图8.173　左视图

（3）选择"视图"工具条中"投影"节点下的 命令。

（4）在主视图下侧单击，生成俯视图，如图8.172所示。

步骤6 创建如图8.174所示的轴测视图。

（1）选择命令。选择"视图"工具条中"投影"节点下的 命令。

（2）选择参考平面。在系统 在 3D 几何图形上选择参考平面 的提示下将窗口切换至 banjingongchengtu.CATPart ，将视图调整至如图8.175所示的方位，选取模型的任意位置，系统会自动返回工程图窗口。

（3）放置视图。拖动绿色边框以调整视图的位置，然后在图纸的空白处上单击，完成轴测图的创建。

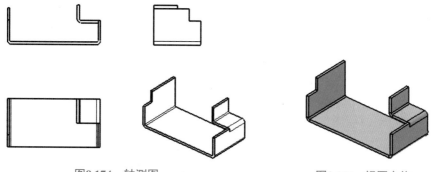

图8.174　轴测图　　　　　　　　　　　图8.175　视图方位

步骤7 选择"尺寸标注"工具条"尺寸"节点下的 命令，标注如图8.176所示的尺寸。

步骤8 创建如图8.177所示的注释。

（1）选择命令。选择"标注"工具条"文本"节点下的 命令，或者选择下拉菜单 插入 → 标注 → 文本 → 带引出线的文本 命令。

（2）选择指引线位置。在系统 选择元素或指示引出线定位点 的提示下选取如图8.178所示的边线作为参考，在适当位置单击以放置文本，此时系统会弹出"文本编辑器"对话框。

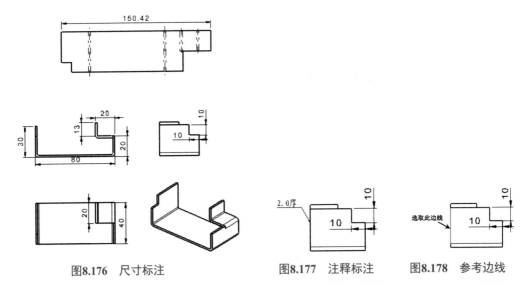

图8.176　尺寸标注　　　　　　图8.177　注释标注　　　图8.178　参考边线

（3）设置字体与大小。在"文本属性"工具条中将字体设置为 FangSong_GB，将字高设置为6，其他属性采用默认。

（4）创建注释文本。在"文本编辑器"文本框中输入文字"2.0厚"，单击"注释"对话框中的 确定 按钮，如图8.177所示。

8.6　工程图打印出图

打印出图是CAD设计中必不可少的一个环节。在CATIA软件中的工程图（Drawing）工作台中，选择下拉菜单 文件 → 打印... 命令，就可以进行打印出图操作了。在打印工程图时，可以打印整个图纸，也可以打印图纸的所选区域，可以选择黑白打印，也可以选择彩色打印。

下面讲解打印工程图的操作方法。

步骤1 打开文件D:\CATIA2019\work\ch08.06\gct。

步骤2 选择命令。选择下拉菜单 文件 → 打印... 命令，系统会弹出如图8.179所示的"打印"对话框。

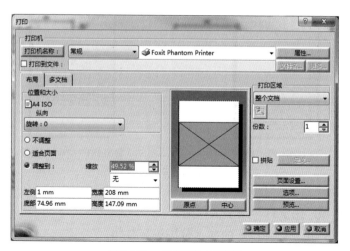

图8.179　"打印"对话框

如图8.179所示的"打印"对话框中各选项的功能说明如下。

（1）打印机区域：在该区域可选取打印机。

（2）打印机名称：按钮：单击该按钮，可在弹出的"打印机选择"对话框中选择合适的打印机，也可直接从后面的文本框的下拉列表中选择。

（3）属性...按钮：单击该按钮，在弹出的"属性"对话框中设置所选打印机的属性，该对话框的内容会根据打印机的不同而有所变化。

（4）□打印到文件：复选框：将工程图打印到文件，在"打印"对话框中单击文件名...按钮，在弹出的"打印到文件"对话框中可设置文件名称和保存路径。

（5）布局选项卡：可设置页面方向、图像位置和打印图像的大小

（6）○不调整复选框：将按照文档的原始大小进行打印，即比例为1:1。

（7）○适合页面复选框：选中此单选项，将使图像居中并放大至适应边距的最大尺寸。单击该选项将停用"位置"和"大小"区域中的其他选项，而且图像大小调整手柄将不再可用。

（8）调整到：复选框：选中此单选项后，将按照文档的原始大小进行打印，即比例为1:1；在选中调整到单选项后，可以在左侧和底部文本框中输入数值以指定"左侧"和"底部"边距的距离，以及在宽度和高度文本框中输入值以指定图像尺寸（更改"宽度"时将自动更新"高度"以保持比率常量，反之依然），对缩放、宽度或高度的任何修改都将同时自动影响这3个参数。

（9）原点：在选中调整到单选项的情况下，可通过单击此按钮使图像定位到底部左侧原点处，如图8.180所示。

（10）中心：在选中调整到单选项的情况下，可通过单击此按钮使图像居中，如图8.181所示。

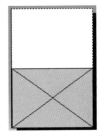

图8.180　原点按钮

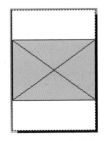

图8.181　中心按钮

（11）打印区域下拉列表：用于控制打印的区域范围。

（12）整个文档选项：用于打印整个工程图。

（13）显示选项：用于按照屏幕的显示范围进行打印。

（14）选择选项：用于使用 "选择模式"按钮选定的区域进行打印。

（15）拼贴复选框：选中此复选框后，可以在打印机输出纸张与图纸纸张不相符时进行多页拼贴打印；还可以通过在缩放文本框中输入百分比或指定打印区域按比例缩放图形进行打印。

（16）页面设置...按钮：单击此按钮，系统会弹出如图8.182所示的 "页面设置"对话框，可设置打印页面的大小。

图8.182　 "页面设置"对话框

（17）预览...按钮：单击此按钮，系统会弹出 "打印预览"对话框，可预览打印效果。

步骤3　选择打印机。单击打印机名称：按钮，在系统弹出的如图8.183所示的 "打印机选择"对话框中选择当前可用的打印机，单击确定按钮，返回 "打印"对话框。

步骤4　定义打印选项。在布局选项卡的纵向下拉列表中选择旋转：0选项，选中适合页面单选项，即在打印时，系统会根据工程图图纸大小和出图所使用的纸张大小来自动调整打印比例，在打印区域的下拉列表中选择整个文档选项，在份数：文本框中输入1。

步骤5　定义页面设置。单击页面设置...按钮，在 "页面设置"对话框中选中使用图像格式复选框，单击确定按钮返回 "打印"对话框。

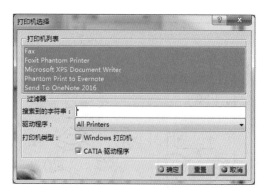

图8.183　"打印机选择"对话框

步骤6 打印预览。单击"打印"对话框中的 [预览...] 按钮，系统会弹出如图8.184所示的"打印预览"对话框。

步骤7 打印图纸。在"打印预览"对话框中确认打印效果无误后单击 [确定] 按钮关闭"打印预览"对话框，在"打印"对话框中单击 [确定] 按钮，进行打印。

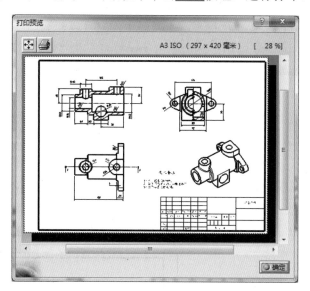

图8.184　"打印预览"对话框

8.7　工程图设计综合应用案例

本案例是一个综合案例，不仅使用了主视图、投影视图、全剖视图、局部剖视图等视图，并且还有尺寸标注、粗糙度符号、注释、尺寸公差等。本案例创建的工程图如图8.185所示。

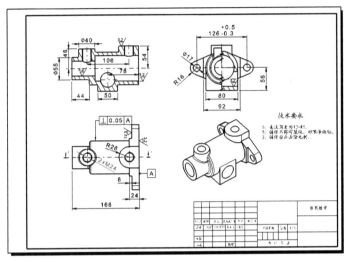

图8.185　工程图综合应用案例

步骤1　打开文件D:\CATIA2019\work\ch08.07\gongchengtuanli。

步骤2　新建工程图。选择"标准"工具条中的□（新建）命令，在"新建"对话框"类型列表"区域选中 Drawing 类型，然后单击 确定 按钮，在"新建工程图"对话框 标准 下拉列表中选择 GB ，在 图纸样式 下拉列表中选择 A3 ISO ，选中 ●横向 单选项，单击 ●确定 按钮完成工程图的新建。

步骤3　工程图页面设置。选中下拉菜单 文件 → 页面设置... 命令，系统会弹出如图8.186所示的"页面设置"对话框，选择 Insert Background View... 命令，在"将元素插入图纸"对话框中单击 浏览... 按钮，选择D:\CATIA2019\work\ch08.07\A3文件，然后依次单击 打开(O) 、插入 与 ●确定 按钮，完成后如图8.187所示。

步骤4　设置图纸视图比例。在特征树中右击□ 图纸1 ，在系统弹出的快捷菜单中选择 属性 命令，在系统弹出的"属性"对话框 标度: 文本框中输入1:2，单击 ●确定 完成比例的设置。

图8.186　"页面设置"对话框

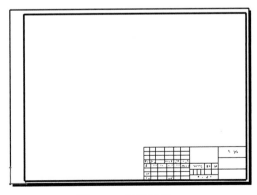

图8.187　页面设置

步骤5 创建如图8.188所示的正视图。

（1）选择命令。选择"视图"工具条中"投影"节点下的 命令，或者选择下拉菜单 插入 → 视图 → 投影 → 正视图 命令。

（2）选择参考面。在系统 在 3D 几何图形上选择参考平面 的提示下将窗口切换至 1 banjingongchengtu.CATPart ，选取如图8.189所示的模型表面作为参考面，系统会自动返回工程图窗口。

（3）调整视图方位角度。单击 将视图方位调整至如图8.188所示的方位。

（4）放置视图。拖动绿色边框以调整视图的位置，然后在图纸的空白处上单击，完成正视图的创建。

步骤6 设置螺纹可见。在特征树中右击"正视图"，在系统弹出的快捷菜单中选择 属性 命令，在"属性"对话框 视图 选项卡 修饰 区域选中 螺纹 复选框，单击 确定 按钮完成螺纹的显示，如图8.190所示。

图8.188 正视图   图8.189 参考面   图8.190 显示螺纹

步骤7 创建如图8.191所示的全剖视图。

（1）选择命令。选择"视图"工具条中"剖视图"节点下的 命令，或者选择下拉菜单 插入 → 视图 → 截面 → 偏移剖视图 命令。

（2）绘制剖切线。在系统 选择起点、圆弧边或轴线 的提示下，绘制如图8.192所示的剖切线（绘制剖切线时，根据系统的提示，双击鼠标左键可以结束剖切线的绘制），将鼠标指针移动到正视图的上方，系统会显示图示的全剖视图预览图。

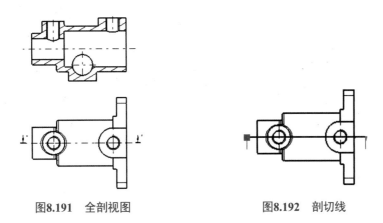

图8.191 全剖视图   图8.192 剖切线

（3）放置视图。在正视图上方的合适位置单击来放置全剖视图，完成全剖视图的创建。

步骤8 创建如图8.193所示的投影视图。

（1）激活全剖视图。在特征树中双击 剖视图 A-A 激活全剖视图。

（2）选择命令。选择"视图"工具条中"投影"节点下的 命令。

（3）放置视图。在全剖视图右侧单击，生成左视图，如图8.193所示。

步骤9 创建如图8.194所示的轴测视图。

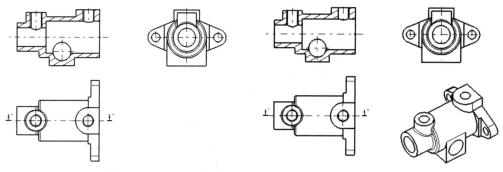

图8.193 左视图   图8.194 轴测图

（1）选择命令。选择"视图"工具条中"投影"节点下的 命令。

（2）选择参考平面。在系统 在 3D 几何图形上选择参考平面 的提示下将窗口切换至 1 gongchengtuanli.CATPart，将视图调整至如图8.195所示的方位，选取模型的任意位置，系统会自动返回工程图窗口。

（3）放置视图。拖动绿色边框以调整视图的位置，然后在图纸的空白处上单击，完成轴测图的创建。

步骤10 创建如图8.196所示的局部剖视图。

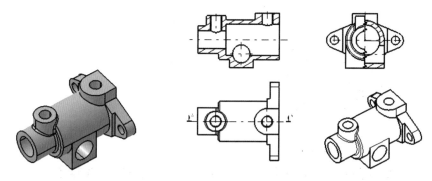

图8.195 视图方位   图8.196 局部剖视图

（1）激活俯视图。在特征树右击左视图（辅助视图B），在弹出的快捷菜单中选择 激活视图 命令将视图激活。

（2）选择命令。选择"视图"工具条中"断开视图"节点下的 ◉ 命令。

（3）绘制剖切范围。在主视图绘制如图8.197所示的剖切范围，绘制完成后系统会弹出"3D查看器"对话框。

（4）绘制剖切位置。在"3D查看器"对话框激活 参考元素: 对话框，选取如图8.198所示的圆作为参考。

（5）完成操作，单击"3D查看器"对话框中的 ◉确定 按钮完成局部剖视图的创建。

步骤11　选择"尺寸标注"工具条"尺寸"节点下的 ◢ 命令，标注如图8.199所示的尺寸。

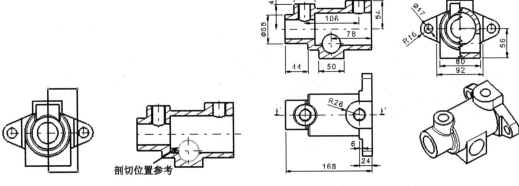

图8.197　剖切范围　　图8.198　剖切位置　　　　图8.199　尺寸标注

步骤12　标注如图8.200所示的公差尺寸。

（1）标注尺寸。选择"尺寸标注"工具条"尺寸"节点下的 ◢ 命令，标注如图8.201所示的值为128的尺寸。

（2）添加公差。选取尺寸"126"并右击，在系统弹出的快捷菜单中选择 🔲 属性 命令，在"属性"对话框 公差 节点的"类型"下拉列表中选择 10±5 TOL_1.0 类型，在 上限值: 文本框中输入0.5，在 下限值: 文本框中输入–0.3，单击 ◉确定 按钮完成公差的定义。

步骤13　标注如图8.202所示的螺纹尺寸。

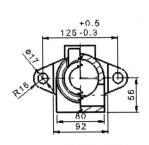
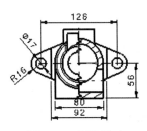
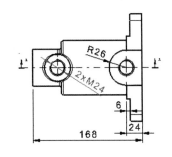

图8.200　标注公差尺寸　　　图8.201　标注尺寸　　　图8.202　标注螺纹尺寸

（1）选择命令。选择"尺寸标注"工具条"尺寸"节点下的 ⊞ 命令，或者选择下拉菜单 插入 → 尺寸标注 → 尺寸 → ⊞ 螺纹尺寸 命令。

（2）选择标注对象。在系统 选择要标注尺寸的螺纹的展示 的提示下，选取如图8.203所示的螺纹线，系统会自动完成螺纹的标注。

（3）调整标注位置。将鼠标移动至标注的螺纹尺寸上，按住鼠标左键拖动尺寸至如图8.204所示的位置。

（4）添加前缀信息。在标注的"M24"尺寸上右击，在系统弹出的快捷菜单中选择 ⊞ 属性 命令，在"属性"对话框 尺寸文本 节点 主值 前的文本框中输入2X，单击 ⊙ 确定 按钮完成前缀的添加。

步骤14 标注如图8.205所示的基准特征符号。

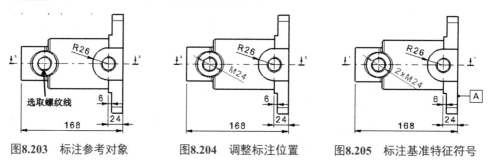

图8.203 标注参考对象　　图8.204 调整标注位置　　图8.205 标注基准特征符号

（1）选择命令。选择"尺寸标注"工具条"公差"节点下的 Ⓐ 命令，或者选择下拉菜单 插入 → 尺寸标注 → 公差 → Ⓐ 基准特征 命令。

（2）选择放置参考。在系统 选择元素或单击引出线定位点 的提示下选取如图8.206所示的边线作为参考。

（3）定义放置位置。选择合适的放置位置并单击，系统会弹出"创建基准特征"对话框。

（4）在"创建基准特征"对话框的文本框中输入字母A，再单击 ⊙ 确定 按钮，完成基准符号的标注，结果如图8.206所示。

步骤15 标注如图8.207所示的形位公差符号。

（1）选择命令。选择"尺寸标注"工具条"公差"节点下的 ⊞ 命令，或者选择下拉菜单 插入 → 尺寸标注 → 公差 → ⊞ 形位公差 命令。

（2）选择放置参考。在系统 选择元素或单击引出线定位点 的提示下选取如图8.208所示的边线作为参考。

（3）定义放置位置。选择合适的放置位置并单击，系统会弹出"形位公差"对话框。

（4）定义形位公差参数。在 编辑公差 区域的类型下拉列表中选择⊥类型，在数值文本框中输入0.05，单击 基准系统和基准 文本框中的A，将其自动输入 参考 文本框，单击 ●确定 按钮完成形位公差参数的设置。

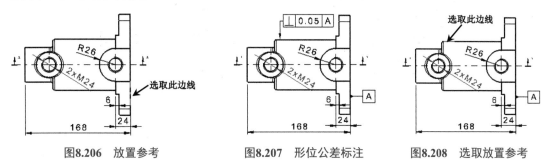

图8.206 放置参考 　　　　图8.207 形位公差标注 　　　　图8.208 选取放置参考

（5）将鼠标移动至形位公差符号上按住鼠标左键拖动符号至合适位置。

步骤16 标注如图8.209所示的表面粗糙度符号。

（1）选择命令。选择"标注"工具条"符号"节点下的 √ 命令，或者选择下拉菜单 插入 → 标注 → 符号 → √粗糙度符号 命令。

（2）选择放置参考。在系统 单击粗糙度定位点 的提示下选取如图8.210所示的边线作为参考。

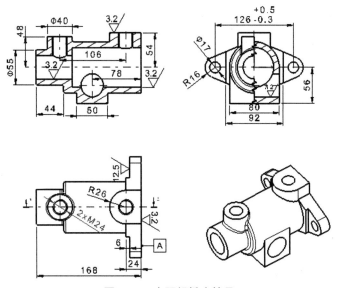

图8.209 表面粗糙度符号

（3）定义粗糙度符号参数。在"粗糙度符号"对话框"粗糙度类型"下拉列表中选择 ▽ ，在"曲面纹理/所有周围曲面"下拉列表中选择 ∠ ，在粗糙度值文本框中输入3.2，其他参数均采用默认。

（4）单击 ●确定 按钮完成粗糙度符号的标注，如图8.211所示。

（5）参考步骤（1）～（4）创建其他粗糙度符号。

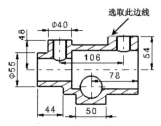

图8.210　选取放置参考

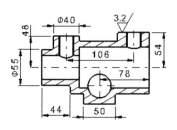

图8.211　粗糙度符号

步骤17 创建如图8.212所示的注释。

（1）选择命令。选择"标注"工具条"文本"节点下的 **T** 命令，或者选择下拉菜单 插入 → 标注 → 文本 → **T** 文本 命令。

（2）选择放置注释文本位置。在绘图区选取一点作为文本放置点，此时系统会弹出"文本编辑器"文本框。

（3）设置字体与大小。在"文本属性"工具条中将字体设置为FangSong_GB，将字高设置为6，其他属性采用默认。

（4）创建注释文本。在"文本编辑器"文本框中输入文字"技术要求"，单击"注释"对话框中的 确定 按钮，如图8.212所示。

（5）选择命令。选择"标注"工具条"文本"节点下的 **T** 命令。

（6）选择放置注释文本位置。在绘图区选取一点作为文本放置点，此时系统会弹出"文本编辑器"文本框。

（7）设置字体与大小。在"文本属性"工具条中将字体设置为FangSong_GB，将字高设置为4，其他属性采用默认。

（8）创建注释文本。在"文本编辑器"文本框中输入文字"1：未注圆角为R3～R5。2：铸件不得有裂纹、砂眼等缺陷。3：铸件后应去除毛刺。"，单击"注释"对话框中的 确定 按钮，如图8.213所示。

技术要求

图8.212　注释1

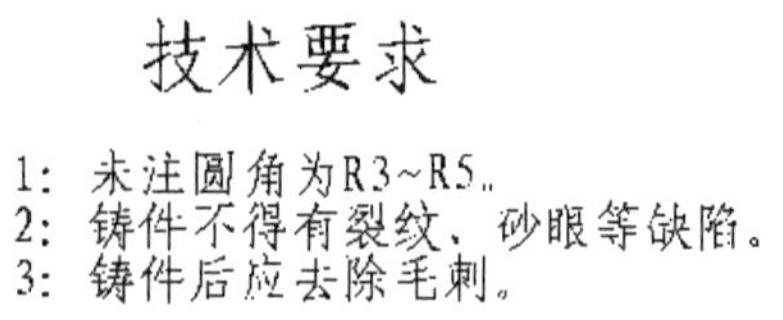

技术要求

1：未注圆角为R3～R5。
2：铸件不得有裂纹、砂眼等缺陷。
3：铸件后应去除毛刺。

图8.213　注释文本

步骤18 保存文件。选择"标准"工具栏中的 🖫 "保存"命令，系统会弹出"另存为"对话框，在文件名文本框中输入gongchengtuanli，单击 保存(S) 按钮，完成保存操作。

图书推荐

书　名	作　者
深度探索Vue. js——原理剖析与实战应用	张云鹏
剑指大前端全栈工程师	贾志杰、史广、赵东彦
Flink原理深入与编程实战——Scala + Java（微课视频版）	辛立伟
Spark原理深入与编程实战（微课视频版）	辛立伟、张帆、张会娟
PySpark原理深入与编程实战（微课视频版）	辛立伟、辛雨桐
HarmonyOS移动应用开发（ArkTS版）	刘安战、余雨萍、陈争艳 等
HarmonyOS应用开发实战（JavaScript版）	徐礼文
HarmonyOS原子化服务卡片原理与实战	李洋
鸿蒙操作系统开发入门经典	徐礼文
鸿蒙应用程序开发	董昱
鸿蒙操作系统应用开发实践	陈美汝、郑森文、武延军、吴敬征
HarmonyOS移动应用开发	刘安战、余雨萍、李勇军 等
HarmonyOS App开发从0到1	张诏添、李凯杰
HarmonyOS从入门到精通40例	戈帅
JavaScript基础语法详解	张旭乾
华为方舟编译器之美——基于开源代码的架构分析与实现	史宁宁
Android Runtime源码解析	史宁宁
鲲鹏架构入门与实战	张磊
鲲鹏开发套件应用快速入门	张磊
华为HCIA路由与交换技术实战	江礼教
华为HCIP路由与交换技术实战	江礼教
openEuler操作系统管理入门	陈争艳、刘安战、贾玉祥 等
恶意代码逆向分析基础详解	刘晓阳
深度探索Go语言——对象模型与runtime的原理、特性及应用	封幼林
深入理解Go语言	刘丹冰
Spring Boot 3.0开发实战	李西明、陈立为
深度探索Flutter——企业应用开发实战	赵龙
Flutter组件精讲与实战	赵龙
Flutter组件详解与实战	[加]王浩然（Bradley Wang）
Flutter跨平台移动开发实战	董运成
Dart语言实战——基于Flutter框架的程序开发（第2版）	亢少军
Dart语言实战——基于Angular框架的Web开发	刘仕文
IntelliJ IDEA 软件开发与应用	乔国辉
Vue + Spring Boot前后端分离开发实战	贾志杰
Vue.js快速入门与深入实战	杨世文
Vue.js企业开发实战	千锋教育高教产品研发部
Python从入门到全栈开发	钱超
Python全栈开发——基础入门	夏正东
Python全栈开发——高阶编程	夏正东
Python全栈开发——数据分析	夏正东
Python编程与科学计算（微课视频版）	李志远、黄化人、姚明菊 等
Python游戏编程项目开发实战	李志远
量子人工智能	金贤敏、胡俊杰
Python人工智能——原理、实践及应用	杨博雄 主编，于营、肖衡、潘玉霞、高华玲、梁志勇 副主编

续表

书　名	作　者
Python预测分析与机器学习	王沁晨
Python数据分析实战——从Excel轻松入门Pandas	曾贤志
Python概率统计	李爽
Python数据分析从0到1	邓立文、俞心宇、牛瑶
FFmpeg入门详解——音视频原理及应用	梅会东
FFmpeg入门详解——SDK二次开发与直播美颜原理及应用	梅会东
FFmpeg入门详解——流媒体直播原理及应用	梅会东
FFmpeg入门详解——命令行与音视频特效原理及应用	梅会东
Python Web数据分析可视化——基于Django框架的开发实战	韩伟、赵盼
Python玩转数学问题——轻松学习NumPy、SciPy和Matplotlib	张骞
Pandas通关实战	黄福星
深入浅出Power Query M语言	黄福星
深入浅出DAX——Excel Power Pivot和Power BI高效数据分析	黄福星
云原生开发实践	高尚衡
云计算管理配置与实战	杨昌家
虚拟化KVM极速入门	陈涛
虚拟化KVM进阶实践	陈涛
边缘计算	方娟、陆帅冰
物联网——嵌入式开发实战	连志安
动手学推荐系统——基于PyTorch的算法实现（微课视频版）	於方仁
人工智能算法——原理、技巧及应用	韩龙、张娜、汝洪芳
跟我一起学机器学习	王成、黄晓辉
深度强化学习理论与实践	龙强、章胜
自然语言处理——原理、方法与应用	王志立、雷鹏斌、吴宇凡
TensorFlow计算机视觉原理与实战	欧阳鹏程、任浩然
计算机视觉——基于OpenCV与TensorFlow的深度学习方法	余海林、翟中华
深度学习——理论、方法与PyTorch实践	翟中华、孟翔宇
HuggingFace自然语言处理详解——基于BERT中文模型的任务实战	李福林
Java + OpenCV高效入门	姚利民
AR Foundation增强现实开发实战（ARKit版）	汪祥春
AR Foundation增强现实开发实战（ARCore版）	汪祥春
ARKit原生开发入门精粹——RealityKit + Swift + SwiftUI	汪祥春
HoloLens 2开发入门精要——基于Unity和MRTK	汪祥春
巧学易用单片机——从零基础入门到项目实战	王良升
Altium Designer 20 PCB设计实战（视频微课版）	白军杰
Cadence高速PCB设计——基于手机高阶板的案例分析与实现	李卫国、张彬、林超文
Octave程序设计	于红博
Octave GUI开发实战	于红博
ANSYS 19.0实例详解	李大勇、周宝
ANSYS Workbench结构有限元分析详解	汤晖
AutoCAD 2022快速入门、进阶与精通	邵为龙
SolidWorks 2021快速入门与深入实战	邵为龙
UG NX 1926快速入门与深入实战	邵为龙
Autodesk Inventor 2022快速入门与深入实战（微课视频版）	邵为龙
全栈UI自动化测试实战	胡胜强、单镜石、李睿
pytest框架与自动化测试应用	房荔枝、梁丽丽